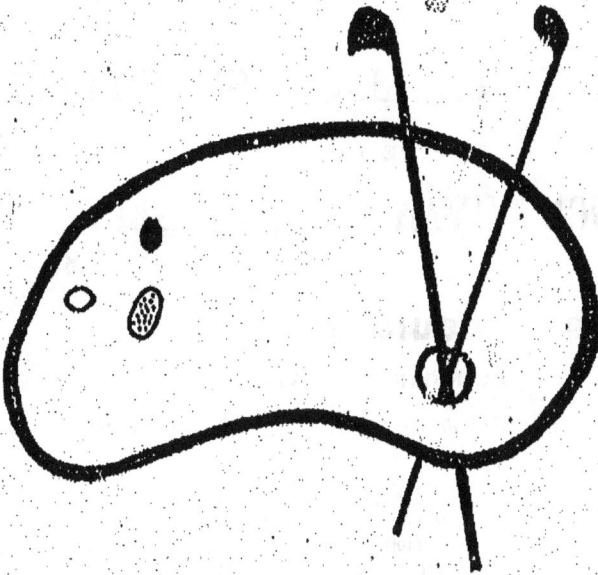

DEBUT D'UNE SERIE DE DOCUMENTS
EN COULEUR

PLUS DE MYSTÈRES !

INITIATION DE L'HOMME

AUX

MERVEILLEUX SECRETS

DE LA

SCIENCE VIVANTE-UNIVERSELLE

PAR Louis MICHEL

DE FIGANIÈRES (VAR)

Auteur de la *Clé de la vie* et de la *Vie Universelle*

> Jésus dit : « Ne les craignez donc point :
> « car rien de caché qui ne soit révélé, et
> « rien de secret qui ne soit su. » — MA-
> THIEU, chap. x, v. 26.
>
> Toute religion, pour être véridique et
> durable, doit marcher de concert et se tenir
> constamment en harmonie avec les progrès
> de la science.

PARIS

E. DENTU LIBRAIRE ÉDITEUR

PALAIS-ROYAL, 17 ET 19, GALERIE D'ORLÉANS

1878

A LA MÊME LIBRAIRIE

OEUVRES DE M. LOUIS MICHEL.

CLÉ DE LA VIE. L'Homme, la Nature, les Mondes, Dieu; Anatomie de la vie de l'homme, exposition de la science de Dieu, etc. 6e édition 2 vol. in-18 jésus.   7 »

VIE UNIVERSELLE. Explication, selon la science vivante fonctionnante de Dieu, de la vie des Êtres, des forces de la Nature, et de l'existence de Tout, 3e édition. 2 vol. in-18,   7 »

RÉVEIL DES PEUPLES. Cet ouvrage, devant être profondément remanié, ne sera remis en vente que dans 3 ou 4 mois.

OEUVRES DE M. CHARLES SARDOU.

Disciple de M. Louis Michel.

Paraîtra prochainement

RÉSURRECTION. Entretiens sur la science de Dieu, revus par M. Louis Michel. 1 volume in-18.   3 50,

---

CLICHY. — Imp. Paul Dupont, 12, rue du Bac-d'Asnières. — 777. 7-78.

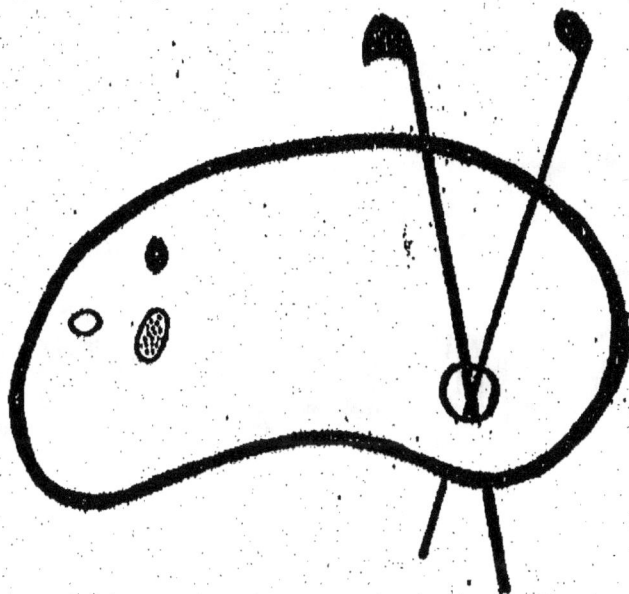

FIN D'UNE SERIE DE DOCUMENTS
EN COULEUR

PLUS DE MYSTÈRES!

PLUS DE MYSTÈRES!

INITIATION DE L'HOMME

AUX

MERVEILLEUX SECRETS

DE LA

SCIENCE VIVANTE-UNIVERSELLE

PAR Louis MICHEL

DE FIGANIÈRES (VAR)

Auteur de *Clé de la Vie* et de la *vie Universelle*

Jésus dit : « Ne les craignez donc point : « car rien de caché qui ne soit révélé, et « rien de secret qui ne soit su. » — MATHIEU, chap. x, v. 26.

Toute religion, pour être véridique et durable, doit marcher de concert et se tenir constamment en harmonie avec les progrès de la science.

>>>✳<<<

DÉPOT L. Seine N° 2.2. 1878

PARIS

IMPRIMERIE ADMINISTRATIVE PAUL DUPONT

41, RUE JEAN-JACQUES-ROUSSEAU, 41

—

1878

©

A VICTOR HUGO!

Personnification la plus haute et la plus illustre de l'Idée moderne!

A l'infatigable et vaillant champion de la Vérité, de la Justice et de la Liberté!

Au Précurseur inspiré de la Science vivante-universelle, dont l'éloquente parole et les lumineux écrits ont été les premiers rayons du Grand Soleil moral qui monte à l'horizon, pour éclairer la marche triomphante de l'Humanité pubère!...

Hommage, Gratitude et Admiration!

Louis MICHEL.

LE LIVRE

(Extrait du Journal le *Progrès International*.)

Tous les livres ressemblent à tous les livres, comme tous les coffres à tous les coffres, disait Jacotot; mais quand on les ouvre, on trouve les uns pleins de guenilles, et les autres pleins d'or ; on ne ne doit donc pas les juger sur l'extérieur, ce qui s'appelle préjuger.

Aujourd'hui que les livres tombent comme la grêle, ils font autant de ravages dans le champ de l'intelligence que les grêlons sur les moissons.

C'est à dégoûter de la lecture des in-8° et des in-12 tant il en paraît; il y a longtemps qu'on l'était des in-4° et des in-folio dont se nourrissaient nos pères. La brochure est tout ce que nous pouvons avaler aujourd'hui, et encore la soif en est-elle bien près de s'éteindre. Le journal est, à cette heure, la pâture quotidienne du philosophe et de l'épicier qui peuvent du moins en faire des enveloppes et des cornets, mais on ne lit plus guère que les dépêches télégraphiques : les intrépides vont, dit-on, jusqu'aux faits divers.

Mais, bientôt, on ne lira plus que la cote de la Bourse, où tout le monde joue directement ou indirectement. C'est à présent qu'on peut dire que le niveau des études a baissé et que l'imprimerie, qui devait développer l'instruction, l'étouffe. Un peu d'eau ranime le feu, trop d'eau l'éteint. L'espèce humaine devient donc d'autant plus ignorante, qu'elle a plus de moyens de s'instruire.

C'est ainsi que le monde retourne à la barbarie et qu'on ne retrouvera bientôt pas plus de conversation dans les salons chrétiens que dans les divans turcs. C'est peut-être là que nous attend le bonheur, « *beati pauperes spiritu* », qui sait? Les desseins de Dieu sont « imperméables », disait le portier de l'Académie des Beaux-Arts. Si du moins les portiers du rez-de-chaussée de la presse savaient nous indiquer les bons endroits et que l'on pût se fier à leur jugement! Mais non! ils vantent les mauvais écrivains et ne disent rien des bons. C'est une calamité (calamité vient de *calamus*) pour les bons auteurs de croire qu'il suffit de paraître reliés en veau pour qu'on les apprécie et qu'on les recommande; erreur dans laquelle tombent tous les hommes de mérite assez simples pour attendre qu'on les apprécie et qu'on vienne les chercher pour les mettre à leur place.

Il y a quelque temps qu'est tombé, on peut dire du Ciel, un assez gros in-octavo dont la presse, excepté le *Siècle*, n'a soufflé mot encore. Or, ces livres que nous avons ouverts par hasard ont nom : *Clé de la vie* et *Vie universelle*. Ils sont signés : Louis Michel, un paysan, un cultivateur.

Il est vrai qu'il ne nous a fallu pas moins d'une année pour lire les trois gros volumes de ce paysan, où tout est si neuf, si imprévu que tout ce que l'on peut avoir appris ne sert à rien pour les comprendre. On ne peut certes pas exiger un tel sacrifice d'un journaliste quotidien, obligé de faire tous les matins l'inspection du globe, de tâter le pouls à tous les souverains, de faire tirer la langue à tous les peuples, pour nous apprendre qu'ils jouissent tous d'une constitution plus ou moins mauvaise.

Le vocabulaire de Michel seul est une étude. Il promet de l'expliquer à une prochaine édition. Ses livres sont concentrés et ils paraissent diffus; ils sont clairs et paraissent obscurs.

Une première lecture est comme une première

visite à l'Exposition universelle. On n'y voit rien, et l'on dit : c'est pauvre ? Mais à la fin, on dit : C'est riche, c'est très-riche, c'est trop riche pour l'étudier en six mois, au point que les membres du jury en oublient plus de la moitié et ne comprennent pas le quart du reste. Or, le livre de Michel est une exposition universelle à partir de la monade initiale, de l'infiniment petit vivant, enfin, à l'infiniment grand. Nos successeurs, si la presse va toujours ainsi, seront bien étonnés en retrouvant ce livre dans la poussière des bibliothèques.

Si l'on nous demande ce que nous en pensons : eh bien, dirons-nous, ce livre est comme le coffre de Rothschild, rempli d'or jusqu'au bord, et comme il n'y a pas de coffre aussi riche que celui de Rothschild, il n'y a pas de livre aussi savant, aussi profond, aussi merveilleux que celui de Louis Michel.

Lui seul peut tenir lieu de tous les autres, car il est la science de Dieu, de la *Vie universelle*. Une seule de ses pages vaut plus d'in-folio qu'elle ne contient de lignes pour qui sait méditer et comprendre.

Le paysan croit que son livre est bon ; mais dans son ignorante simplicité il n'ose l'affirmer.

« Je pense bien, dit-il, que les Quarante n'en pourraient faire autant, mais il ne m'appartient pas d'en juger, moi qui n'ai fait aucune étude quelconque, je crains de me tromper. » Non, non, le bonhomme n'a pas cela à redouter ; son livre survivra à tous les livres, comme l'Evangile, car il est aussi la *Voie,* la *Vie* et la *Vérité.*

Quant à nous qui en avons tant lu de livres, celui-ci sera le dernier et on le trouvera sous notre chevet à notre heure suprême.

Vienne un autre Omar pour incendier tous les les livres, inonder toutes les bibliothèques ; que la *Clé de la Vie,* que la *Vie universelle* surnagent, rien ne sera perdu : cosmogonie, astronomie, géologie, histoire naturelle, éloquence, mathématiques, tous les trésors de la science humaine et divine, dans toute leur pureté, seraient sauvés. Ils sont dans les livres de Louis Michel.

Voilà ce que nous pensons sérieusement des gros in-8° de ce pauvre paysan du Var.

Signé Jobard.

MON BIEN CHER MAITRE,

Depuis que j'ai le bonheur de vous connaître, il m'a été permis de vous exprimer déjà bien des fois, les sentiments de profonde admiration que m'ont inspiré la lecture et la méditation de vos œuvres immortelles : *Clé de la Vie* et *Vie univer-selle*.

L'éclatante lumière qui s'en dégage, en pénétrant dans mon âme émerveillée, n'a pas eu de peine à transformer ces sentiments en une foi scientifique accomplie, désormais inébranlable.

Tout d'abord, lecteur enthousiaste, mais bien vite convaincu de vos livres admirables, il était tout naturel que je devinsse l'un de vos plus fervents disciples.

Tenant à vous donner un témoignage public de mes convictions et de ma foi raisonnée en la la grande doctrine de la science vivante universelle, je vous adresse cette humble épître, trop heureux si elle peut un jour, me servir de titre, pour solli ci-

a.

ter l'honneur insigne d'être admis, l'un des premiers, au nombre de vos glorieux collaborateurs.

Je partage entièrement l'opinion de l'un de nos plus grands publicistes contemporains, Louis Jourdan, lorsqu'il écrivait dans le *Siècle* du 3 février 1858, ce remarquable article, par lequel il signalait au monde l'apparition de la *Clé de la Vie;* il ne pouvait mieux caractériser cette œuvre, sans analogue et sans rivale, que par les paroles suivantes :

« C'est après de bien longues hésitations et de « véritables combats intérieurs que nous nous « décidons à entretenir le public, *de ce livre le* « *plus étrange, le plus profond, le plus extra-* « *ordinaire, le plus curieux, le plus naïf et le* « *plus savant,* qui ait jamais été publié peut-être, etc., etc. »

Un philosophe d'un incontestable mérite, le capitaine Renucci, appréciant vos ouvrages dans la très-remarquable brochure ayant pour titre : *Rapport sur une révolution inconnue* qu'il a publiée récemment, s'exprime ainsi :

« C'est le plus grand monument qui existe dans les archives de l'humanité.

« Ce système ne peut être compris et apprécié « que par les individus doués d'un véritable sens

« philosophique et au courant des questions qui
« constituent les problèmes de la métaphysique ;
« problèmes à l'étude depuis plus de deux mille
« ans, sur lesquels se sont usés les plus grands
« génies de l'humanité et qu'aujourd'hui par l'or-
« gane de Kant et de l'école critique, l'esprit hu-
« main reconnaît *hors de sa portée* et déclare
« insolubles.

« Tous ces problèmes se trouvent *précisément*
« *résolus en principe*, dans le système de Michel
« de Figanières. Ce système est trop vaste et trop
« compliqué dans ses développements, pour que
« je puisse en faire un résumé. Je me contente-
« rai de donner une idée de la manière dont il
« résout en principe les problèmes métaphy-
« siques.

« Les principaux problèmes métaphysiques
« sont ceux-ci :

« Qu'est-ce que Dieu ? — Qu'est-ce que l'âme ?
« Qu'est-ce que la matière et le Monde ? — Quels
« sont les rapports de Dieu avec les Mondes ?
« Comment l'âme peut-elle avoir des rapports
« avec la matière ? — Quelle est l'économie du
« tout et son unité organique et vivante, c'est-à-
« dire qu'est-ce que l'être absolu ? »

Ces questions posées M. Renucci ajoute un peu plus loin :

« Ce système présente d'ailleurs, quant à la « forme tous *les caractères de la science*, etc.

« Dans ce système, les trois unités métaphy-« siques, Dieu, l'âme, la molécule élémentaire « sont substantiels et dans l'espace, etc. »

Complétant la pensée de M. Renucci, je puis affirmer sans crainte de me tromper, que ces trois unités, plus ou moins endormies ou réveillées, selon le temps, les lieux et les circonstances, sont les vrais moteurs de la vie dans l'universalité des êtres, à tous les degrés de leur existence. Se donnant plus ou moins, la main, dans leurs rapports sympathiques ou antipathiques, suivant les impulsions directes ou indirectes qui les sollicitent, on peut, à bon droit, considérer ces trois principes, comme la cause unique et réelle de toutes les communications et relations existant entre tous les êtres de la nature depuis l'infiniment grand jusques à l'infiniment petit.

Ainsi, sans l'intermédiaire des âmes humaines, Dieu ne pourrait pas communiquer avec les mondes et les âmes humaines ne pourraient pas plus communiquer entre elles, qu'avec les trois règnes inférieurs de la nature, sans l'intermédiaire de la molécule initiale ou élémentaire que vous appelez, à si juste titre, *l'animule homini-culaire.*

L'homme étant fait à l'image de Dieu, l'homi-nicule est fait à l'image de l'homme.

L'un et l'autre agissant dans leur sphère res-pective, comblent les espaces infinis et ont pour mission d'établir les rapports de Dieu avec les mondes et de ceux-ci entre eux, de même encore qu'ils remplissent les espaces limités, circon-scrits et relatifs, établissant les rapports des hom-mes entre eux et le grand homme-géant-collec-tif, humanité, et de ceux-ci avec les trois règnes inférieurs de la nature, minéraux, végétaux et animaux.

N'eussiez-vous révélé, mon bien cher maître, que le monde des infiniment petits, qu'à vous seul appartiendraient le mérite et la gloire de la plus grande découverte intellectuelle et scientifi-que des temps modernes; car, sans l'interven-tion des mondes infinitésimaux et des humanités hominiculaires qui les peuplent, il était impossi-ble de comprendre et d'expliquer le moindre des phénomènes de la nature. La barrière qui défen-dait l'accès de ces régions inconnues restait in-franchissable.

En proclamant l'existence des créations mondiculaires, vous avez, pour ainsi dire, constitué d'un trait la plus merveilleuse des sciences, l'astronomie ultra-microscopique, dont les phénomènes seulement aperçus des yeux de l'esprit, nous révèlent les révolutions des mondicules ou mondes infinitésimaux, analogues en tout point à celles des mondes infiniment grands, dont une infime partie peut être observée et décrite par l'astronomie télescopique.

Lorsque la loi de l'analogie universelle, qui est infaillible, nous aura démontré que les révolutions des mondes infinitésimaux ne diffèrent en rien de celles qui nous sont révélées par la science astronomique, l'intelligence et la raison seront satisfaites et nous commencerons, dès lors, à comprendre la sublime unité du plan divin.

La solidarité qui existe entre les trois unités vivantes et intelligentes de diverses grandeurs et natures : *Dieu*, l'*homme* et l'*hominicule*, est tellement étroite que l'on peut affirmer et proclamer, avec une certitude absolue, que ces trois unités indissolubles et nécessaires, sont l'unique source et le véritable moteur de la vie et de l'harmonie des mondes et de l'universalité des êtres.

Passons maintenant à un autre ordre d'idées.

Si toutes les découvertes et tous les progrès matériels, qui, chaque jour, s'accomplissent sous nos yeux, sont dus, en partie aux mathématiques humaines, appliquées aux sciences exactes, dès à présent, nous pouvons prédire, à coup sûr, que la véritable organisation sociale, unitaire et harmonique sera le fruit de tous les progrès intellectuels et moraux réalisés par l'enseignement et l'application scientifique des mathématiques vivantes de l'analogie universelle, dont vos merveilleux écrits nous ont révélé la loi.

C'est précisément parce que cette loi domine les destinées des peuples et de l'humanité, leur indique la véritable voie qu'ils doivent parcourir, pour atteindre, sans efforts et sans lutte, l'harmonie sociale unitaire, qu'elle ne peut être considérée comme un système et encore bien moins comme une hypothèse.

La loi d'analogie universelle est positivement *une réalité vivante* qui synthétise toutes les sciences et constitue leur splendide unité. C'est cette loi que tous les philosophes et métaphysiciens anciens et modernes ont vainement cherchée, et que quelques-uns d'entre eux, un peu plus clairvoyants que les autres ont pu entrevoir, à travers le voile épais des siècles d'ignorance et de superstition qui se dressait, comme un mur d'airain, sur la voie de la vie et de la vérité que doit suivre l'humanité parvenue à son âge adulte moral.

Donc, honneur et gloire à ces hommes dévoués au progrès qui ont consacré leurs veilles et leurs travaux à la recherche de la vérité! Si leurs œuvres n'ont fait avancer l'humanité que durant le cours de ses phases d'enfance et d'adolescence, ils ont du moins frayé sa route et accéléré sa marche vers l'ère de la puberté morale ou âge de raison. La noble et haute mission d'enseigner la science unitaire-vivante ne leur était point réservée. C'est qu'aux âges marqués dans sa providence universelle et infinie, Dieu choisit parmi les hommes, les aînés de ses enfants, qu'il sait dignes et capables de venir instruire ses humanités, pour les faire monter d'un âge inférieur à un âge supérieur.

Que voyons-nous, en effet, dans l'organisation de l'instruction publique? Des hommes parvenus à l'âge adulte, instruisant les enfants, et des hommes parvenus à l'âge de la maturité, dont les connaissances se sont approfondies et multipliées par l'étude et l'expérience, complétant l'instruction et l'éducation des jeunes gens ayant achevé leurs études classiques.

Dieu qui est l'expression vivante de la loi unitaire absolue, n'agit pas autrement pour donner ses enseignements aux humanités, ses enfants géants-collectifs, et leur inculquer aux âges propices, la vraie vie morale et intellectuelle.

C'est alors que par un acte de sa volonté toute puissante, émanent de ses propres facultés, des âmes humaines, purs esprits qui viennent inspirer les hommes ayant mission de répandre la lumière de ses enseignements, au sein des humanités qui peuplent les mondes, ses domaines. C'est en cela que nous devons reconnaître la plus haute et la plus solennelle application de la loi d'analogie universelle.

En méditant sérieusement vos œuvres, mon bien cher maître, tous les esprits éclairés, affranchis des préjugés enfantés par une fausse morale, resteront intimement et profondément convaincus qu'elles sont le fruit d'une véritable inspiration d'en haut, et que ceux qui ont la prétention de les assimiler aux produits disparates et incohérents du spiritisme moderne, n'y comprennent absolument rien ou font preuve d'une insigne mauvaise foi. Car, pour quiconque sait les juger

froidement et avec impartialité, le spiritisme et
ses enseignements ne sont en réalité que le prélude et la fumée de la flamme lumineuse qui jaillit
à chaque page de vos œuvres immortelles.

Le spiritisme, maintenant à son déclin, a toujours été une émanation plus ou moins réelle et
directe du mal vivant; il tente, mais vainement,
de suprêmes efforts, pour prolonger, autant que
possible, la durée du lustre de contrebande dont
il a brillé pendant quelques années et pour fixer
l'attention des philosophes et des moralistes, il
s'efforce de faire croire qu'il est le fruit d'une
inspiration directe du bien; mais, c'est au pied
de l'œuvre que l'on apprécie l'ouvrier, comme
l'on reconnaît la bonne ou mauvaise nature d'un
arbre en goûtant à ses fruits.

Quand on a compris vos œuvres, mon bien
cher maître, l'on peut dire que l'on a vu fonctionner, d'un bout à l'autre, comme dans un sublime et merveilleux concert, la grande loi unitaire mise en jeu par les mathématiques vivantes
de l'analogie universelle. C'est alors que les plus
profonds mystères de la création s'éclairent d'une
lumière nouvelle et que la grandiose et immuable loi de la formation des mondes et de l'universalité des êtres, nous apparaît dans toute sa

majestueuse splendeur. Non-seulement les plus intimes secrets de la nature nous sont dévoilés, mais encore expliqués dans leurs plus intimes manifestations et phénomènes.

Il ne faut point s'étonner que les personnes qui se plaisent à la lecture des futilités littéraires telles que les romans et ne se sentent point sollicitées par un désir ardent de connaître les grandes vérités de la morale et de la science aient été rebutées, après avoir parcouru *seulement du regard*, quelques pages de vos livres; habituées à ne nourrir leur esprit que de fictions plus ou moins vraisemblables, l'étude des problèmes de la métaphysique ne saurait leur offrir le moindre attrait.

Les vérités que vous proclamez sont si neuves et si éclatantes qu'elles produisent sur leur intelligence fascinée, l'effet d'un rayon de soleil, sur les yeux d'un homme sortant subitement d'une obscurité profonde, il ne voit rien, il ne distingue rien.

Il serait donc à désirer, je dirai mieux il serait nécessaire que vous fissiez un petit livre où vous exposeriez, dans un langage simple, et à la portée du plus grand nombre des intelligences, les rudiments de la grande et sublime doctrine, appelée à résoudre le problème social et à régénérer, de fond en comble, au physique, comme au moral, l'humanité terrestre.

Je ne veux cependant pas achever cette lettre, peut-être déjà trop longue, sans vous dire franchement, mon bien cher maître, tout ce que je pense dans l'intérêt de la propagation et de la diffusion de la science vivante que vous avez eu mission d'apporter au monde, afin de mettre un terme à l'indigne exploitation de l'homme par l'homme.

Ce qui caractérise, au suprême degré la science vivante, c'est l'indélébile cachet d'unité qui en fait un tout harmonique et solidaire, animé, dans toutes ses parties, par d'inépuisables trésors de vie morale et intellectuelle. Ce cachet d'unité qui frappe les yeux de tous les adeptes de la doctrine, est une preuve irrécusable, qu'elle est bien, en réalité, la synthèse de toutes les sciences dont vous nous avez apporté la clé.

Que tous les hommes de bonne volonté, avides de liberté, de justice et de vérité, dont le sens intime a pu se maintenir à l'abri de toute dépravation, viennent donc à nous !!!. Qu'ils fassent, comme je l'ai fait moi-même, qu'ils étudient dans vos livres l'infaillible moyen de reconnaître les *ma-*

nifestations directes et indirectes de la volonté suprême du grand moteur des mondes et de ses lois inéluctables et préétablies.

La ligne de démarcation qui sépare ces *deux voies diamétralement opposées* incessamment parcourues par les sociétés humaines, frappera soudain leur regard ; — car, d'un coté, c'est le grand jour, c'est la lumière, c'est le mouvement, c'est la vie; c'est le progrès; c'est la liberté émancipant l'homme ; c'est la fraternité solidarisant ses efforts, c'est la puberté intellectuelle et morale fécondant ses œuvres et les mettant au service de tous et de chacun ; — de l'autre, c'est la nuit sombre des intelligences ; c'est la mort morale avec son escorte sinistre de souffrances et de misères ; c'est la marche en arrière ou l'immobilité ; c'est la guerre intestine ou de peuple à peuple ; c'est l'antagonisme des classes et des intérêts ; c'est l'égoïsme et la cupidité ; l'exploitation de l'homme par l'homme ; c'est enfin l'enfance sociale, rachitique, inintelligente, ignorante, superstitieuse, impuissante et débile !...

Telle est, mon bien cher maître, la communication que j'avais à vous faire dans l'intérêt du grand œuvre divin dont vous avez révélé les lois jusqu'alors inconnues...

Je l'ai étudié dans vos livres immortels. J'ai eu l'incomparable bonheur de le comprendre et de m'en pénétrer et, depuis cet heureux jour, mon âme s'est élevée, mon esprit s'est éclairé, et mon cœur est devenu meilleur!... Je ne veux pas d'autre critérium pour reconnaître, confesser et proclamer, en tout et partout que c'est bien là la vérité des vérités !!!

Recevez, mon bien cher maître, la nouvelle assurance du profond respect et de l'amour dévoué, de celui qui aspire avec une si profonde ardeur à devenir bientôt votre collaborateur et votre second disciple.

AUGUSTE COMMANDEUR.

Opinion nationale, du dimanche 4 janvier 1863.

Nous avons reçu il y a longtemps déjà et l'abondance des matières nous a jusqu'alors empêché d'insérer la lettre suivante, relative à la discussion qui a été ouverte dans nos colonnes sur la question religieuse. Elle nous est adressée par M. Louis Michel, de Figanières (Var), l'auteur de deux livres considérables : *la Clé de la vie* et *la Vie universelle*.

*A monsieur Adolphe Guéroult rédacteur en chef de l'*OPINION NATIONALE, *à Paris.*

Figanières, 39 octobre 1862.

A l'occasion de l'intéressant débat philosophique et religieux auquel vous avez généreusement ouvert les colonnes de l'*Opinion nationale*, vous avez bien voulu convier tous les penseurs à publier leurs idées et leurs sentiments sur ces grandes questions qui agitent l'âme humaine.

Louable sous tous les points de vue, votre initiative est surtout précieuse pour les esprits et les cœurs qui ont soif de vérité. Honneur à vous, Monsieur, qui faites converger la lumière vers un si vaste sujet. Dans le tournoi intellectuel que vous avez ouvert, j'ai été frappé de l'élévation des sentiments, de la justesse des raisons, de la droiture des idées, de l'érudition et du talent déployés par les honorables écrivains qui ont pris part au débat, mais, je dois le dire, je n'en ai pas vu jaillir jusqu'ici l'étincelle destinée à éclairer l'étude si capitale et si ardue de la loi unitaire vivante de Dieu qui régit l'infiniment petit, aussi bien que l'infiniment grand.

Permettrez-vous, Monsieur, à un simple campagnard, fort inculte, et partant, étranger à la science humaine, de vous dire à son tour sa manière de concevoir Dieu ? Quelque soit l'accueil que vous réserviez à ma hardiesse, je n'aurai pas de regret d'avoir suivi l'élan de mon cœur.

Je ne citerai, et pour cause, ni les écrits des philosophes, ni ceux des théologiens, ni les livres sacrés. Je n'aurai recours, pour m'expliquer, qu'à mon simple bon sens, et à ma saine raison vivante, franchement dégagée de la vieille science sauvage, qui met la charrue avant les bœufs ; car, d'après elle, la matière est tout, et le véritable agent qui la met en mouvement, elle en tient peu de compte.

M. Renan a exposé l'idée d'un Dieu abstrait, qui est le mouvement harmonieux de la vie universelle. Je repousse avec vous, Monsieur, la conception d'un Dieu étroit et passionné ; mais, d'autre part, je tiens essentiellement à l'idée d'un Dieu infini, personnel et conscient, d'un Dieu moteur et directeur de la vie universelle, comme l'âme humaine est consciente d'elle-même et directrice de la vie de l'homme, comme le mécanicien est le directeur conscient de sa locomotive. Je conçois enfin, un Dieu qui intervient dans la vie universelle, d'une manière générale et unitaire, et non un Dieu qui intervertirait arbitrairement sa loi synthétique, selon le bon plaisir et le caprice des individus ou des sectes.

Voici donc, Monsieur, comment je comprends le souverain maître de toutes choses.

Dieu est la grande âme de l'immense univers, et de tout ce que cet univers embrasse. C'est lui qui féconde et vivifie les mondes et les humanités qui peuplent ces mondes pour les élaborer.

Quand je proclame Dieu l'âme absolue de l'univers, je n'entends nullement que l'univers soit Dieu ou partie intégrante de Dieu; pas plus que le corps de l'homme n'est son âme; que la coque, le grément et l'équipage d'un navire n'en sont le capitaine.

Dieu, tout puissant, personnel et conscient, gouverne toutes choses par une hiérarchie d'intermédiaires, qui sont les âmes humaines, comme un souverain gouverne son empire, par une hiérarchie d'agents de tous grades, comme l'âme dirige le corps, par une hiérarchie d'infiniment petits êtres invisibles, qui sont les agents de la vie.

Dieu élabore, par sa volonté, l'immense univers pour en extraire, sous la forme de mondes, et d'humanités, la vie que l'univers contient à l'état léthargique. De même l'homme, image de Dieu, cultive la terre, pour en faire sortir les végétaux qu'elle contient en germes, et comme les végétaux entretiennent la vie de l'homme, les mondes et les humanités entretiennent la vie de Dieu. Je vois là deux végétations progressives : l'une immense, celle de Dieu ; l'autre, la nôtre, petite et finie, et entretenue par des êtres infiniment petits, dérobés à nos organes par leur infinie petitesse, comme la vie de Dieu nous est dérobée par son immensité.

En haut, au milieu, en bas, partout la même loi ; partout la vie sous forme de végétation, partout une direction unitaire, aussi bien dans l'infiniment grand que dans l'infiniment petit.

Mieux les humanités entrent dans la vraie végétation progressive, au matériel et au moral, mieux et plus intimement elles se trouvent en relation avec la grande âme infinie qui leur communique en proportion l'amour, la vie, la lumière, l'intelligence unitaires. Ainsi toutes les humanités, sont appelées à progresser, en passant de leur état embryonnaire matériel, à l'enfance, à la puberté, à la maturité. Ainsi l'homme, type de l'humanité et image plus ou moins effacée de Dieu, passe par l'état embryonnaire, dans le sein maternel, par l'enfance, la puberté, la virilité pour arriver à l'amour.

Vous le voyez, Monsieur, la loi de Dieu est une, elle est toujours la même; elle se met à la portée des humanités, suivant leur âge et leur nature, suivant le rang qu'elles occupent, dans le milieu où elles fonctionnent, pour entretenir la vie dans le corps relativement infini de Dieu.

Dieu, ai-je dit, se manifeste et dirige le monde, par l'intermédiaire des âmes humaines estampillées à son image; et la preuve qu'elles sont à son image; c'est qu'elles sont frappées du sceau vraiment divin : la liberté! Les âmes humaines sont libres; elles peuvent sous leur responsabilité, faire le bien et le mal. Dieu respecte cette liberté absolument, mais quand il le juge néces-

saire à ses desseins, il charge des âmes plus élevées, plus lumineuses, des agents supérieurs,
d'intervenir aux heures suprêmes pour que force
reste à la loi d'union et de progrès. Ainsi, dans
notre histoire, Monsieur, combien d'exemples de
ces interventions dont je parle.

La France allait périr, le clergé et la royauté
l'avaient conduite au bord de l'abîme, la France
que Dieu dans ses desseins réservait pourtant à
être la grande initiatrice du monde ! Une âme supérieure intervient, s'incarne dans Jeanne d'Arc,
la pure héroïne, et la France est sauvée. Comment expliqueriez-vous autrement que par ce
concours fraternel d'âmes plus clairvoyantes,
plus avancées, plus près de Dieu que les
nôtres, l'admirable, le prodigieux mouvement
de 1789 ?

Plus les âmes humaines attachées à l'élaboration des mondes y exécutent fidèlement la loi de
Dieu, pour faire progresser l'humanité dont elles
font partie, plus ces humanités sont dans la voie
du bien. Si au contraire ces âmes travaillent à
l'encontre de la loi divine en vue d'entraver ou
d'arrêter la végétation progressive de l'humanité
dont elles font partie, ce n'est plus la volonté
divine qui prévaut, mais le caprice du mal, en-

fantant par suite de l'inviolabilité du libre arbitre, l'incohérence au lieu de l'harmonie, la haine au lieu de l'amour.

Le caractère suprême et distinctif de Dieu; c'est la liberté; non-seulement la liberté dont il jouit dans l'exercice de sa souveraine puissance, et de sa toute puissante bonté; mais la liberté qu'il laisse à toutes les âmes humaines. Ainsi, Dieu libre, conserve toujours sa personnalité, infinie et unitaire, qui se manifeste dans les mondes par la libre intervention d'âmes ou d'agents de tous les degrés.

De même ne pourrait-on pas dire que l'âme humaine se manifeste dans l'intérieur de l'homme qu'elle dirige par d'innombrables petits êtres invisibles pour nous, intelligents, vrais agents de la volonté de cette âme et son image en infiniment petit? Comme l'âme humaine a ses agents, ses messagers qui exécutent sa volonté; Dieu a pour agents, pour grands messagers, des âmes puissantes, de grandes individualités fluidiques qui aident les humanités à franchir les phases de leur développement successif.

Obligé de me renfermer dans les limites d'une lettre peut-être déjà trop longue, j'ai dû me borner à tracer une légère et imparfaite esquisse du grand tableau de la vie de Dieu, qui comprend l'ensemble des existences apparentes ou latentes. Je passe sous silence, une foule de faits importants qui s'y rapportent, liés tous par la grande loi unitaire de la vie universelle, et pour m'en tenir à un seul, je ne signalerai ici que l'enseignement messianique. Ainsi que l'a dit avec tant de raison M. de Sainte-Beuve en parlant du christianisme. « Il est certain qu'il y a tout un monde enchevêtré dans le pied du vieux chêne. Quelles sont les branches mortes ? Quelles sont celles qui ne demandent qu'à être délivrées et à vivre ? Qui fera le partage du bois vert et du bois sec ? de ce qui est caduc, de ce qui reverdira ? Le moment paraît venu toutefois où la séparation du mort et du vif va s'opérer, et si ce n'est l'homme, assez de craquements nous l'indiquent, les vents du ciel la feront. »

Oui nous sommes dans un moment solennel, s'il en fut jamais. Les grands messagers de Dieu, ces âmes supérieures dont je vous ai parlé, aideront les hommes de bonne volonté ici-bas et les inspireront, et nous verrons s'opérer le triage soustractif de ce qui est mort et de ce qui est vif sur l'arbre géant humanitaire. Ils feront plus, ils le grefferont cet arbre qui n'a jusqu'à présent

porté que des fruits sauvages, afin qu'il en porte
à l'avenir de bons, de suaves, de bienfaisants.

En d'autres termes, le vieux monde s'affaisse
et le monde nouveau lève sa tête radieuse d'avenir, de même que, quand le germe du fruit nourricier se lève, la fleur végétale se dessèche et
tombe sur le sol pour s'y ensevelir et s'y transformer.

Vous avez convié les hommes de bonne volonté, Monsieur, et j'ai répondu dans la mesure
de mes forces. Je vous affirme que vous contri-
buez, pour une large part, à préparer la voie et le
terrain de cette œuvre tant désirée et que vous
avez pris place au premier rang des champions
de la vérité ; de ceux qui ne se contentent pas de
la fleur desséchée et qui connaissant les lois de
la végétation morale et intellectuelle, entrevoyant
le fruit de l'avenir, s'efforcent d'en protéger le
développement.

Ce que nous avons de mieux à faire, c'est de
nous aimer et de nous presser dans le même
amour de tous pour chacun et de chacun pour
tous, de manière à ne former qu'un seul amour !
Usant, enfin de notre libre arbitre, montrons-nous
dociles au signal divin, et prouvons que nous
sommes de bons ouvriers, lors de la manifesta-

tion solennelle qui ne peut tarder d'avoir lieu, par l'effet de cette volonté de Dieu qui, comme vous le dites d'après Bossuet, mène l'homme tandis qu'il s'agite.

Recevez, Monsieur, mes salutations empressées.

Louis MICHEL.

Propriétaire à Figanières, par Draguignan (Var).

PRINCIPES ET DÉFINITIONS

Nous avons écrit ce petit livre pour initier nos frères et nos sœurs en humanité, qui ont soif de vérité, de justice et de liberté, à la doctrine de la Loi de Vie, exposée tout entière dans nos ouvrages :

CLÉ DE LA VIE et VIE UNIVERSELLE.

Nos arguments et nos démonstrations s'appuieront sur un faisceau compacte de ces grandes vérités, que l'intelligence et la raison acceptent de prime-saut et sans la moindre hésitation, les considérant, à bon droit, comme la source unique et réelle de la certitude absolue, relativement à l'âge de notre humanité.

Ce sont des vérités de cet ordre que, dans le langage de la science, on désigne sous le nom d'axiomes.

Il y a des axiomes en philosophie comme il y a des axiomes en mathématiques et en géométrie.

En d'autres termes :

Il y a dans l'ordre moral, invisible et impalpable, comme dans l'ordre matériel, visible et palpable, des vérités-axiomes, des vérités-principes, qui servent de base et de point de départ à toutes les démonstrations et déductions de la science et de la philosophie.

C'est d'un assemblage logique et coordonné de ces vérités, que va jaillir la nouvelle lumière dont les rayons dissiperont bientôt les profondes ténèbres qu'ont accumulées sur l'intelligence humaine de longs siècles d'ignorance et de superstition.

Le temps n'est pas loin, où le sanctuaire auguste de la *Science vivante universelle* n'aura plus de secrets; nous allons en briser les arcanes, aux yeux même des profanes et faire enfin justice de tous les mythes et mystères, ces créations surannées de l'enfance des sociétés humaines.

PREMIER AXIOME.

La matière universelle.

La matière universelle existe, elle se meut, elle se transforme; c'est un fait qui frappe tous les sens et ne peut être contesté.

DEUXIÈME AXIOME.

La force universelle.

Or, si la matière universelle se meut et se transforme, c'est qu'elle obéit à une force, comme elle universelle, qui est la cause efficiente et première de ces mouvements et de ces transformations.

TROISIÈME AXIOME.

La mathématique universelle.

Il est encore un fait d'une évidence absolue et dont personne ne doute :

C'est que tous les phénomènes, sans aucune exception, résultant de la force, agissant sur la matière, sont partout et toujours les mêmes, dans des circonstances identiques ou analogues.

D'où il suit que la force n'agit sur la matière qu'en se pliant à des lois immuables, mesurées et préétablies qui règlent et coordonnent son action et en déterminent les résultats.

QUATRIÈME AXIOME.

Cause et principe de la force.

La matière universelle, perçue par nos sens, se mouvant et se transformant sous l'incessante et irrésistible impulsion d'une force invisible, subtile et impondérable qui l'enveloppe et la pénètre, jusques à la plus impalpable de ses molécules, représente le Grand-Tout, l'Univers des univers, en d'autres termes l'Omnivers vivant et fonctionnant.

Ces trois termes nécessaires, inséparables et contingents, à savoir :

1° *Matière universelle mue;*

2° *Force universelle, imprimant le mouvement;*

3° *Loi universelle réglant les modes d'action de ce mouvement,*

Sont l'expression plastique et vivante de l'incommensurable Trinité remplissant l'espace et le temps, et constituant, par l'harmonieuse solidarité de son ensemble et l'indissoluble cohésion de ses éléments, la grande Unité sempiternelle, génératrice des mondes et de l'universalité des êtres; source originelle, intarissable et toujours nouvelle des manifestations sans nombre de la vie, sous toutes les formes, à tous les degrés, et dans tous les ordres de l'existence infinie.

Mais cette force universelle, cette puissance occulte et sans limites, qui meut tout, qui réveille tout, anime et vivifie tout,

Quelle est-elle ?

Cet insondable foyer d'intelligence et d'amour, de chaleur et de lumière, qui dirige et féconde, échauffe et éclaire ces milliards de milliards de soleils et de planètes, décrivant leurs orbites au sein des immensités, sans bornes, remplissant les abîmes de la durée,

Quel est-il ?

C'est la grande âme de l'Omnivers vivant et fonctionnant; c'est l'Être des Êtres; c'est le Principe et la Fin; c'est l'Alpha et l'Oméga, en un mot comme en mille,

C'EST DIEU ! ! ! !

Non pas ce Dieu fantaisiste, illogique et capricieux, pétri de contradictions et de passions humaines, imaginé par les pasteurs des peuples et leurs complices, pour les besoins de leur cause, et dont certains philosophes se sont crus en droit de nier l'existence ;

Mais bien ce Dieu, ineffable et réel assemblage de toutes les perfections, prototype incomparable de la *Suprême Beauté*, de la *Souveraine Bonté*, de l'*Absolue Vérité* et de l'*Infaillible Justice :*

Attributs essentiels, nécessaires et primordiaux de la Divinité ;

Ayant pour colloraires et pour corrélatifs, au degré le plus élevé, les quatre points cardinaux de la certitude absolue :

La *Raison*, l'*Ordre*, le *Jugement* et l'*Intelligence réelle* ;

D'où émanent quatre autres attributs tout aussi nécessaires, complétant et parachevant la suprématie des perfections divines, à savoir :

1° *La moindre dépense de force pour le plus grand effet utile;*

2° *L'équitable et juste répartition de cette force à tous les centres d'activité de l'Omnivers vivant et fonctionnant, de l'infiniment grand à l'infiniment petit;*

3° *L'égalité de sollicitude et de prévoyance pour chaque individualité de l'universalité des êtres, selon sa nature, sa condition et ses besoins;*

4° *Enfin, l'Unité de plan et de système dans toutes les manifestations de sa puissance infinie:*

D'où découle la loi de *l'Analogie universelle;* criterium infaillible de la *Science vivante et fonctionnante de Dieu.*

Pour tout homme de bonne foi, en possession de la plénitude de son intelligence et de sa raison, Dieu ainsi défini est l'évidence même : l'esprit le voit, le cœur le sent.

Les malheureux mortels qui osent encore nier son existence ont sciemment horreur de la vérité ou sont atteints d'une profonde cécité morale.

Ce serait, en réalité, perdre un temps précieux que d'essayer de prouver aux premiers que le soleil luit en plein midi; quant aux seconds, pauvres infirmes, ils sont bien plus à plaindre qu'à blâmer.

C'est à Dieu seul qu'appartient la direction suprême des univers et des mondes, et, par voie de conséquence absolue, celle de l'universalité des êtres dont ils sont peuplés et qui constituent leur mobilier.

Rien ne peut échapper à cette direction divine, hiérarchiquement organisée, qui englobe tout dans la sphère infinie de son activité, voire même certaines catégories d'existences et de phénomènes d'une nature diamétralement opposée à celle de ses immuables attributs.

Dieu est *Un* et l'âme humaine, véritable étincelle de son essence, son image exacte et fidèle, mais réduite à l'infini, comparativement à sa grandeur, est *Une* comme lui.

Elle constitue l'*unité* de l'ordre moyen ou petit, comme Dieu constitue l'*unité* de l'infiniment grand.

Emanation directe de la Divinité même, cette âme participe aux attributs primordiaux d'où résulte la suprématie de ses perfections ; semblable à Dieu, elle pense, elle aime, elle procrée, elle se dévoue, elle travaille et produit.

Dieu, l'infini moteur de tout, est *Unique ;* mais l'âme humaine, l'agent direct des applications de sa loi, dans tous les univers, est *Multiple* à l'infini ; de telle sorte que l'âme humaine, en raison même de l'immense Unité de Dieu qui remplit l'espace et le temps, se trouve répandue partout.

Première auxiliaire de ses desseins et de sa volonté, elle est susceptible d'occuper tous les degrés moyens et inférieurs de la hiérarchie des mondes.

Disposant d'une manière absolue du libre arbitre qui lui a été départi, elle peut, à son gré, se rapprocher ou s'éloigner des immenses et lumineuses sphères divines, et devenir aussi grande et aussi puissante que faible et misérable, dans les diverses régions où, selon ses mérites et ses démérites, elle a chance d'être classée. Ce rôle, d'une extrême importance, la constitue, à juste titre, l'instrument universel du mouvement perpétuel de Dieu, dont elle est en même temps l'agent intelligent-spirituel-omniversel.

Voici, du reste, un aperçu de ce mouvement immense que nous ne faisons qu'indiquer ici, pour ne pas sortir du cadre restreint que nous nous sommes tracé :

Les âmes humaines, en nombre infini, sont éternelles comme Dieu; elles occupent successivement tous les degrés de l'échelle universelle, représentés par les mondes de diverses natures; montant et descendant, comme faisaient les anges de l'échelle de Jacob, symbole biblique de leurs migrations à travers les mondes.

Une fois parvenues aux degrés les plus élevés, elles en descendent, entraînées qu'elles sont par un dévouement aveugle et sans bornes, pour aller travailler, même dans les plus humbles conditions, à la vie des univers et des mondes, jusques aux régions les plus infimes et les plus désolées des incommensurables domaines de Dieu, s'appliquant surtout à tirer des ténèbres et à délivrer du mal les âmes, leurs sœurs, en voie d'épreuve et d'épuration.

Lorsque le temps de ces épreuves est sur le point d'être accompli, des régions les plus sombres et les plus éloignées de la lumière, les âmes humaines aperçoivent bientôt des lueurs, qui les rappellent à elles-mêmes; elles ne tardent pas à reprendre possession de leur conscience. Allégées et dilatées par les chauds rayons de l'amour divin, leur soleil moral, elles remontent alors vers les hautes régions, d'où elles étaient descendues pour l'accomplissement de la mission temporaire dont elles avaient été investies; mais alors elles ont acquis des droits à des grades divins supérieurs.

Le plus souvent, cette ascension ne s'opère que lentement et progressivement, par stationnements successifs d'un monde inférieur à un monde immédiatement supérieur; mais il arrive quelquefois que, par d'immenses enjambées, elles s'élèvent des derniers mondes de la matière jusques aux mondes les plus rapprochés de Dieu, en vertu de ce principe universel, que toute âme après sa transformation sur un globe, c'est-à-dire après la mort de l'enveloppe matérielle qui lui sert d'instrument de manifestations, doit être classée et réincarnée sur un autre, selon sa valeur intrinsèque et ses mérites.

Nous l'avons dit : reflet véritable bien qu'infiniment atténué de Dieu, âme de l'Omnivers vivant et fonctionnant, l'âme humaine est immuable et éternelle comme lui. Cependant, malgré la réalité de cette similitude, les âmes humaines, quoique infinies en nombre, ne sauraient jamais, même toutes réunies, être égales à Dieu, chef suprême de l'universalité des êtres, dont elles ne font qu'exécuter la loi.

De même que Dieu, l'unité infinie, vit et se manifeste au moyen d'âmes humaines, en quantités innombrables, ses agents infiniment petits, comparativement à sa grandeur, répandus sur tous les globes, composant les univers, ses domaines, pour les élaborer et les faire progresser dans la voie des perfections;

De même l'âme humaine, l'unité d'ordre moyen, vit et se manifeste par l'intermédiaire d'agents infiniment petits, intelligents et dévoués, remplissant auprès d'elle

1.

et à son profit des fonctions analogues à celles dont elle-même est investie vis-à-vis de Dieu.

Ces agents infinitésimaux, au service de l'âme humaine, sont *les Unités* de l'infiniment petit.

Telles sont et telles doivent être, en effet, les conséquences nécessaires, inévitables, de l'unité divine forcément reproduites et reflétées jusque dans l'organisme le plus infime et le plus élémentaire de la vie universelle.

Or, Dieu étant implicitement la source de toutes les vies, les infiniment petits sont indispensables aux manifestations sans nombre de sa puissance vivifiante.

En vertu de l'attribut primordial divin, *Unité de plan et de système ;* la loi de vie, partout et toujours la même, selon la nature propre des êtres, le temps et les circonstances, étend son empire sur tout, partout et dans tout.

Dieu étant considéré comme le prototype de toutes les perfections, sa loi doit être absolument parfaite et ne saurait jamais différer d'elle-même. L'hypothèse contraire serait radicalement absurde, par cette raison bien simple, que l'existence de deux lois parfaites est inadmissible, attendu qu'elles se confondraient par leur identité même.

L'universalité des êtres est l'expression plastique de la pensée divine, comme l'œuvre d'un auteur ou d'un inventeur quelconque est l'expression visible et tangible de la pensée de cet auteur ou de cet inventeur.

En d'autres termes, tout ce qui existe est la réalisation, la traduction *en fait* du verbe de Dieu ; c'est, en un mot, sa pensée exprimée sous des formes variées à l'infini.

Cette pensée, ce verbe de Dieu, doit donc se retrouver

en tout temps, en toutes choses et en tous lieux ; dans les *trois ordres de grandeur :* dans l'infiniment grand, dans l'infiniment petit aussi bien que dans le petit ou ordre moyen.

Ce dernier ordre est le nôtre, c'est-à-dire celui de l'homme et de la nature, son domaine, où, véritable petit Dieu, il règne en souverain, comme règne le Dieu infini sur les univers dont l'ensemble constitue son propre domaine.

Ce n'est point ici le lieu de déduire les conséquences majeures de ces propositions, on les trouvera amplement développées dans nos livres : *Clé de la Vie* et *Vie universelle*.

L'unité de plan et de système ayant présidé à l'accomplissement de l'œuvre divine, toutes les parties de cette œuvre sont inévitablement frappées au coin de cette loi d'unité et sont nécessairement constituées d'une manière analogue ou semblable, sauf les variétés de forme, qui sont infinies en nombre. Par voie de conséquence absolue, la loi de Dieu n'est donc plus que la *Loi de l'analogie divine universelle :* non pas certes d'une analogie banale, partielle et arbitraire, telle que l'homme pourrait l'imaginer ou l'établir ; mais bien d'une analogie une, immuable, invariable, comme le verbe divin lui-même, dont elle est l'expression vivante, réelle et positive ; ordonnatrice universelle de l'œuvre divine, dont elle devient ainsi le lumineux flambleau et qu'elle éclaire dans toutes ses parties.

De là découle cette véridique et capitale proposition, à savoir : que tout fait constaté réel, en vertu de la loi d'analogie divine, est par cela seul démontré aussi véritablement authentique que l'existence de Dieu lui-même.

C'est là, en vérité, le seul infaillible le seul incontestable critérium de la certitude absolue.

Or, partant du connu pour aller à la recherche de ce qui ne l'est pas, armé de la boussole de l'analogie divine, nous avons la prétention de pouvoir démontrer aux yeux de tous les hommes de bonne foi et de bonne volonté, sachant prêter l'oreille aux conseils de la raison et ouvrir leur intelligence aux lumières de la logique, la constitution du grand homme infini vivant, ayant pour âme Dieu, en prenant pour base de cette démonstration la constitution de l'homme que nous connaissons, et qui reflète dans son être matériel et moral, d'une manière exacte, bien qu'infiniment atténuée, l'ensemble du grand homme infini ou Omnivers vivant et fonctionnant.

Dans un monde quelconque, l'âme humaine est unie, pour le diriger, à un corps d'une nature analogue à celle de ce monde, sans que pour cela l'âme cesse jamais d'être distincte de ce corps, qui lui sert d'enveloppe et d'instrument pour se manifester et se mettre en rapport avec ses semblables, ainsi qu'avec les trois règnes inférieurs de la nature, son domaine.

Dieu, grande âme de l'Omnivers, est uni à ce dernier, qu'il dirige, et qui lui sert pareillement d'instrument de manifestations et de relations, comme l'âme humaine l'est à son corps, sans que cependant Dieu puisse jamais être confondu avec l'Omnivers ou ensemble de ses univers.

Unie à son corps, l'âme humaine constitue l'homme vivant.

Unie au grand Omnivers, Dieu devient le grand homme infini vivant, embrassant dans l'immensité tout ce qui est, tout ce qui a été, tout ce qui sera.

L'analyse nous démontre que le corps de l'homme est composé de trois principes élémentaires ou de trois natures principales, à savoir :

1° Le principe matériel, formé des os et des chairs, constituant le corps proprement dit ;

2° Le principe vital-spirituel, qui réside dans le sang ;

3° Et le principe céleste, ayant son siége dans les fluides impondérables du cerveau.

Ces trois principes élémentaires et primordiaux qui résument les trois natures principales du corps humain vivant, dirigé par l'âme humaine, constituent le quaternaire humain, reflet obligé, mais exact, bien qu'infiniment diminué du quaternaire divin.

De par la loi de l'analogie divine universelle, le quaternaire divin se compose donc de trois natures principales, qui sont :

Sa nature matérielle ;

Sa nature spirituelle ;

Et sa nature céleste ;

Élaborées et vivant par ses mondes matériels, par ses mondes spirituels et par ses mondes célestes, sous la direction suprême de l'âme omniverselle, Dieu, quatrième nature du grand homme infini, sa nature divine, complément et clé de voûte du quaternaire divin.

Dieu, qui dirige tout et d'où procède toute direction, possède à cette fin, une boussole infaillible, formée des quatre points cardinaux de la certitude absolue, répondant terme à terme à son quaternaire et qui sont :

La raison, l'ordre, le jugement et l'intelligence réelle.

L'homme est pareillement en possession de ces quatre points cardinaux, cause déterminante de son libre arbitre, mais ils sont plus ou moins éclairés, plus ou moins obscurcis, selon son état d'élévation ou d'abaissement dans les mondes où il est appelé à stationner.

Ces quatre points cardinaux sont nécessairement inhérents à toute *unité vivante*, pour en assurer la juste direction, selon la valeur qui lui est propre, soit comme infiniment petit intelligent, soit comme unité solaire ou planétaire.

La vie divine, la grande végétation des mondes, le souffle universel et tout-puissant, qui anime et vivifie tout, n'est pas autre chose que le *Progrès* de tout, en tout et partout, c'est-à-dire la marche ascensionnelle de l'universalité des êtres vers la perfection infinie.

Mais parmi ces mondes, et les êtres de toute nature dont ils sont peuplés, il en est qui sont plus ou moins bons, ou plus ou moins mauvais, selon leur état d'avancement dans la voie du progrès universel.

Les mauvais sont ceux qui commencent pour s'améliorer et se perfectionner, en progressant; et leur valeur relative est toujours proportionnelle à la situation qu'ils occupent dans les diverses carrières planétaires qu'ils ont à parcourir.

L'homme, comme tout ce qui commence pour se perfectionner, ne saurait se soustraire à cette loi primordiale de justice distributive à laquelle se plie l'universalité des êtres.

C'est en vertu de la loi d'analogie divine universelle, critérium infaillible et preuve irréfragable de toute vérité, que tous les êtres vivants quels qu'ils soient, homme, animal, plante, planète, soleil, se forment dans un milieu de leur nature, naissent, vivent, se développent et finissent d'une manière analogue, pour atteindre un *semblable résultat*.

La loi d'analogie divine universelle étant la résultante et partant la consécration de l'attribut primordial de Dieu :

Unité de plan et de système, est *une* comme lui; et ses œuvres, qui ne sont que les manifestations des déterminations de son libre arbitre ou de sa volonté, ne peuvent être conçues et formées que sur un seul et même plan, à tous les degrés de l'existence, dans l'espace et le temps.

L'homme, qui est une des plus sublimes procréations de cette puissance, se forme matériellement dans sa matrice maternelle; il naît en recevant son âme et le jour; — il vit en respirant dans l'atmosphère de sa planète, en s'alimentant de ses produits matériels, à l'élaboration desquels il coopère; — il meurt et se transforme, en s'élevant, par la culture de son âme, vers Dieu, son soleil infini.

Ce fait, qui se passe et se renouvelle à chaque instant sous nos yeux, nous démontre que la planète sur laquelle nous vivons a une existence semblable ou analogue.

Ainsi que nous l'avons établi dans nos livres : *Clé de la vie* et *Vie universelle*, la planète se forme dans le chaos universel des mondes, qui est sa matrice naturelle; — elle naît en recevant son âme et la lumière du soleil; — comme l'homme elle est constituée de trois principes dirigés par un quatrième; — elle vit matériellement et intellectuellement, en respirant dans l'atmosphère solaire, au moyen d'un cordon aromal ou fluidique qui la met en rapport constant avec cet astre, chef hiérarchique du tourbillon sidéral dont elle fait partie; — enfin elle se transforme, en s'élevant vers le soleil, dans la partie harmonieuse de son corps et la fine fleur des quatre règnes de son mobilier, composé de ses minéraux, de ses végétaux, de ses animaux, et de son humanité, âme de ce mobilier, formé des quatre règnes de la nature, correspondant analogiquement au quaternaire divin.

De même que l'âme humaine abandonne à la terre ou chaos terrestre son résidu grossier, son corps inerte et privé de vie;

De même, la planète, par une séparation analogue, laisse tomber dans le grand chaos, d'où elle est sortie, sa carcasse grossière, chargée des membres arriérés de ses quatre règnes, plongés à cet effet dans le sommeil léthargique ou engourdissement particulier qui suspend en eux les fonctions de l'existence, jusques au jour où ils seront replacés sur de nouvelles planètes pour servir de germes ou de semences à leur mobilier primitif.

Pour se conformer aux prescriptions de la loi d'analogie universelle, la plante, le végétal devra suivre, dans les développements de son existence, une marche identique à celle de l'homme et de la planète.

Elle se forme d'un germe appelé graine, dans le chaos terrestre, sa matrice naturelle; — elle naît en montrant au-dessus du sol les rudiments de sa tige; — elle respire dans l'atmosphère; — elle s'épanouit à la lumière du soleil, et reçoit, en même temps, son âme.

Bon nombre de nos lecteurs seront peut-être étonnés d'apprendre que les plantes ont une âme.

Etant admise l'universalité de la loi d'analogie, il serait aussi absurde de supposer qu'un être vivant quelconque pût exister sans une âme d'une nature propre à sa destination, constituant son quatrième principe directeur, qu'il le serait de soutenir qu'il n'y a aucune différence entre les âmes d'hommes, d'animaux, de végétaux, de planètes et de soleils.

La loi d'analogie, sous peine de laisser une lacune dans l'unité de système, englobe, non-seulement tous les êtres vivants, mais encore tous ceux qui ne paraissent pas doués de la vie.

Pénétrons-nous bien de cette idée que *tout absolument vit* dans la nature; ce que nous appelons la *mort* n'est qu'un état relatif et transitoire; en d'autres termes, au physique aussi bien qu'au moral, tel être n'est vivant que comparativement à un autre dont l'existence est moins apparente et moins développée. Ainsi le cadavre, mort par rapport à nous, qui sommes physiquement vivants, vit par rapport à la roche ou à la terre; — le sauvage, vivant par rapport au cadavre, est *moralement mort*, comparé à l'homme civilisé; l'intelligence de l'enfant est *morte*, eu égard à l'intelligence de l'homme adulte; etc., etc.

La loi d'analogie universelle s'applique donc aussi bien aux êtres physiques et moraux qu'aux êtres collectifs et individuels.

Par être moral, nous entendons un être qui n'existe que par une opération de notre esprit, tel que la vertu, la justice, l'espérance, la foi, etc., etc.

Par être collectif, nous entendons celui qui se compose d'une collection d'individualités, vivant, agissant et fonctionnant comme un seul être, sous une direction unitaire; telle qu'une assemblée délibérante, l'ensemble des individualités qui composent un État, la réunion des âmes humaines constituant l'unité vivante qui, sous le nom d'âme planétaire, dirige un monde, soleil ou planète; enfin, par être collectif, nous entendons encore la réunion des âmes infiniment petites qui composent l'unité vivante et intelligente dirigeant une individualité végétale ou animale.

Passons à une autre conséquence de l'application de la loi d'analogie universelle.

Toute vie est positivement une végétation : ainsi la vie de la plante, la vie de l'homme, la vie d'une humanité ou homme géant collectif; toute opération ayant un commencement, un milieu et une fin *est une végétation :* car *végéter,* c'est *naître, vivre* et *mourir,* en *progressant ;* ce qui veut dire, pour nous résumer sur ce point de la plus extrême importance, que la végétation est partout le vrai type de la vie, en Dieu comme chez l'homme et dans l'humanité; que la végétation progressive est la véritable clé de la vie dans l'universalité des êtres.

Or, puisque la vie de l'homme se partage en quatre phases ou périodes distinctes, désignées sous les noms d'enfance, puberté, âge mur et transformation, par analogie toute vie doit présenter les mêmes caractères. En effet, quatre phases analogues se manifestent dans la vie végétale de la plante. La première se distingue par sa pousse matérielle ou enfantine : tiges, feuilles et fleurs ; — la seconde par sa pousse d'adolescence, celle de la fleur et du germe fruitier qui symbolise la puberté ; — la troisième par sa pousse de virilité, figurée par la maturité du fruit ; — la quatrième enfin par la mort ou phase de transformation.

C'est encore en vertu de la loi d'analogie universelle, que l'homme individuel peut être considéré comme l'image complète et fidèle de l'être humain collectif, c'est-à-dire de l'humanité tout entière.

Nous pouvons donc, sans appréhension d'erreur, comparer âge par âge la vie humanitaire à la vie humaine, et, par voie de conséquence logique, nous devons retrouver dans celle-là une enfance, une puberté, une maturité et une transformation.

Maintenant si nous voulons mettre en parallèle la vie de l'humanité avec celle de la plante, nous n'aurons pas de peine à y découvrir la pousse de la tige, des feuilles et des fleurs, à indiquer l'époque ou s'effectuera la formation du germe fruitier, celle où arrivera la maturité du fruit, lequel constituera définitivement l'unité de l'être collectif humanité, qui parvenue, à sa complète harmonie, pourra enfin se transformer, après avoir parcouru la carrière de sa vie planétaire. C'est alors qu'allégée de ses rebuts et de ses éléments réfractaires, elle pourra s'élever, dans la hiérarchie des mondes, vers des régions plus rapprochées de Dieu, comme y monte après la transformation de l'homme, l'âme humaine dépouillée de son corps matériel et purifiée de ses souillures.

En résumé, puisque sont à notre portée les moyens d'étudier l'enfance, la puberté, la virilité et la transformation de l'homme, ainsi que les âges de la plante, nous, pouvons donc, sans plus de difficultés, et par voie d'analogie, prévoir et décrire, au besoin, l'enfance, la puberté, la virilité, ou âge mûr d'une humanité, phases de sa vie représentées par la tige, les bourgeons, les feuilles, la fleur, le germe fruitier, et le fruit d'une plante parvenue à sa maturité.

La loi d'analogie universelle nous enseigne donc que l'homme vivant et agissant sous l'impulsion et la direction de son âme, véritable étincelle du fluide divin, est réellement un petit Dieu, *un déicule*, pour cette partie de la nature qui est son domaine, et que Dieu, à la tête de ses trois natures infinies, dont il est l'âme, est le Grand Homme infini, gouvernant ses incommensurables domaines par des moyens analogues, bien qu'infiniment supérieurs à ceux de l'homme.

Or, quel est le moyen qu'emploie l'homme pour procéder avec ordre à une opération quelconque, qu'il s'agisse d'effectuer un classement, ou de résoudre un problème relatif soit à la direction, soit à l'administration de son domaine?

Un moyen aussi simple que sublime et efficace par ses rapports et ses résultats, à savoir : les quatre-règles de l'arithmétique, base fondamentale des mathématiques : l'*addition*, la *soustraction*, la *multiplication* et la *division*.

C'est aussi le moyen que Dieu emploie dans l'accomplissement de ses œuvres.

Seulement Dieu n'applique pas les quatre règles d'une façon abstraite comme l'homme de l'enfance humanitaire, il les exécute en action, par sa science des mathématiques vivantes, laquelle préside à tous les actes et opérations de sa vie éternelle et infinie.

Il est lui-même le principe et l'essence de ces quatre règles empreintes sur toutes ses œuvres, dans l'ensemble aussi bien que dans les détails.

Pour nous en convaincre comparons, en effet, à un opérateur vulgaire, le grand ouvrier des univers.

Lorsque le premier veut entreprendre un ouvrage, exécuter une opération; il réunit ses instruments de travail, il en effectue l'*addition;* mais, comme parmi les instruments rassemblés, il peut s'en trouver qui soient impropres à leur destination, il faut en opérer le triage, c'est alors qu'il procède *à la soustraction;* puis muni des instruments reconnus bons, il se met à l'œuvre et produit, il fait *la multiplication;* l'œuvre accomplie, il opère la répartition des produits au moyen de la *division.*

Dieu n'agit pas autrement, dans des circonstances analogues.

Nous avons démontré ailleurs, dans nos précédents écrits, que les univers et les mondes matériels sont spécialement destinés à opérer par l'*addition;* les mondes spirituels par la *soustraction;* les mondes célestes par la *multiplication* et Dieu seul procède à la *division;* c'est-à-dire à l'équitable répartition ou juste classement; mais il n'effectue cette capitale opération que dans les mondes faisant partie intégrante de l'harmonie universelle; ceux qui végètent encore dans l'incohérence et l'état fractionné, ne peuvent participer aux bénéfices de ses divines largesses.

Les minéraux, qui, dans la nature ou domaine de

l'homme, représentent les mondes matériels de Dieu, vivent de la vie d'*addition*. Les végétaux qui représentent les mondes spirituels, vivent de la vie de *soustraction;* les animaux qui correspondent aux mondes célestes, vivent de la vie de *multiplication*, l'homme seul représentant de Dieu et vivant d'une vie analogue, opère la *division* et le juste classement.

Lorsque nous affirmons que les mondes font une opération arithmétique et que les règnes de la nature se comportent d'une manière analogue, nous voulons simplement exprimer qu'il n'existe entre eux que des rapports de similitude et que les membres ou individualités de ces règnes sont dans le même cas. Les minéraux par exemple ne font que croître par contact *additif* et ne sauraient s'épurer par une *soustraction* effectuée par eux-mêmes.

Les végétaux fixés au sol vivent par rapport à leurs semblables, à l'état d'immobilité ; mais ils font abstraction ou *soustraction* de tous les obstacles et de toutes les distances pour communiquer entre eux, bien qu'éloignés les uns des autres. Ils peuvent se mettre en relations, au moyen d'une opération intellectuelle, connue sous le nom d'*intuition* qui signifie vue intérieure, vue de l'intelligence ou de l'esprit.

Les animaux disposent des mêmes facultés ; ils usent à leur gré de l'abstraction et de l'intuition ; mais à un degré bien supérieur à celui des végétaux, parce qu'ils peuvent en faire l'application dans tous les sens et toutes les directions et sur tous points à eux accessibles. Le fonctionnement simultané de ces deux facultés réunies constitue chez eux, l'*instinct* de leur vie de relations, c'est-à-dire l'application de l'*intuition multipliée* au choix de leur alimentation, à leurs rapports sexuels, ainsi qu'à leurs relations avec l'homme, leur maître, caractérise et met en jeu leurs facultés instinctives, dont l'ensemble se manifeste par le langage universel instinctif. Exemple : Un chien français mis en rapport avec un chien russe ou américain comprendra parfaitement sa langue.

L'homme, lui, exécute les quatre règles; il joint au pouvoir d'effectuer les trois premières qui sont du ressort des trois règnes inférieurs de la nature, l'usage de la division qui les contient implicitement. Il dispose de cette faculté, grâce à l'emploi de l'intellect, qui lui permet d'*additionner*, *de soustraire*, *de multiplier et de diviser*, en d'autres termes; de procéder au juste classement des résultats obtenus, au moyen des trois premières opérations.

L'intellect n'appartient qu'à Dieu seul, dans l'infiniment grand, et de par l'analogie, à l'homme, le petit Dieu de la nature ainsi qu'à l'hominicule ou homme infiniment petit.

N'oublions pas de constater, que les quatre règles correspondent, terme à terme, aux quatre points cardinaux de l'intellect divin, en même temps qu'aux quatre natures de l'Omnivers vivant, parties intégrantes du quaternaire divin, fidèlement reflété par celui de l'homme, et par les quatres règnes de la nature, aussi bien que par les quatre âges de tout être vivant.

Par voie de conséquence analogique, les quatre règles se retrouvent encore représentées, par les quatre âges de la vie humaine. Il nous sera facile de les signaler par quelques traits, auxquels chacun pourra trouver d'autres applications.

Pendant son enfance, l'homme fait l'*addition*, sans se préoccuper de la *soustraction :* c'est qu'en effet cet âge amasse en *tous sens* et additionne, sans cesse, sans avoir le moindre souci de la valeur ou du rapport des objets. Tous les actes de l'enfant portent si bien le cachet de cette opération que la plupart du temps il se refuse obstinément à tous les *soins soustractifs* de la propreté.

Pourvu d'une plus grande dose d'intelligence, l'adulte fait la *soustraction* des totaux indigestes de son premier âge; totaux matériels, moraux et intellectuels. Parvenu à l'âge mur, l'homme fait subir à tout ce qu'il crée ou s'approprie, le triage rigoureux de la *soustraction*, puis il compose et rassemble les résultats de toutes ces opérations, ce qui implique la *multiplication* productive, et enfin il en *dispose* par la *division* et le juste classement, opération peu ou point accessible à un autre âge.

Ces faits si simples, ces admirables concordances qui avaient échappé jusqu'ici à l'observation des penseurs et des philosophes, sont la vérité même et sont, en même temps, l'une des preuves les plus frappantes de l'*unité* du grand œuvre divin.

Or, si l'homme exécute les quatre règles par le développement progressif de ses facultés, et dans l'ordre successif de ses âges ou phases de sa vie complète, il doit en être de même de l'humanité, son analogue collectif.

Enfant, adulte, mûre, prête à se transformer, l'humanité suivra exactement la même progression, durant le parcours de ses quatre âges, en effectuant *l'addition, la soustraction, la multiplication et la division.*

Le fait vient démontrer la véracité de notre affirmation.

L'humanité enfant comme l'homme enfant, fait la guerre, elle se bat et emploie la force brutale comme moyen de convaincre son adversaire. De même que l'enfant, elle additionne en tous sens, elle amasse et entasse, sans dicernement, sans avoir même l'idée de *soustraire*. Étrangère à cette faculté propre à l'âge de puberté, elle recueille toutes les doctrines, toutes les idées, toutes les merveilles, tous les mystérieux récits, croyant à tout, comme l'enfant qui croit à tous les contes. Elle admet un Dieu absurde, des peines et des récompenses futures qui ne le sont pas moins. Pour elle, le diable et l'enfer éternel sont articles de foi. Elle s'en effraye, comme l'enfant menacé de la gueule de l'ogre ou des griffes de Croquemitaine. A peine a-t-elle la notion de la propreté, cette vertu moderne, qui ne se comprend bien qu'à l'âge de raison ou de puberté.

Ces quelques traits peuvent nous donner une idée exacte de la première phase de la vie humanitaire et de son histoire.

L'étude des quatre règles de l'arithmétique ainsi considérées est d'une telle importance, que l'intelligence, la bonté, l'amour infini de Dieu peuvent se résumer, se quintessencier dans l'application de ces règles divines aux innombrables phénomènes matériels, intellectuels, et moraux de la vie universelle.

Nous avons défini Dieu *un*, *trinaire* et *quaternaire* : *un* par son ineffable unité, par son essence même ; *trinaire* par les trois natures de ses univers matériels, spirituels et célestes; *quaternaire* par la direction divine qu'il leur imprime.

Nous devons encore l'envisager sous le rapport du *binaire*, comme étant composé de deux grands éléments distincts, de l'âme et du corps, de l'esprit et de la matière, du positif et du négatif, du masculin et du féminin, du bien et du mal.

Tout ce qui n'est point encore doué de la vie ou qui commence à vivre est nécessairement faible comparativement à ce qui jouit depuis longtemps déjà d'une existence constituée, ou vit d'une vie plus complète et partant plus forte et plus énergique. Donc le faible et le fort; le mort et le vivant; le négatif et le positif; le moins bien et le mieux, le mal et le bien, le féminin et le masculin; la matière et Dieu, le néant ou mort relative et la vie; la lumière et les ténèbres sont *deux* formant *un*, c'est le *binaire*.

Dans chacun des exemples de cette série de binaires, les deux termes ne sauraient être séparés par des points fixes et précis de démarcation.

De là le mal, incompréhensible autrement *qu'en* Dieu et non *partie* intégrante de Dieu; *en* Dieu seulement, en ce que le mal est inséparable de la faiblesse de toute vie qui commence; vie solaire ou planétaire; vie humaine ou humanitaire.

Dieu, âme de l'Omnivers vivant étant par sa nature même immuable, invariable, est l'idéal suprême de toutes les perfections et partant *impénétrable* pour le mal, qui par sa nature même est incompatible, d'une manière absolue, avec les attributs nécessaires et primordiaux de la Divinité.

Le mal n'est, en réalité, qu'une entité essentiellement relative et mobile qui passe, se déplace, se modifie, augmente, diminue et se renouvelle sans cesse dans un sens ou dans un autre, soit en montant soit en descendant; il ne doit être considéré que comme l'un des termes générateurs du progrès, et en quelque sorte, comme un crible vivant pour tamiser l'universalité des êtres tendant fatalement vers la perfection indéfinie.

Le degré d'intelligence auquel a pu atteindre notre âge humanitaire n'est point encore assez élevé pour qu'il lui soit permis de comprendre et d'expliquer le binaire divin; la coexistence de Dieu et de la matière. Heureux sommes-nous de pouvoir seulement l'exposer; c'est ce que nous allons tenter de faire ici en quelques mots.

Comprendre le commencement, le milieu et la fin de Dieu, c'est-à-dire comment Dieu n'a pas eu de commencement, comment il n'aura jamais de fin, comment le mal coexiste avec lui ou à côté de lui, ce serait comprendre l'essence de Dieu même dont aucune intelligence humaine, aussi grande, aussi extraordinaire soit-elle, ne pourra jamais se faire une idée même approximative. Voilà ce que tout d'abord nous tenions à déclarer, afin d'écarter de nous tout reproche de témérité, avant de parler du binaire au point de vue de Dieu et du mal.

L'homme est en possession de la surface terrestre, réceptacle final de son corps privé de vie et du résidu de ses règnes. Il dispose, à son gré, de cette sorte de chaos d'où il tire, par son travail, tout ce dont il a besoin : ses minéraux, ses végétaux, ses animaux. Le sol ou terre végétale qui renferme implicitement tout cela est en son pouvoir et en sa possession. Il lui fournit concurremment avec l'eau et l'atmosphère, l'alimentation de son *quaternaire*, de son corps et de son âme, mettant, chaque jour, à sa disposition et à sa portée sa provision d'êtres infiniment petits intelligents et dévoués qui constituent sa vie.

L'analogie universelle nous enseigne que Dieu, comme l'homme, sa fidèle mais infinitésimale image, dispose sous des formes incomparablement plus vastes, plus belles et plus riches, d'un chaos analogue d'où il tire, lui aussi, les éléments de toute nature qui concourent à son alimentation matérielle et fluidique.

Sur notre globe, l'homme compacte, c'est-à-dire, pourvu d'un corps matériel, représente par la constitution complète de son être, les minéraux des univers matériels de Dieu, les végétaux de ses univers spirituels, intermédiaires, les animaux de ses univers mouvants célestes. Ainsi qu'en la constitution même de l'homme, partout se trouve le binaire.

Nous y trouvons effectivement le masculin et le féminin, les deux électricités de la pile infinie communiquées partout de soleils en soleils jusques aux derniers infiniment petits.

Nous avons sous nos yeux l'homme et la femme, prototype des deux sexes.

Le binaire se retrouve encore dans le mal tantôt vivant, tantôt mort, c'est-à-dire se manifestant soit par des êtres vivants, soit par d'autres plongés dans la passivité du chaos ou néant relatif.

Or cette distinction est importante comme celle de la veille et du sommeil.

Le mal vivant agit ; le mal mort est inerte. Ce dernier

n'est le plus souvent qu'un simple obstacle ressuscitant au contact de la vie ; le premier est, au contraire, un ennemi actif qu'il faut combattre et vaincre, pour le réduire au néant si l'on ne veut être vaincu par lui.

Bien qu'il ne soit pas facile d'expliquer en quelques lignes la différence qui existe entre le mal vivant et le mal inerte, il importe cependant de bien la saisir.

Pour se rendre un compte exact de ces deux états du mal, il faut savoir que notre planète obéit à deux directions, pour ainsi dire opposées ; l'une céleste, parfaite ; orthodoxe, en harmonie avec les attributs primordiaux de la divinité, et, l'autre, bien que d'une nature spirituelle, mais corrompue, déchue, mensongère, se cramponnant à son pouvoir, en vertu des prérogatives du libre arbitre ; l'une obéissant à la loi de Dieu et respectant l'indépendance du libre arbitre de l'homme, l'autre au contraire, foulant aux pieds tout ce qui est en contradiction avec ses caprices et partant la loi de Dieu.

Il faut encore savoir que les agents de ces deux directions si opposées sont des esprits vivants, jouissant de tous les attributs moraux de la personnalité. La direction céleste, établie dans la voie du bien, de la patience et de la résignation, émane directement de Dieu, l'autre est la personnification du mal vivant.

Cette dualité de principes et d'influences a eu pour point de départ, pour ce qui nous concerne, nous habitants de la planète terre, un grand fait cosmogonique que la science officielle ne paraît pas même soupçonner ; fait dont nous subissons les conséquences et que nous allons esquisser ici, à grands traits, l'ayant décrit dans nos précédents ouvrages.

2.

Un grand nombre de nos lecteurs n'apprendra peut-être pas sans étonnement que notre planète est formée de quatre autres petites planètes incrustées ou soudées ensemble ; de quatre anciens satellites, voués au mal vivant et en pleine voie de perdition, mais qui furent sauvés par cette véritable greffe cosmique. Cinq satellites étaient appelés à concourir à cette gigantesque incrustation ; le cinquième, le plus considérable du groupe, pour conserver son individualité et son indépendance astrale, refusa obstinément l'incrustation et voulut se tenir à l'écart ; mais, forcément englobé dans la sphère de vie du système terrestre, il sert maintenant de satellite à notre planète dont il épuise les fluides nourriciers, sans profit pour lui-même, fatalement destiné à la plus irrémédiable perdition.

Par suite de cet excès d'égoïsme inintelligent, orgueilleux et sacrilége, véritable révolte contre la volonté de Dieu, la Lune conformément aux prédictions du prophète Isaïe, périra et son cadavre viendra se dissoudre dans le chaos de notre tourbillon solaire, dont elle fait partie, ou pour mieux dire dans les profondeurs de la grande voirie où s'opère la digestion des carcasses de planètes ayant appartenu à la famille de notre soleil.

Ces cinq grands corps sidéraux, planètes de troisième et dernier ordre, possédaient chacun une âme collective directrice. Par suite de l'incrustation, ces âmes furent placées sous la direction d'une autre âme astrale collective, mais incomparablement plus élevée dans la hiérarchie des mondes. Cette âme d'élite avait du reste fait ses preuves de supériorité morale et intellectuelle, par l'éducation d'une planète harmonieuse immense, qu'elle avait constamment dirigée dans la voie du bien, jusques au grand jour de sa transformation.

Loin de se prêter, après l'incrustation, à la bonne influence de l'âme supérieure qui les avait sauvées et qui voulait les guider dans la bonne voie, les âme collectives des quatre satellites incrustés, suivirent les inspirations de l'âme rebelle de la lune.

Foulant aux pieds les engagements sacrés qu'ils avaient contractés par l'acceptation formelle et préalable de l'héroïque et sublime opération qui devait les arracher à la perdition ; ils ne craignirent pas d'invoquer leur droit à l'indépendance de leur libre arbitre, pour refuser de reconnaître l'autorité suzeraine de leur céleste directrice, unique et véritable source du bien pour nous, habitants de la planète Terre.

Les âmes astrales des satellites incrustés, étant d'une nature inférieure, elles constituent la partie mauvaise et réellement déchue de l'âme collective de notre planète, représentée par la tourbe des esprits du mensonge et de l'erreur. Ce sont ces esprits qui, constamment en révolte contre Dieu et sa loi, cherchent, au moyen de manifestations trompeuses, à perpétuer de nos jours les doctrines mensongères, la superstition, les institutions ainsi que les errements de l'enfance humanitaire.

Ces âmes, personnifiées par des centaines de milliards d'esprits mauvais, sont pour nous la source du *mal vivant-fluidique*, se manifestant ici-bas par l'intermédiaire de quatre personnalités collectives redoutables, âmes des quatre anciens satellites : Europe, Asie, Afrique et Amérique, influencées par l'âme de la Lune, de Lucifer, ainsi que l'appelle Isaïe, au chapitre xxi de ses prophéties, ayant trait à ces faits, aussi bien qu'à d'autres qui en sont l'image, conformément à la loi d'analogie universelle.

Ce n'est point ici le lieu de faire la preuve et de déduire les conséquences du fait nouveau et jusqu'à ce jour inconnu qu'il nous a été donné de porter à la connaissance des hommes. Conforme à la loi d'analogie universelle, expliqué par la loi de vie, cet événement, considérable à tous les points de vue, a laissé des traces dans l'histoire des temps anciens aussi profondes et aussi palpables que les témoignages matériels de son action imprimés sur la croûte du globe; preuves historiques et géologiques, que nous ne ferons qu'effleurer un peu plus loin, mais sur lesquelles nous nous proposons de revenir un jour, pour les étudier d'une manière toute spéciale.

Ce qui fait la force du mal vivant, c'est-à-dire des esprits rebelles dont sont formées les âmes des satellites incrustés, comme celle des méchants et des fourbes, leurs auxiliaires et leurs instruments matériels vivants, sur un globe imparfait et incohérent comme le nôtre, où le mal domine, c'est la loi divine du *Libre-Arbitre*, régulatrice de toute moralité et mesure aussi infaillible qu'équitable du mérite et du démérite.

En vertu de l'attribut primordial divin : *Justice distributive universelle,* Dieu ne peut s'opposer à la manifestation de la volonté de toute créature vivante, tant que cette volonté ne fait pas directement obstacle à l'exécution normale et régulière de la loi universelle qui préside à la marche, ainsi qu'au développement des humanités dont les mondes sont peuplés.

Or, les hommes fluidiques-spirituels déchus, dont la

collectivité compose les âmes des anciens satellites, disposeront de ce droit, jusqu'à l'heure suprême où les destinées de l'humanité terrestre exigeront que la voie qu'elle doit parcourir soit entièrement déblayée et que tous les obstacles à son avancement vers la perfection, son but final, soient définitivement écartés.

Aussi bien qu'en nous et en dehors de nous, le mal vivant se trouve dans la nature et dans les infiniment petits, parties intégrantes et constituantes de notre être. Pendant la vie, lorsque notre corps se trouve dans un état de santé florissante, le mal existe en nous, mais comme simple germe inerte, cataleptisé et engourdi qu'il est par la puissance agissante et expansive du principe vital, exactement comme le sont dans les conserves au sucre ou à l'esprit-de-vin, les animalcules destructeurs des fruits. Dès que disparaissent ou s'amoindrissent les conditions vitales prépondérantes qui le maintenaient dans l'inertie, le mal vivant, qui sommeillait, se réveille alors et devient vivant. En effet, étendez d'eau les conserves à l'esprit-de-vin, supprimez le sel, le sucre, l'huile ou les graisses appliquées à la conservation d'autres substances, le mal passe aussitôt de l'état inerte à l'état vivant, il agit, il fonctionne.

Que la santé de l'homme s'altère, c'est que le mal inerte, partie intégrante de toute nature matérielle, se réveille quelque part dans le corps humain. La maladie est d'autant plus grave, et la souffrance d'autant plus vive et plus profonde que le mal occupe une plus large place dans l'organisme envahi.

Que l'homme meure, le mal vivant ressuscite tout entier et dévore en plein le cadavre.

Bien qu'il soit le seul des deux nuisible et provoquant la souffrance, le mal vivant est néanmoins plus avancé que le mal inerte; car, en vertu de la loi d'analogie universelle, de même que les végétaux peuvent s'améliorer par la greffe, de même le mal vivant peut être greffé d'une vie supérieure; tandis que sur ce qui est inerte, sur ce qui est relativement mort, aucune greffe n'est immédiatement praticable. Qui s'aviserait, en effet, de greffer un arbre abandonné par la sève.

La greffe s'opère au moral comme au physique. Ainsi l'éducation est une véritable greffe.

L'enseignement apporté aux humanités, au commencement de leurs divers âges, par les grands messagers ou envoyés de Dieu est pareillement une greffe. Moïse, le législateur des Juifs, était investi d'une mission de cette nature, lorsqu'il est venu greffer l'idée de l'*unité* de Dieu sur une humanité primitive, vivant, pour ainsi dire, de la vie sauvage.

Le Christ, notre premier Messie, greffa sur la loi incomplète de Moïse la loi morale d'Amour de l'enfance humanitaire.

Sur la doctrine du Christ, altérée par les hommes et les apports du temps, un autre envoyé de Dieu greffera la doctrine de l'âge pubère de l'humanité; plus tard encore, un troisième Messie apportera celle de son âge mûr.

Ces trois doctrines sont *la Voie*, *la Vie* et *la Vérité* implicitement renfermées dans chacunes d'elle. Ce sont trois réveils tout à la fois successifs et progressifs de l'humanité terrestre, à la grande lumière morale et intellectuelle dont la source est en Dieu.

C'est sous l'impulsion de cet enseignement messianique apporté à certaines époques solennelles de la vie des humanités, par des mandataires spéciaux de la volonté divine, que celles-ci progressent dans la voie du perfectionnement.

Un messie n'est donc point un homme de hasard, amené par les circonstances au milieu desquelles agit et fonctionne une humanité ; c'est, en réalité, un envoyé de Dieu, aussi indispensable à cette humanité que son âme l'est à l'homme ; c'est un missionnaire divin chargé de l'instruire et de greffer sur elle une doctrine nouvelle, plus large, plus explicite, plus lumineuse que celle qui l'a précédée ; mais qui a pu s'altérer ou devenir inféconde, sans toutefois cesser de s'appuyer sur les mêmes principes.

C'est ainsi que parmi nous l'enseignement moral donné à l'adulte est plus avancé que celui départi à l'enfant, mais moins avancé que le savoir et l'instruction qui conviennent à l'âge mûr.

Or cet enseignement, pour être progressif, n'en repose pas moins sur les mêmes principes de morale : l'amour de Dieu et des hommes ; mais cependant, avec des différences de plus en plus progressives, s'appliquant au développement intellectuel et moral propre à chaque âge.

Pénétrons-nous bien de cette idée que l'humanité terrestre est un homme géant-collectif par son étendue, la durée de son existence, et les développements successifs de ses diverses parties dont nous étudierons plus tard les caractères.

Elle passe par des phases analogues et tout à fait semblables à celles que parcourt la vie humaine. Tout d'abord, *enfant géant-collectif* sauvage ou *embryonnaire*, elle correspond au fœtus humain dans le sein de sa mère; puis elle devient *enfant géant-collectif moral*, lorsque lui arrive son premier messie, c'est-à-dire, son âme; *jeune homme géant-collectif pubère*, à l'avénement du second messie, l'Esprit; enfin *homme géant-collectif harmonieux*, en pleine maturité, quand apparaît son troisième et dernier messie apportant les enseignements de la Vérité.

Le premier de ces messies est matériel, le second spirituel, et le troisième céleste. Ils forment ainsi une série trinaire dont le quatrième terme, le pivot, est représenté par l'humanité des derniers temps, fruit mûr de Dieu, parvenu à sa pleine harmonie et prête à faire son ascension dans la hiérarchie des mondes.

L'homme reçoit son âme et la vie matérielle dès qu'il naît et qu'il commence sa carrière enfantine; mais il ne vit de la vraie vie, c'est-à-dire de celle de l'esprit, du bon sens et de la raison, que lorsqu'il parvient à l'âge de la puberté, et quand il arrive à l'âge mûr, il vit de la vie réelle et positive, sans illusion possible, étant alors, autant du moins que cela peut être ici-bas, en possession de la vérité.

Cet ordre naturel et progressif des âges ou phases de l'existence humaine, tout en nous révélant le véritable plan de l'enseignement messianique, nous démontre de la manière la plus indubitable, la nécessité absolue du triple passage des messies sur les planètes, ainsi que des travaux trinaires qu'ils doivent y accomplir selon la *Voie*, la *Vie* et la *Vérité*.

Parce qu'on se croit en possession des lumières du bon sens et de la raison, bien qu'on ne connaisse pas même les premiers éléments des voies et moyens du plan divin écrit dans la nature entière et dans l'homme physique et moral, qu'on ne vienne donc plus nier follement, avec la témérité d'un enfant et cette assurance naïve qui est le propre de l'ignorance, l'avénement solennel d'un messie spécial à chaque grande phase de la vie d'une humanité. S'il en était autrement, on serait obligé d'admettre que Dieu est moins sage et moins prévoyant qu'un père de famille de notre société civilisée qui donne ou fait donner à ses enfants une instruction de plus en plus large et plus étendue, au fur et à mesure qu'ils passent d'un âge à l'autre et qu'ils entrent dans une nouvelle phase de la vie, *enfance, puberté et virilité.*

Qu'ils cessent donc ces hommes de la liberté exclusive et sauvage, ces pourfendeurs de la vérité, sous le nom d'hypothèse, de supposer Dieu un être inutile ou nuisible, un être illogique et contradictoire, faisant et défaisant son œuvre. Une telle supposition serait aussi absurde que sotte et ridicule.

L'humanité en pleine phase d'enfance, ignorait absolument ce qu'était un messie et ce que signifiait sa venue. Cet événement n'était pour elle qu'un fait isolé, surhumain, mais tout simplement un phénomène. Dans son ignorance de la grande loi de l'analogie divine universelle, elle ne pouvait deviner en quoi la mission de ce mandataire divin pouvait se relier à sa vie terrestre, ainsi qu'au fonctionnement normal et régulier de la vie universelle.

Cette ignorance ne pouvait se perpétuer; le jour de sa

disparition approche. Afin de réaliser les paroles du Christ qui servent d'épigraphe à ce petit livre, nous venons dévoiler les mystères, expliquer les miracles et mettre en lumière les plus impénétrables scènes de la nature.

Nous l'avons dit déjà et nous le répétons : le passage des messies sur une planète est aussi indispensable à la vie des humanités que l'existence de l'âme humaine est indispensable à la vie de l'homme. Or, de par la loi d'analogie universelle, l'humanité terrestre parcourant sa phase d'enfance est l'image de l'homme enfant ignorant encore son âme et ne comprenant pas ce qu'on lui en dit, lorsqu'on lui en parle. Comment alors l'humanité qui n'a point encore franchi la première phase de son existence terrestre, c'est-à-dire son enfance, pourrait-elle comprendre son premier messie qui est son âme?

Avant d'achever ce premier chapitre de considérations préliminaires, nous n'aurons pas de peine à confesser que nous ne nous faisons pas d'illusion ; nous prévoyons que plus d'un esprit rétrograde cherchera à diminuer le prestige des grandes vérités que nous venons enseigner, en signalant comme entaché de panthéisme, la doctrine d'un Dieu, âme des mondes, gouvernant par ses intermédiaires, l'univers des univers.

Méfiez-vous de ces insinuations perfides, adeptes obstinés des vieilles doctrines, les hommes qui les émettent sont dans l'erreur ou d'une insigne mauvaise foi.

Nous signalons dans nos écrits un Dieu personnel, dont la liberté consiste dans la parfaite exécution de cette loi exactement définie par l'énonciation des attributs primordiaux inhérents à sa nature, gouvernant ses mondes et ses univers, par la manifestation de son immuable volonté qui n'est autre que cette même loi, au moyen d'âmes humaines, unités de son fluide divin quintessentiel, intelligent, infinies en nombre, ses agents de tous ordres, mais incapables, toutes réunies, d'être ses équivalentes, en quoi que ce soit, se mouvant toutes sous l'impulsion de sa volonté, sauf toutefois lorsque abusant de leur libre arbitre, elles s'y dérobent pour s'enrôler sous la bannière du mal.

Le panthéisme, au contraire, dans ses diverses formes, nous représente, en général, un Dieu impersonnel, partant sans volonté, sans liberté, et, par cette disposition même, enlevant à l'homme, sa volonté, son libre arbitre et par suite la responsabilité de ses actes ; il en fait, en un mot, un rouage passif du mouvement des univers. Incorporant son Dieu impersonnel dans chaque parcelle ou molécule de la matière, le panthéisme ne le laisse apercevoir nulle part, car, en divinisant tout, il détruit par cela même l'idée de la Divinité, laquelle sans *unité* est non-seulement inconcevable, mais encore impossible.

Or, s'il y a un Dieu, il faut qu'il jouisse des attributs inhérents à l'être divin, personnel ou non, sous peine d'être absurde ; il faut qu'il manifeste son unité sur tout point quelconque de son empire infini et que sa loi soit la même en toutes circonstances semblables ou analogues.

Supposons, pour un instant, ainsi que le veut le panthéisme, que Dieu soit impersonnel et disséminé partout, par voie d'application de la loi d'analogie universelle, il faudra de toute nécessité que toute direction secondaire ou particulière émanant de son autorité soit également impersonnelle et disséminée partout. Ainsi pour ne citer qu'un exemple, afin de bien faire saisir notre argument, il faudra, disons-nous qu'une escadre de guerre puisse subsister et agir sans chef personnel pour la commander, qu'elle puisse évoluer et manœuvrer, sans recevoir les ordres d'un amiral, chargé de la direction supérieure de ses mouvements; il faudra en outre que chaque capitaine, chaque officier, chaque matelot, chaque canon, chaque grément, chaque voile, chaque engin maritime, soit une parcelle de la direction supérieure de la flotte, c'est-à-dire de l'autorité même de l'amiral.

Pour tout homme doué d'un peu d'intelligence et de sens commun, cette comparaison fera parfaitement saisir la monstrueuse absurdité de la doctrine panthéiste.

Donc la doctrine d'un Dieu personnel gouvernant l'Univers des univers par l'intermédiaire des âmes humaines, ses agents intelligents de tous grades; grands messagers ou archanges, comme jadis on les nommait, messies, et en sous ordre, au moyen des infiniment petits intelligents, cette doctrine, disons-nous, ne saurait être le panthéisme; soutenir le contraire, c'est vouloir s'obstiner dans une erreur grossière ou mentir impudemment.

Après cette démonstration sommaire de la loi du Dieu *Un*, nous allons esquisser à grands traits le rôle providentiel de l'homme dans la vie de l'humanité terrestre. Lorsqu'il en connaîtra bien l'importance, il pourra se faire une idée juste et exacte des devoirs qui lui incombent et dégager de cette idée, l'étendue des droits inhérents à leur accomplissement. Une fois en possession de cette boussole infaillible, l'homme pourra diriger sa marche et s'avancer en toute sécurité dans la voie du progrès, sans se heurter aux écueils dont sa route ici-bas a été parsemée et atteindre ainsi le but suprême auquel l'appellent ses destinées.

L'humanité terrestre peut être analogiquement comparée à un grand arbre. Dès le commencement, cet arbre fut planté sur la planète ; mais comme tout végétal venu d'une graine ou d'un premier germe, la végétation de l'arbre humanitaire primitif fut sauvage et serait restée telle jusqu'à ce jour, sans l'opération de la greffe.

Or, Dieu qui connaît à fond son rôle de cultivateur universel, greffa à son heure, par l'intermédiaire de Moïse, de la connaissance de son *Unité*, une branche de l'arbre humanitaire, la branche d'Israël.

Cette branche grandit et se développa, pendant plusieurs siècles ; mais à un moment donné, sa végétation ne se trouvant plus à la hauteur des besoins et des aspirations de l'humanité, sur un des bourgeons de la branche déjà greffée, Dieu greffa la doctrine de la *Voie* ou le Christianisme, qui, à son tour et pour un semblable motif, sera lui-même greffé d'une doctrine nouvelle et plus avancée, la *Vie*, doctrine de l'*Esprit* de la puberté humanitaire.

Sur celle-ci encore, lorsque les destinées de l'humanité l'exigeront, Dieu greffera la doctrine de la *Vérité* qui sera celle de l'âge mûr du fruit humanitaire.

Poursuivons notre comparaison :

L'humanité végète comme un immense végétal ; l'arbre qui en est l'image produit des feuilles, des fleurs, des fruits qui sont en germe, des fruits qui mûrissent, des fruits qui sont mûrs.

Pour alimenter sa végétation, une séve qui est la vie, circule dans toutes ses parties, dans toutes ses branches.

Cette séve, vie réelle de l'arbre humanitaire, c'est le Peuple fort, honnête, travailleur et de bonne volonté de toutes les parties du globe placées sous l'influence de la greffe.

C'est surtout le peuple de France, le premier réveillé aux idées de l'émancipation; le peuple intelligent et initiateur par excellence, et le mieux préparé à recevoir la greffe harmonieuse et clairvoyante de la puberté humanitaire.

Les quelques pages que nous venons d'écrire, bien comprises, auront bien vite convaincu le lecteur attentif et réfléchi, à la recherche des grandes vérités, que la vie de l'homme, comme celle des mondes, et de l'universalité des êtres, de l'infiniment grand à l'infiniment petit, est la résultante naturelle, logique, nécessaire de l'application des attributs primordiaux de la divinité, aux mouvements de la Matière universelle en marche vers le progrès et la perfection indéfinie.

D'où il ressort que Dieu se préoccupe sans cesse et jusques dans ses moindres détails, de la vie de l'homme et de l'humanité, comme il se préoccupe de la vie des soleus et des planètes, comme il se préoccupe de la vie de la plus humble des plantes et du dernier des infiniment petits, reliés à lui, sans la moindre interruption, par une chaîne vivante de rapports sans fin, instruments obligés de sa Providence universelle et infinie.

Un mot encore pour terminer ce chapitre préliminaire d'exposition de principes et de définitions indispensables à la complète intelligence de ce petit livre.

En raison du *binaire* divin que nous avons brièvement défini dans les pages qui précèdent, c'est-à-dire, en raison de la coexistence du bien et du mal, Dieu, selon les circonstances où se trouvent les hommes et les humanités, ses enfants, par suite de l'emploi, plus ou moins judicieux de leur libre arbitre, les gouverne *directement* quand ils occupent des mondes de bonne nature ou bien quand ils Le reconnaissent, sur ceux dont la nature est mauvaise ; alors il emploie, pour les conduire et les diriger, la douce et agréable influence de l'amour, l'attrait du bien ; ces deux puissants mobiles deviennent par cela même les causes déterminantes de leur libre arbitre.

Mais si, en raison de précédentes souillures, ils demeurent inaccessibles aux influences du bien suprême et sont incapables de diriger eux-mêmes leur libre arbitre, il les abandonne alors pour un temps plus ou moins long à la direction du *moins bien relatif* qui, dans ce cas, n'est autre chose que le *mal-vivant* fonctionnant comme instrument de réaction. Celui-ci, armé d'une verge impitoyable, les ramène par la compression, les souffrances et les misères dans la voie du bien.

Ce but atteint, leurs yeux frappés de cécité temporaire s'ouvrent enfin à la lumière ; leur intelligence et leur raison s'éclairent ; ils discernent la bonne route, le vrai chemin qui mène droit à l'accomplissement de la loi de Dieu, et ils demandent à y pénétrer pour ne plus s'en écarter, chose facile et prompte à exécuter, lorsque l'on est en possession de la lumière qui fait distinguer la vérité de l'erreur.

Mais quelle différence entre ces deux voies ? La première, celle qui mène à l'accomplissement de la loi de

Dieu, c'est la voie de l'attrait, de l'amour, de la réciprocité fraternelle, de la satisfaction morale et matérielle, pour tous et pour chacun ; c'est la *voie directe*, d'autant plus courte et plus facile, malgré sa réelle durée, qu'elle est plus agréable et plus douce.

La seconde, au contraire, qui éloigne de l'accomplissement de la loi de Dieu, où le mal vivant règne en souverain maître, où les mobiles de la direction de l'homme sont le mensonge, l'erreur, la violence et la compression ; c'est la *voie indirecte*, d'autant plus longue, plus rude, et plus difficile, même en dépit de sa brièveté providentielle, qu'elle mène ceux qui la suivent, à travers les ténèbres, parmi les écueils et les précipices.

La voie directe conduit sans secousses les peuples et les humanités au but providentiel qu'ils doivent atteindre.

La voie indirecte y conduit aussi ; mais les peuples et les humanités qui prennent cette route néfaste ne parviennent au but final de leurs destinées que poussés par la force brutale, par la compression et les tortures physiques et morales, à travers les révolutions violentes, les réactions haineuses et les catastrophes les plus terribles et les plus désastreuses.

La première peut être comparée à une plantation vivifiée par une rosée bienfaisante, la seconde à une plantation vivifiée par une pluie d'orage et de tempête.

En terminant ces quelques pages de préambule, nous avons voulu indiquer ces deux voies ; car nous allons suivre l'humanité terrestre parcourant d'abord la seconde, pour atteindre la première.

C'est, en effet, dans ce double chemin que s'engage

une humanité sur la plupart des mondes matériels spécialement destinés à l'élaboration des éléments les plus
grossiers de la Matière universelle.

La voie directe ou du bien est toujours en parfaite harmonie avec la loi de Dieu ; tandis que la voie indirecte
ou du mal-vivant, bien qu'en opposition avec cette loi,
finit *toujours* par y ramener, dans un temps plus ou
moins long, les peuples et les humanités qui l'ont tout
d'abord méconnue.

TABLEAU DES CONCORDANCES DU QUATERNAIRE UNIVERSEL.

UNITÉ.
DIEU AME DU GRAND TOUT.
binaire; masculin et féminin; bien et mal.

UNITÉ BINAIRE-TRINAIRE-QUATERNAIRE, CORPORELLE, DIVINE.

NOMS DES SÉRIES.	MATIÈRE.	ESPRIT.	CIEL.	DIEU.
...oyens d'action	Voie	Vie	Vérité	Amour lumineux.
...ints cardinaux de direction	Raison	Ordre	Jugement	Intelligence réelle.
...uleurs	Jaune	Bleu	Rouge	Blanc.
...atre règles vivantes	Addition	Soustraction	Multiplication	Division.
...erfections divines	Bon	Beau	Vrai	Juste.
...rdre des natures dans la vie universelle	Matériel	Spirituel	Céleste	Divin.
...pérations de la vie	Incrustation	Ascension	Fusion.	Transformation.
...egrés de la vie générale	Degré attractif, attraction	Id. intuitif, intuition.	Id. instinctif, instinct	Id. Intellectuel, intellect.
...es règnes	Minéraux	Végétaux	Animaux	Homme.
...ois du mouvement	Loi descendante	Loi d'attente	Loi ascendante	Progrès.
...ges de la vie	Enfance	Puberté	Age mûr	Transition ascensionnelle.
...poque de la végétation	Pousse, feuilles et fleurs	Germe fruitier	Fruit mûr	Cueillette et moisson.
...orps humain vivant, etc	Enveloppe matérielle, matière	Sang, principe vital	Principe céleste, fluides du cerveau	Ame, principe divin.

INTRODUCTION.

La loi d'analogie universelle nous enseigne qu'il est, pour les humanités comme pour l'homme, des époques solennelles :

Ces époques sont les phases de transition d'un âge à l'autre.

La plus redoutable est sans contredit le passage de l'enfance à la puberté.

C'est à l'influence directe de cet âge que doivent être attribués les phénomènes physiologiques, intellectuels et moraux qui caractérisent cette évolution capitale de la vie de l'homme ; mais, comme ces phénomènes, en tant que manifestations de la personnalité humaine, sont généralement connus, nous nous abstiendrons de les décrire ici, pour ne pas nous laisser aller à des longueurs incompatibles avec le cadre de ce petit livre.

Nous nous bornerons seulement à donner un aperçu de ces phénomènes en esquissant, à grands traits, les signes précurseurs les plus saillants de cette phase de

la vie humanitaire, en prenant pour termes de comparaison, les phénomènes analogues qui se manifestent à
la phase correspondante de la vie de l'homme.

De même que l'enfant croit aux fables, aux contes de
fées et aux histoires merveilleuses que sa jeune imagination lui fait prendre pour des réalités; de même le
grand enfant collectif humanité croit aux mystères, aux
miracles, aux prodiges, au surnaturel, à tous les faits
enfin plus ou moins apocryphes ou imaginaires qui lui
sont présentés comme une émanation ou une manifestation de la puissance divine.

Ces croyances font la base et constituent le fond de la
foi dogmatique ou religieuse.

Pendant les siècles de son enfance, cette foi a été
l'unique flambeau de l'humanité, le seul guide vénéré
des peuples et des nations.

Mais, après avoir atteint son apogée, cette foi qui
inspirait partout un si grand respect et une vénération si
profonde perd peu à peu de son prestige.

On s'aperçoit qu'au fur et à mesure que les enseignements de la science et du libre examen pénètrent dans
les couches supérieures du corps social, la ferveur religieuse s'y attiédit progressivement pour faire place au
doute et à l'indifférence.

Il est toutefois un fait capital qu'il ne faut point perdre
de vue. Si, en effet, l'unique lumière qui jusqu'alors
avait servi de phare à l'humanité, la foi religieuse, semble devoir s'éteindre à une époque relativement prochaine,
aucune croyance d'égale valeur ne se montre pour la
remplacer immédiatement; de telle sorte qu'à un moment

donné, les peuples privés de toute direction morale peuvent se trouver plongés dans une nuit profonde.

Victimes de mille maux et de mille misères, pendant qu'un nombre infime d'heureux privilégiés nage dans l'abondance et le superflu, ils se prennent à douter de la justice divine qu'ils accusent de partialité, et de décadence en décadence ils finissent par tomber dans l'incohérence et la confusion des idées; leur sens moral, la conscience, perverti, s'oblitère à un tel point qu'ils ne savent plus, pour ainsi dire, distinguer le bien du mal, le vrai du faux, le juste de l'injuste.

C'est dans ces condition néfastes et funestes, que les nations, voire même les humanités, ignorantes de leur passé, presque autant que de leur avenir, ne sachant pas mieux d'où elles viennent que là où elles vont, égarées à la recherche de leur route dont elles ont perdu la trace, demeurent comme immobilisées, n'osant ni avancer ni reculer.

C'est cette transition douloureuse qui s'accomplit sous nos yeux qu'entrevoyait le Christ, lorsqu'il disait à ses apôtres.

« Croyez-vous qu'il y ait encore un peu de foi sur la terre lorsque j'y reviendrai? »

(Saint Luc, ch. XVIII, v. 8.)

Mais Dieu, dont la sollicitude infinie s'étend à l'universalité des êtres, ne saurait, sans le secourir, laisser périr un de ses enfants, surtout lorsque cet enfant est une immense collectivité d'hommes, une humanité égarée dans sa route à travers les âges.

C'est alors qu'il charge un de ses messies de lui apporter la lumière qui éclairera sa marche, pendant la nouvelle étape qu'elle doit parcourir.

Certes! nous n'ignorons point qu'il est des hommes, des penseurs, des philosophes qui affichent une foi robuste, une confiance sans bornes dans l'avenir de l'humanité; ils s'imaginent qu'une fois en possession de la liberté absolue, l'humanité pourra spontanément découvrir tout ce qu'il lui importe de savoir pour l'accomplissement de ses destinées sur la planète.

« Nous n'avons que faire, s'écrient-ils, d'une révélation nouvelle! l'humanité, dès à présent, se sauvera par la science. »

Ces paroles donnent bien la mesure de l'ignorance de ces hommes, ignorance qui n'a vraiment d'égale que leur orgueilleuse présomption.

Que soutiennent-ils en effet? que l'application des doctrines religieuses ayant été bien plus funeste qu'utile aux peuples et aux nations qui les ont adoptées, ce n'est point sans motif, qu'ils se sont pris à douter de l'intervention divine dans les affaires de l'humanité. A leur avis donc, ce n'est plus qu'aux seules lumières de la raison et de la philosophie qu'ils doivent demander la solution du grand problème humanitaire.

Eh bien! nous, nous osons affirmer que leurs efforts seront stériles et leurs tentatives vaines. Dépourvus de la boussole infaillible de la loi d'analogie universelle, unique critérium de la science vivante et fonctionnante, leurs recherches et leurs investigations sont radicalement et fatalement condamnées à l'impuissance. Ce n'est point

avec une incomplète notion du juste et de l'injuste, critérium plus ou moins positif de la morale philosophique
moderne, que l'on pourra mettre la main sur la solution
tant et depuis si longtemps cherchée.

Or, que nous démontre et nous enseigne la loi d'analogie universelle ? Que l'humanité terrestre est un enfant
collectif de Dieu. Quel est le moyen qu'emploie un père
de famille de notre société civilisée pour tirer son fils
des ténèbres de l'ignorance enfantine ?

L'éducation et l'instruction.

Mais, qui sera chargé d'initier l'enfant aux principes,
ainsi qu'aux diverses connaissances qui doivent faire
l'objet de cette éducation et de cette instruction ?

Sera-ce l'enfant lui-même, sans aucun aide et sans
le secours de personne.

Non, certes, une telle prétention serait absurde ; ce
sera le père lui-même ou bien un instituteur de son
choix.

Et vous voudriez que Dieu qui est bien, en réalité
et sans figure, le père de l'humanité, pût s'en rapporter à elle, encore emmaillottée, pour ainsi dire, dans
les langes de l'enfance, pour opérer seule son salut par
la science, négligeant ainsi de l'instruire lui-même ou
de lui envoyer directement un ou plusieurs instituteurs
spéciaux, afin de lui inculquer les connaissances et le
savoir appropriés à son âge !

Erreur ! Erreur ! Soyez bien convaincus que Dieu ne
commet pas de ces fautes lourdes et grossières, vis-à-vis
de l'un quelconque de ses enfants. S'il transgressait
ainsi sa loi d'analogie universelle ; l'*Unité de système* qui
est un des attributs primordiaux de sa nature suprême

et divine se trouverait gravement compromise et profondément altérée.

L'hypothèse d'une telle éventualité est aussi absurde que le fait en lui-même est impossible.

Pourquoi donc n'admettrions-nous pas les deux premières révélations, celle de Moïse et celle du Christ?

Serait-ce parce que les docteurs de la loi et les prêtres d'Israël ont, avec le temps, abusé de la première, et le catholicisme de la seconde?... Serait-ce encore parce que Moïse ne s'est pas montré, dans ses préceptes et ses actes, à la hauteur du xixe siècle et le Christ à la hauteur de la science humaine de notre temps?

N'est-il pas de toute évidence que Moïse, législateur des Juifs, dont la doctrine se trouvait appropriée à l'âge humanitaire correspondant à la phase fœtale ou embryonnaire de l'homme individuel, ne pouvait apporter à l'humanité que les connaissances et le savoir que cet âge pouvait comporter et qu'elle était alors susceptible de comprendre.

Le Christ, lui, n'eut à formuler que la loi d'amour; sa mission consista, surtout et avant tout, à apprendre aux hommes qu'ils étaient tous frères et partant égaux devant leur Père céleste.

Malgré la somme énorme de souffrances physiques et morales résultant de l'imperfection des institutions humaines, les peuples ont incontestablement profité de ces deux enseignements successifs et en progrès l'un sur l'autre.

Pour nous en convaincre, nous n'avons qu'à remonter à la source même de ces deux révélations : celle de Moïse et celle de l'Evangile. Reprenons-les donc au point de leur pureté primitive, c'est-à-dire lorsqu'aucune intervention délétère du mal n'avait encore pu les atteindre.

A cette hauteur et appliquées aux âges de l'humanité auxquels elles étaient destinées, elles pouvaient être considérées comme relativement irréprochables et parfaites ; mais, dans la suite des siècles plusieurs causes contribuèrent à les altérer et à les corrompre. Les diverses et multiples personnifications du mal vivant, incapables au moment où Dieu parlait par la bouche de Moïse et du Christ, de dominer la voix irrésistible de l'Eternel, ne pouvaient se résigner à laisser tranquillement s'établir, au détriment de son règne funeste et ténébreux, la loi qui devait diriger l'humanité, aux deux époques solennelles où elle fut proclamée. Depuis lors, il s'est efforcé par l'intermédiaire de ses nombreux agents, de la miner, de la discréditer et d'en dénaturer le sens.

Dominant l'homme par la ruse, le mensonge et l'imposture, et, au besoin par la force, il l'a fait croupir dans les ténèbres de l'ignorance, pour mieux le fanatiser et l'abrutir par les pratiques humiliantes d'un fétichisme grossier et d'une superstition dégradante.

C'est ainsi que le mal vivant est parvenu à neutraliser, en grande partie, les résultats fécondateurs de la doctrine évangélique et du dogme chrétien de la fraternité humaine.

Mais pourra-t-il combattre avec le même succès la prochaine et troisième révélation ? Non, car le mal n'est point éternel ici-bas ; les temps approchent où il disparaîtra sans retour possible. La loi vivante proclamée sur la Terre, éclairera les hommes et permettra de mettre en lumière les agissements de ceux qui tenteraient de s'y soustraire. Cette grande et sublime loi est écrite ; elle sera bientôt mise à la portée de tout homme intelligent et de bonne volonté qui voudra la connaître et s'initier aux lumineux enseignements qu'elle apporte. Quand il l'aura comprise, il ne pourra moins faire que de la défendre, et il s'imposera le devoir de dénoncer toute atteinte portée à son intégrité ; car la loi de Dieu porte en elle-même son critérium et sa preuve, et fixe d'une manière invariable et définitive les croyances et la foi de ses véritables adeptes.

Quoiqu'il en soit, il importe, dans tous les cas, de le constater : l'humanité a grandi au moral comme au physique, ses forces vives se sont considérablement accrues, les vêtements de son enfance ne vont plus à sa taille. Le malaise qu'elle éprouve gêne ses mouvements, et fait obstacle à l'expansion normale et régulière de sa vie.

Pour nous, cette défaillance temporaire est un signe des temps.

« Et un temps viendra tel qu'il n'en a pas été depuis que « les nations ont commencé jusques à ce temps-là. »

(*Vulgate.* Daniel, ch. XII, v. 17.)

On ne peut plus se le dissimuler : un pressentiment vague, indéfini, latent pénètre dans les masses ; chacun sent que quelque chose de grand, de solennel, d'insolite approche et on se demande : que va-t-il advenir ?

Ouvrons les yeux, prêtons l'oreille, écoutons en silence et tâchons de voir.

Le jour signalé par le prophète où les paroles seront entendues, où les sceaux seront ouverts qui devaient être fermés, jusques aux temps marqués par Dieu, ce grand jour s'avance ! ! !

Le suprême moteur de tout va de nouveau signifier son verbe à l'humanité terrestre.

Il envoie aux humains son Verbe spirituel; car le matériel a fait son temps.

Certes ! il n'est pas toujours facile, sur un monde grossier comme le nôtre, presque en entier livré aux funestes influences du mal-vivant de distinguer, parmi les voix discordantes et confuses de l'immense cohue humaine qui se démène et s'agite à sa surface, la douce et pure voix de Dieu, le Père céleste.

Les mille et une incarnations du mal se produisent et s'exhibent au grand jour, elles prennent les devants, elles grimpent sur leurs tréteaux; elles embouchent toutes leurs trompettes; rien n'égale leur effronterie et leur audace pour attirer et fixer l'attention de la foule, qui, par nature, aime le bruit, le tapage et les boniments au gros sel.

Les manifestations du Verbe divin forment un contraste frappant avec toute cette agitation.

Sublimes, majestueuses et calmes, comme la marche imposante d'un grand fleuve, elles inondent à bas bruit, lentement et pour ainsi dire, à son insu, l'humanité terrestre, de la lumière qui doit la guider dans la grande voie du progrès et de la vérité. On sent, on voit, que les bienfaisantes effluves du bon sens et de la saine raison pénètrent peu à peu dans l'esprit des masses dont une clairvoyante intuition semble guider le jugement et les déterminations.

Cependant à quel signe certain reconnaître et distinguer la parole de Dieu ?

« La sagesse où l'on nous mène est si sublime qu'elle paraît
« folie à notre sagesse, et les lois en sont si hautes que tout
« y paraît un égarement. »   (Bossuet.)

« Ce qui est folie en Dieu est plus sage que la sagesse des
« hommes. »   (Saint Paul aux Corinthiens, ch. II, v. 19.)

« J'abolirai la sagesse des sages et j'anéantirai la science
« de ceux qui se croient savants.» (Isaïe ch. XXIX, v. 14.)

C'est en suivant les indications de ces trois grands esprits, Bossuet, saint Paul et Isaïe, unis de si loin à travers les âges, dans une même pensée, que nous pourrons marcher avec fruit, à la recherche de la nouvelle doctrine.

Nous reconnaîtrons, sans hésiter, la loi et la science de Dieu, à la sagesse croissante que nous y découvrirons chaque jour, en les étudiant; *au sceau d'inexprimable folie* dont elles sont empreintes, au scandale qu'elles susciteront dans l'esprit des demeurants du passé, ces pharisiens de nos jours, répétition et figure spirituelle du spectacle de sublime folie, offert jadis, aux yeux de l'humanité par le supplicié du Golgotha.

« Scandale aux juifs, folie aux gentils, sagesse parfaite,
« cependant, devant Dieu et ses élus ». (Saint Paul aux Corinthiens, ch. VI).

L'humanité touche donc à une heure solennelle de son existence, heure imposante s'il en fût, *heure unique ;* car elle touche à l'heure de *sa puberté ;* elle touche enfin à cette époque critique de souffrances mal définies, symbolisant les perturbations plus ou moins douloureuses de l'adolescence de l'homme.

Pendant de longs siècles, les plus beaux génies de l'humanité se sont livrés à d'interminables disputes, pour démontrer Dieu et sa Loi, sans atteindre au moindre résultat pouvant satisfaire l'esprit et la raison. Il n'est donc plus permis de douter qu'ils ont fait fausse route, privés qu'ils étaient de ce fil conducteur, de cette boussole infaillible qui se nomme la loi d'analogie universelle révélatrice de l'*Unité du plan divin.*

S'ils avaient pu comprendre que l'humanité n'est qu'un *homme géant-collectif*, dont la vie est, il est vrai, incomparablement plus longue, mais cependant rigoureusement semblable à celle de l'homme individuel ; par voie de conséquence, ils auraient reconnu qu'elle doit passer par toutes les phases et toutes les transformations auxquelles se trouve assujettie l'existence de ce dernier.

La logique du raisonnement aurait dû cependant les amener à penser que, puisque l'homme une fois conçu dans le sein de sa mère, s'y développe, pendant un certain laps de temps appelé phase de la vie intra-utérine ou embryonnaire, spécialement affectée à la formation de ses organes et à la constitution de *son unité corporelle.*

La vie de l'Humanité devait avoir une phase correspondante, non pas au point de vue matériel (chose impossible) mais seulement au point de vue moral.

Cette phase est symbolisée par la formation du peuple juif auquel fut transmise la révélation mosaïque, dans le Décalogue ou Tables de la loi.

Si l'on veut bien faire abstraction de l'appareil scénique des éclairs et des tonnerres, qui devait nécessairement réagir sur l'imagination primitive de ce peuple, et profondément l'impressionner, la loi de Moïse n'en constitua pas moins l'*Unité* du peuple Hébreux, et lui inculqua la connaissance d'un Dieu *un* et *unique*.

Cette notion de l'*unité divine* introduite chez un peuple remarquable entre tous, par sa sagesse et la précocité de sa raison, fut le *germe constitutif* de la véritable *Unité humanitaire*, analogiquement représentée par la phase embryonnaire ou intra-utérine de l'homme.

Les principes formulés dans le Décalogue, considérés au point de vue de l'ordre moral et mis en parallèle avec les législations des autres peuples contemporains de Moïse, sont à une hauteur incomparablement plus élevée. Cette élévation inconnue jusqu'alors démontre que ces principes furent le fruit d'une révélation divine; en d'autres termes, le résultat d'une *inspiration directe de Dieu, mentalement communiquée au législateur des Hébreux;* inspiration d'autant plus remarquable qu'à l'époque de ces temps primitifs, le mal dominait presque partout.

Nous reviendrons sur cette question capitale dans un chapitre subséquent intitulé : *Incrustation planétaire.*

Or donc, la doctrine de l'embryonnat humanitaire ou de l'*Unité de Dieu* fut apportée par Moïse ; celle de la *Voie* ou de l'enfance humanitaire caractérisée par la prédominance de la foi aveugle et de l'amour enfantin, fut apportée par le Christ; enfin la doctrine de la puberté humanitaire, celle de la *Vie*, du bon sens et de la raison éclairée, faisant abstraction des mystères et des croyances inintelligibles, basés sur des dogmes inexplicables et sur des principes en opposition formelle à ceux de la vraie morale et des sciences positives, est exposée tout entière dans nos livres *Clé de la vie* et *Vie universelle*.

Dieu dispense à chacun des âges de l'humanité la science qui lui convient le mieux et pour laquelle elle paraît avoir le plus d'aptitude.

La Science vivante de Dieu est la synthèse universelle de sa loi fonctionnant et agissant dans l'universalité des êtres, depuis l'infiniment grand jusqu'à l'infiniment petit.

C'est la connaissance approfondie de cette sublime science, symbolisée dans les temps bibliques par la nuée lumineuse qui guidait les Hébreux vers la terre promise; elle sera le phare de l'humanité pubère en marche sur la route du progrès.

Toutefois, on le comprendra sans peine, l'humanité ne pourra jamais posséder, dans son intégrité infinie et absolue, la science vivante universelle; elle ne peut embrasser que la quotité ou la part de cette science applicable à la nature ainsi qu'à l'état d'avancement du globe qu'elle habite, et toujours dans la mesure de son âge et de sa valeur intrinsèque. Quoi qu'il en soit, elle est constamment et foncièrement la même, bien que différemment exprimée, étant contenue en germe et en puissance dans ses divers modes d'application ou de manifestation, sur chaque monde et à chaque nature de monde, et pour chaque âge de ces mondes.

La Science de Dieu, en d'autres termes *sa loi vivante et appliquée*, se manifeste donc sur un globe, à quatre époques successives, correspondant aux quatres âges de la vie de son humanité, déterminant ainsi le point de de départ des quatre évolutions de son développement intellectuel et moral, et partant de sa marche ascensionnelle dans la grande voie du progrès et du perfectionnement indéfini ; à savoir :

1° Manifestation embryonnaire et sauvage, analogue à la phase de gestation intra-utérine du fœtus humain ;

2° Manifestation enfantine, caractérisée par une morale fondée sur la foi aveugle et dogmatique, ainsi que sur les croyances irrationnelles, correspondant à l'enfance de l'homme ;

3° Manifestation virile ou adulte caractérisée par la diffusion de la Science vivante universelle proprement dite, — appliquée à toutes les branches du savoir humain, analogue à l'âge ou phase de puberté.

4° Enfin, manifestation de la Vérité intégrale ou de maturité, caractérisée par le fonctionnement complet et intégral de l'unité et de l'harmonie sociale humanitaire, sur un globe, correspondant à l'âge mûr de l'homme.

La connaissance approfondie et effective de la Science de Dieu, qui n'est, en réalité, que la loi appliquée à chacune des ères de l'humanité, implique chez celui qui la possède sa résurrection morale et intellectuelle à la vie de cette ère et chez celui qui l'ignore la mort intellectuelle à cette même vie.

La diffusion de la Science de Dieu appropriée à l'âge d'une humanité prépare et amène la résurrection de cette humanité à la vie de cet âge.

Résumons :

La phase embryonnaire de notre humanité fut marquée par le passage sur la terre de Moïse qui formula le Décalogue.

L'enfance de cette humanité débuta par l'avènement du Christ qui formula la doctrine de la Fraternité humaine et qui en développa l'application dans l'Evangile, en y implantant le premier germe de l'affranchissement du monde.

La puberté de cette humanité, annoncée depuis près d'un siècle, par les œuvres de la philosophie moderne et par tous les précurseurs libérateurs qui préparèrent l'explosion de 89, sera complétée par l'application de la doctrine de la Vie universelle formulée dans nos livres : *Clé de la vie* et *Vie universelle*.

Enfin, la maturité de cette humanité sera le fruit de la Vérité scientifique unitaire et intégrale apportée par un messager spécialement chargé de cette mission.

Et lorsque l'humanité aura accompli les quatre cycles de sa vie, l'heure de sa transformation ne tardera pas de sonner au grand cadran des destinées.

Nous ne décrirons point ici les imposants et formidables phénomènes de cette suprême évolution de notre planète et de ses quatre règnes; ils feront l'objet de l'un des chapitres suivants.

PREMIÈRE PARTIE

CHAPITRE PREMIER

Manifestations indirectes de la volonté de Dieu.

La volonté de Dieu n'est autre chose que sa Loi vivante et agissante, englobant l'universalité des êtres, dans la sphère infinie de ses applications.

Les hommes et les humanités, ses enfants, ne sauraient donc se soustraire à son imprescriptible action ; mais, Dieu les gouverne directement, en raison même de la coexistence du bien et du mal, et selon l'emploi plus ou moins judicieux de leur libre arbitre, lorsque ces hommes et ces humanités occupent des mondes de bonne nature, ou bien lorsque placés sur des mondes dont la nature est mauvaise ils connaissent et pratiquent sa loi.

La notion claire et précise du bon, du beau, du vrai et du juste, l'entraînement sympathique et mutuel, la réciprocité des dévouements et le sincère amour du prochain, source réelle de la fraternité humanitaire, sont alors les puissants mobiles qu'il met en jeu pour rapprocher les hommes, cimenter leurs rapports et constituer les sociétés humaines sur des bases aussi positives et aussi stables que fécondes en résultats sociaux.

Mais, si par malheur, ces hommes et ces humanités portent l'empreinte de précédentes souillures, pouvant vicier leur sens moral; s'ils restent inaccessibles aux influences du bien ; si, en un mot, ils sont incapables de reconnaître et de pratiquer les préceptes de sa loi, Dieu les livre alors, pour un temps plus ou moins long, à la direction du mal vivant. Armé d'une verge inflexible, celui-ci les ramène fatalement dans la voie du bien, par la contrainte, la compression et l'aiguillon des souffrances physique et morales.

Dans le premier cas, les hommes et les humanités marchent au progrès par la *Voie directe*, d'autant plus courte et plus facile, malgré sa réelle durée, qu'elle est plus remplie de toute espèce d'agréments et de satisfactions.

Dans le second cas, ils s'acheminent au même but, par la *Voie indirecte*, voie tortueuse, sombre, semée d'embûches, d'écueils et de périls, où chaque étape se compte par une multitude d'épreuves douloureuses et redoutables.

Les deux voies que nous venons de signaler sont caractérisées par des manifestations d'une nature diamétralement opposée, à savoir : *les manifestations directes et les manifestations indirectes de la volonté de Dieu.*

Les manifestations directes de la volonté de Dieu, que nous étudierons d'une manière toute spéciale dans le chapitre suivant, ont pour organes naturels les agents du bien, tandis que les *manifestations indirectes* qui vont faire l'objet de ce chapitre ont pour organes naturels les agents du *mal vivant*.

Ces agents ne sont autres que les mauvais esprits, rebelles à la loi de Dieu ; ils agissent sous la constante impulsion d'une idée qui les domine et les préoccupe sans cesse : nuire de tout leur pouvoir à la grande végétation de Dieu ; et comme cette végétation embrasse dans sa sphère infinie l'incommensurable végétation des mondes, ils mettent en œuvre tous les moyens dont ils disposent pour obstruer, par toutes sortes d'obstacles, la route que doivent parcourir les humanités, ayant pour mission d'élaborer et de perfectionner ces mondes.

Ces mauvais esprits choisissent pour leurs suppôts et pour leurs agents des hommes avec lesquels ils ont des affinités sympathiques et dont les idées rétrogrades les attirent. Ennemis acharnés du progrès, en tout et partout, ils s'évertuent à leur inspirer une multitude de manœuvres et de combinaisons machiavéliques fondées sur la ruse, le mensonge et l'imposture, pour atteindre le but qu'ils se proposent : la domination de l'humanité pour enchaîner sa marche et la maîtriser.

Les agents du mal vivant jouent un rôle analogue à celui des plantes parasites et sauvages, qui vivent aux dépens de nos récoltes dont elles absorbent les sucs nourriciers, ou bien encore à celui de ces myriades d'insectes miscroscopiques et malfaisants qui compromettent nos moissons, et détruisent nos meilleurs fruits.

Nous devons signaler ici, comme appartenant aux manifestations indirectes de la volonté de Dieu cette multiplicité de phénomènes étranges et extraordinaires qui, depuis quelques années, ont tant préoccupé le

4.

monde philosophique et religieux; phénomènes qui ont d'autant plus impressionné l'esprit des masses que, jusqu'à ce jour, ils sont restés absolument inexplicables pour le vulgaire, toujours passionné pour le surnaturel et le merveilleux.

L'ensemble de ces manifestations, constitué en corps de doctrine par quelques publicistes initiés à ces mystères et avides de renommée, a pris le nom de *Spiritisme*.

L'origine, la cause première de ces phénomènes, qui, du reste, remontent aux premiers âges de l'humanité, appartient tout entière à certaines catégories d'agents occultes du mal vivant. Mais il ne faut pas s'y tromper, la fréquence inusitée, le nombre extraordinaire de telles manifestations, sont un signe des temps; elles précèdent l'immense transformation intellectuelle et morale que ne tarderont pas d'inaugurer les lumineux enseignements de la *Science vivante*.

Considérée dans son ensemble, et au point de vue doctrinal, la phénoménalité spirite peut être justement comparée à la fumée qui précède la flamme produisant la chaleur et dont les bienfaisants rayons réchaufferont les cœurs, tout en illuminant les intelligences. Nous serons encore dans le vrai, en la comparant aux brumeuses vapeurs du matin qui voilent l'azur du ciel et que dissipe le soleil levant dès qu'il a paru sur l'horizon.

De par la loi d'analogie universelle, nous avons déjà démontré que l'humanité terrestre se disposait à passer de l'âge d'enfance à l'âge de puberté. Lorsque parvenue à cette phase prépondérante de sa vie, la raison et le jugement auront définitivement pris possession de son intellect largement éclairé par les lumières de la Science vivante, cette humanité n'aura pas de peine à reconnaître que le mal ici-bas, ne peut avoir qu'une puissance relative et temporaire, tandis que celle du bien est éternelle et absolue.

Le mal, en effet, ainsi que tout ce qui s'y rattache et en découle, n'est, en réalité, que le néant et la mort, états essentiellement transitoires et relatifs. Car, comparativement au bien, il n'est positivement qu'un moindre bien, et le contraste existant entre ces deux entités métaphysiques est d'autant plus sensible et plus frappant que la distance qui les sépare est plus grande. Il en est ainsi de toute chose susceptible de plus ou moins de développement : de la vie à la mort, de la lumière aux ténèbres, de la vérité à l'erreur, de la liberté à l'esclavage.

L'idée de *progrès* est inséparable de l'idée de *recul* et, si l'on considère les relations diverses qui peuvent exister entre le bien et le mal; elles se présentent à l'esprit sous un aspect nécessairement progressif et gradué; cela est tellement vrai que le même degré de mal envisagé par rapport à un degré inférieur est *un bien*, tandis qu'il demeure *un mal* relativement à un degré supérieur; c'est précisément ce qui a fait dire que le *mieux est l'ennemi du bien*.

Si ces divers degrés de bien ou de mal, selon le point de vue sous lequel on les considère, se trouvent à une certaine distance les uns des autres, les plus avancés dans la vie du progrès annihilent complétement ceux qui le sont moins. C'est ainsi que, pour nous servir d'un exemple qui tombe sous nos sens tout degré inférieur de lumière disparaît devant la lumière du soleil, tout dégré de mort, devant la plénitude de la vie, tout sophisme, devant la pure vérité.

Tel est, en effet, le rôle du spiritisme, en face des enseignements de la *Science vivante*. Celle-ci, appuyée sur les mathématiques vivantes de l'analogie universelle et frappée au coin de l'unité absolue, porte en elle-même la preuve irrécusable qu'elle ne peut s'écarter du droit chemin qui mène infailliblement à la vérité.

Le spiritisme peut-il en faire autant ? Tous ceux qui, dépouillés de préjugés et de préventions, l'ont étudié et vu de près ; tous ceux qui se sont livrés à ses pratiques ; sans se laisser captiver et fasciner par certaines apparences de vérités formulées par ces esprits rusés, profondément versés dans l'art de la prestidigitation philosophique, seront obligés de reconnaître, s'ils sont sincères et de bonne foi, qu'il n'a rien de commun avec *l'Unité scientifique* qui est la première garantie de la vérité, et que, par cela même, les manifestations spirites ne sont, la plupart du temps, pour les esprits clairvoyants qu'un tissu d'erreurs et d'impostures plus ou moins ineptes et absurdes échappant à toute espèce de contrôle.

On ne sauroit affirmer, il est vrai, que la Science vivante d'ici-bas est la vérité absolue, immuable et éternelle, pas plus que n'est absolue la lumière de notre soleil, mais dans tous les cas, c'est la vérité au plus haut degré où elle se soit, jusqu'ici, manifestée sur la Terre. N'oublions pas toutefois, de le constater ici : plus tard, lorsque l'humanité sera parvenue à l'âge de sa maturité, elle complétera toute la vérité ; mais à un degré néanmoins relatif à la nature de ce monde qui est matérielle et partant inférieure.

Donc, devant la Science vivante, le spiritisme doit
s'éclipser et disparaître; car cette science, fidèle reflet
de l'unité du grand plan divin, ayant pour base inébranlable les quatre points cardinaux de la certitude absolue:
Raison, Ordre, Jugement et *Intelligence réelle*, se trouve
dans l'impossibilité d'errer, tandis que le spiritisme,
avec ses doctrines et ses procédés, ne constitue qu'un
tissu de contradictions plus ou moins absurdes et disparates, qui jettent dans les esprits les mieux trempés
le doute et la confusion.

Le spiritisme, par application de la loi d'analogie universelle, n'est que l'emblème de la mort et du mal vivant
relatif et négatif, en face de la vie active et positive, des
ténèbres devant la lumière, de l'esclavage devant l'indépendance et la liberté. En présence de la puberté humanitaire venant inaugurer le règne de la raison, du bon
sens, de l'intelligence, de la logique et de l'unité scientifique, il n'est plus qu'une ombre vaine disparaissant
devant le soleil; en un mot, c'est le néant.

Que nous importent, en définitive, les phénomènes
étranges, les faits soi-disant surnaturels et merveilleux
qui frappent les sens abusés de ses adeptes? Quel intérêt
peuvent avoir pour nous ses enseignements et ses manifestations, dès qu'il nous est prouvé qu'ils sont virtuel-
lement frappés de stérilité, qu'ils sont moralement morts
et annihilés par la splendeur vivifiante et féconde de la
Science vivante de Dieu.

Nous nous empressons de reconnaître qu'il est des
hommes qui sont parvenus à une sorte de *puberté sauvage*, en d'autres termes, qui ont secoué le joug de la loi
d'enfance, mais qui ne veulent pas en accepter d'autre.

Ces hommes sont les rationalistes, enfants de Voltaire, sectaires obstinés du scepticisme, vulgairement connus sous le nom d'esprits forts. Nous les considérons comme de véritables *adolescents pubères*, cultivant la libre-pensée, ayant horreur de toute compression morale incompatible avec la raison, la seule autorité philosophique qu'ils admettent. C'est pourquoi ils nient *à priori* les manifestations spirites et se raillent de leurs adeptes ; mais uniquement, en vertu d'une sorte d'intuition confuse et sans pouvoir présenter d'arguments sérieux, à l'appui de leurs négations. Aussi le spiritisme se rie-t-il de leurs attaques et tire-t-il vanité de l'impuissance de leurs efforts pour le renverser.

Lorsque ces hommes voudront ouvrir les yeux à la lumière de la *vraie puberté humanitaire*, et, faisant preuve, de loyauté et de bonne foi, reconnaître l'unité ainsi que l'universalité de la loi de Dieu, nous leur fournirons pour combattre victorieusement le spiritisme les armes de la *Raison vivante*, invincibles et inexpugnables, comme cette raison elle-même.

Certes ! ce n'est pas que le mal vivant dont nous constatons, dès à présent, l'inanité, sous ce masque d'emprunt qui se nomme spiritisme, n'ait à son heure, sa raison d'être et son utilité, d'après cette maxime que Dieu tire souvent le bien du mal ; mais, alors, cette opération ne s'effectue que d'une manière indirecte et par l'intervention d'agents fluidiques de mauvaise nature. C'est une des preuves les plus convaincantes que le spiritisme appartient à la loi indirecte et incohérente de l'enfance humanitaire. Pourquoi se targuer alors de posséder la *vraie vérité* de l'époque ?

C'est ainsi que l'on procède, du reste, pour réveiller soudain et rappeler à la vie un homme tombé en léthargie ; on lui applique le mal sous la forme du feu, en lui brûlant avec un fer rouge la plante des pieds.

Dieu ne procède pas autrement, lorsque pour réveiller un peuple, une nation, voire même une humanité plongée dans le sommeil de la léthargie morale, il les fait passer par les épreuves quelquefois séculaires de toute espèce de maux et de souffrances.

Mais ces moyens extrêmes, convenables seulement pour les peuples et les humanités qui ont été abrutis par de longs siècles d'ignorance et de fanatisme, ne sauraient être tolérés par des hommes ayant atteint l'âge de raison, et pour qui l'heure de l'émancipation a sonné. Il est alors de leur devoir de s'affranchir de ces douloureuses épreuves.

Si, en vertu des principes de la Science vivante, nous devons considérer comme fausses et apocryphes les manifestations indirectes qui se produisent sous la forme du spiritisme, par contre nous devons reconnaître que les manifestations *directes* de la volonté de Dieu sont l'expression de la vérité.

Toutefois, il est un fait certain et qu'il est impossible de nier, c'est que notre humanité se trouve fort en retard et, s'il en est ainsi, elle ne doit s'en prendre qu'à elle-même.

Parmi les hommes, en effet, qui ne croient absolument qu'au témoignage de leurs sens et de leur raison et ceux qui, foulant aux pieds les protestations même de cette raison, ne puisent leurs inspirations que dans le dogme et rejettent toute discussion et tout droit d'examen, quels

sont ceux qui accepteront comme vrais les préceptes
fécondateurs apportés par la science vivante de Dieu ?

Bien qu'il soit écrit :

« Qu'il y en a beaucoup d'appelés mais peu d'élus. »

nous savons que si, d'une part, il existe une foule
d'hommes qui ne croient à rien, ce n'est pas faute
d'avoir soif de vérité ; mais bien parce que cette vérité,
encore à l'état parcellaire et morcelé, n'a pu répondre
jusqu'ici à la plénitude de leurs aspirations intellectuelles.

Que s'il d'autre part, il est une foule d'autres hommes
qui croient ou paraissent croire à quelque chose, la foi
dont ils sont imbus, n'a rien de commun avec les quatre
points cardinaux de la certitude absolue.

Les premiers viendront à nous lorsqu'ils sauront que
nous possédons la vérité tout entière.

Les seconds, lorsqu'ils seront assez éclairés pour nous
comprendre, ou bien encore lorsqu'ils auront intérêt à
le faire.

Quant à nous, quoi qu'il arrive, notre voie est toute
tracée, nous la suivrons jusqu'au bout.

Mais il ne faut pas s'y tromper, si le réveil de l'humanité endormie ne peut s'effectuer d'une manière efficace
que par l'application de *la loi indirecte*, c'est par cette
voie détournée que s'accomplira *fatalement* sa grande
destinée ; car, il est écrit que victime de sa propre ignorance et de son obstination à demeurer dans le giron du
mal, elle subira l'épreuve jusqu'à ce qu'enfin elle ouvre
les yeux à la lumière.

Au surplus, nous ne saurions trop engager les hommes qui ne croient à rien, sans preuves matérielles et rationnelles et les spirites qui ne croient pour ainsi dire qu'au mensonge ou aux simulacres de la vérité, à bien examiner à fond toutes nos raisons. Ils trouveront, dans nos livres, la démonstration avec preuves à l'appui de tout ce que nous avançons. Nous invitons notamment ces derniers à méditer principalement sur ce fait que, si à l'exemple des rétrogrades de la religion enfantine, les pontifes du spiritisme ont la prétention de proclamer, dans leurs dogmes, une morale à eux, ils arrivent trop tard et ne peuvent nous servir que du réchauffé.

Quelle morale, en effet, peut l'emporter sur celle du Christ? Le spiritisme s'y taille tout à son aise un vaste et commode manteau, et il se garde bien d'avouer que, tandis que, d'une part, il préconise à nouveau cette morale, il s'efforce, d'autre part, de précipiter l'humanité dans la voie du mal, c'est-à-dire dans l'incohérence, la division et la confusion des idées qui ne conduisent qu'aux ténèbres et à la mort morale.

Combien sont préférables à ces enseignements bâtards, mensongers et pervers, les idées franches et généreuses des *adolescents humanitaires*, pourfendeurs courageux de tous les obstacles, démolisseurs audacieux des institutions du mal-vivant; témoins les hommes de 1789 de 1830, de 1848, et de 1870.

Mais, viendra-t-on nous dire, un grand nombre de ces hommes a marqué sa place dans l'histoire par de coupables excès; nous ne contesterons pas une telle accusation, et nous serions un des premiers à les condamner, si nous n'étions profondément convaincu qu'il en est résulté plus de bien pour l'avenir que de mal pour le présent. Au surplus, ces excès n'ont-ils pas été la contre-partie et la conséquence fatale des excès séculaires des dominateurs des peuples, s'efforçant d'enrayer par tous les moyens en leur pouvoir, la marche de l'humanité sur la route du progrès, but final et nécessaire qu'elle doit obstinément poursuivre, sans pouvoir jamais l'atteindre.

Or donc, si l'on peut reprocher à ces hommes, avec certaines apparences de raison, de ne proclamer et de ne répandre que des idées d'indépendance et de liberté, sans l'amour qui les adoucit et les féconde, qui pourra soutenir qu'ils veulent nous conduire dans une mauvaise voie, comme les évocateurs des esprits qui se manifestent, puisqu'ils condamnent et rejettent leurs doctrines et qu'ils ont eux-mêmes une vague intuition du véritable chemin qu'il faut suivre?

Le spiritisme qui n'est, en réalité, qu'une des mille formes des manifestations du mal vivant, ne doit être considéré que comme un phénomène passager de l'absence ou plutôt de l'impuissance du bien, dans certains milieux ou dans certaines circonstances essentiellement temporaires de la vie universelle.

Dans l'espoir de faire un plus grand nombre de dupes et d'élargir ses domaines, le mal, depuis une vingtaine d'années a eu la fantaisie de se baptiser d'un nom moderne, afin de mieux s'imposer aux croyances du vulgaire sous les formes du mysticisme et du merveilleux; mais, quoi qu'il puisse dire et faire, son principe reste le même; nous avons l'intime conviction, pour ne pas dire la certitude, qu'il est la cause plus ou moins directe d'une grande partie des maladies qui ravagent, à notre époque, les trois premiers règnes de notre planète.

Nous touchons, à n'en pas douter, au moment décisif ; le bien et le progrès sont sur le point de prendre le pas sur l'immobilité et d'opposer une barrière infranchissable au mouvement rétrograde, double but auquel tend le mal vivant fluidique. Aussi, à l'heure où nous écrivons, celui-ci emploie-t-il toute son énergie et toute son influence, pour agir en masse, sur certaines collectivités d'âmes de l'humanité, afin de les perdre ou de les égarer, comme il le fait en détail sur quelques âmes individuelles. Mais nous allons le démasquer et porter la lumière au sein même de la ténébreuse confusion qu'il sème autour de lui.

Les esprits qui, sous divers noms d'emprunt, se manifestent ici-bas et qui ont la prétention de moraliser l'humanité, ont été de tout temps le fléau de l'espèce humaine et les tourmenteurs des divers âges qu'elle a déjà traversés. C'est en se couvrant du masque de l'hypocrisie la plus audacieuse et la plus impudente, en empruntant les formes les plus séduisantes du mysticisme et du surnaturel, en simulant les apparences du bien, qu'ils essaient de donner des conseils et d'indiquer, à leur manière, la route que l'humanité doit parcourir. Pour mieux fasciner ceux qui les écoutent, ils font miroiter à leurs yeux quelques fausses lueurs de la vérité, et, quand ils voient que leurs malheureuses dupes sont captivées par leurs sophismes et complétement enlacées dans leurs piéges, ils les entraînent dans mille chemins de traverse, qui au lieu de les conduire au but providentiel auquel doit tendre l'humanité ne peuvent que les mener aux abîmes et à la perdition.

Lorsque l'adolescent est sur le point de franchir le dernier pas qui le sépare encore de la raison adulte et de la nubilité, combien d'obstacles n'a-t-il pas à vaincre et à surmonter pour marcher en avant? C'est alors que les vices et les passions violentes viennent l'assaillir de toutes parts et l'obsèdent pour ainsi dire sans paix ni trêve.

La phase correspondante de la vie de l'humanité se fait remarquer par des phénomènes analogues. Les esprits pervers, qui ont intérêt à la faire dévier, se concertent et agissent en masse pour paralyser ses efforts et l'empêcher de franchir la crise solennelle qui la sépare de l'âge moral collectif, véritable signe caractéristique de sa puberté. Les incertitudes, les hésitations, les défaillances, les aberrations de toute nature, au milieu desquelles se débat l'adolescent pour passer en puberté, sont symbolisées dans le grand corps humanitaire, par les mille croyances diverses qui se disputent la prédominance de ses facultés intellectuelles et qui tendent à les diviser; croyances suscitées par le mal vivant lui-même, dont toutes les énergies coalisées s'unissent et se-concertent pour mieux assurer son triomphe.

Souvent il arrive que les adolescents des deux sexes, faute de connaître les véritables causes de l'altération profonde de leur santé, ne peuvent, sans succomber, franchir cette redoutable crise de la puberté.

Un semblable destin est réservé aux humanités qui peuplent certains mondes, lorsque ces humanités croupissent dans l'ignorance et que, par un incurable aveuglement, elles s'obstinent à prolonger les phases de leurs âges inférieurs ; à s'immobiliser dans les croyances de l'enfance humanitaire, ou à suivre les enseignements des hommes qui n'ont aucune croyance morale, et que nous avons désignés sous les noms de sceptiques et matérialistes.

Ces hommes ont, il est vrai, secoué le joug des croyances et des préjugés de l'enfance humanitaire, mais ils s'entêtent à fermer les yeux à la lumière et rejettent *à priori* tout enseignement nouveau, semblables en cela à un végétal sauvage radicalement impropre à la greffe.

Pour nous qui connaissons les splendides préceptes de la *Loi directe* de Dieu et qui sommes initié à l'ordre sublime de l'Omnivers vivant, le spiritisme et sa prétendue doctrine ne sont qu'une pure chimère, qu'un mal passager devant la longue existence de l'humanité collective, et tout à fait indigne de fixer l'attention de tout homme sérieux jouissant de la plénitude de sa raison.

C'est, qu'en effet, cette *Loi vivante* satisfait à toutes les exigences de nos facultés intellectuelles et morales et nous met à même d'expliquer le secret et la nature intime de chaque chose. La Science vivante qu'elle enseigne nous donne les moyens d'approfondir et de contrôler, d'une manière infaillible, les croyances religieuses et philosophiques, de telle façon que nous puissions nous prononcer, en parfaite connaissance de cause, sur la valeur de leurs dogmes, sur leurs tendances, ainsi que sur les influences qu'elles peuvent exercer sur l'esprit humain, sur la marche des sociétés humaines et de l'humanité toute entière. C'est, en un mot, la lumière dissipant les ténèbres et révélant aux yeux de l'esprit, les véritables principes sur lesquels doivent être solidement fondés leur organisation et leurs institutions.

Nous tenons surtout à dévoiler à tous nos frères de bonne volonté cette admirable loi vivante, afin qu'ils dépouillent et rejettent loin d'eux cette espèce de camisole fluidique d'aliénation mentale qui se nomme spiritisme et qui n'est, en réalité, qu'une tentative de transformation du catholicisme que, quelques fanatiques, ne croyant plus qu'à l'absurde, cherchent à provoquer, au moyen des manifestations de certaines catégories d'esprits évoqués par leurs médiums.

Attendez que le spiritisme et le vieux catholicisme caduc et décrépit, fondé sur les mystères et nourri de superstition, aient pu reconnaître leurs affinités et cimenté leur alliance et vous verrez alors ce que deviendra le progrès et le sort qui sera réservé à ses apôtres. Vous serez alors témoins d'un étrange et douloureux spectacle : l'humanité rétrogradant à grands pas vers les ténèbres et les fureurs bigotes du moyen âge.

Oui, en notre âme et conscience, nous l'affirmons hautement et nous le prouverons sans grands efforts, le spiritisme est en réalité le congénère du catholicisme, aussi vrai que celui-ci, à l'origine, a été édifié avec les débris de l'antique paganisme, qui ne fut, lui aussi, qu'une des mille formes du mal-vivant.

Mais, pour être justes, nous devons faire une distinction profonde entre le christianisme ou doctrine de Jésus et le catholicisme.

L'une est l'expression de la pensée du Christ formulant la loi d'Amour et le dogme immortel de la Fraternité humanitaire, vierge des additions païennes et judaïques

et de tant d'autres encore qui l'ont si profondément
altérée.

L'autre est le catholicisme, cette doctrine que saint
Paul appelle le mystère d'iniquité et qui, déjà de son
temps, était en voie de formation.

« Celle de ce fils de perdition, qui s'oppose et s'élève au-
dessus de tout et qu'on appelle Dieu et qu'on adore jusqu'à
l'asseoir comme un Dieu dans le temple de Dieu, voulant
passer pour un Dieu.»
(Saint Paul aux Thessaloniciens, ch. ii, v. 3 et 4.)

Les meneurs de la secte spirite effrayés de la splendeur des lumières que nous apportons, cherchent à nous
confondre dans leurs rangs, et à nous considérer comme
un véritable partisan de leur doctrine. Ils nous désignent
tout bas, comme étant de leurs adeptes, et pour faire
croire à cette assertion de leur part, ils n'ont pas craint
de puiser à pleines mains dans les livres où nous
avons exposé l'immortelle Doctrine de la Loi de la vie.

Le médium Roze a copié, pour ainsi dire mot à mot,
sans plus de façon, des chapitres entiers, pensant ainsi
s'illustrer et prouver aux yeux d'un vulgaire ignorant
la profonde lucidité de ses communications d'outre-
tombe.

Nos ouvrages : *Clé de la vie* et *Vie universelle* ayant
paru, le premier en 1857, et le second en 1859, il nous
serait facile de prouver que plusieurs médiums et autres
publicistes spirites y ont fait de nombreux emprunts,
qu'ils ont intentionnellement dénaturés, pour les servir
ensuite à leurs lecteurs, comme venant directement de
leur propre cru. Un certain nombre d'esprits évoqués

ne se sont pas plus gênés que leurs médiums, pour en extraire maints aperçus qu'ils ont accommodés à la convenance de leurs sophismes et de leurs fausses idées.

Partisans de la morale indépendante, libres penseurs, positivistes et rationalistes, vous avez cru les spirites sur parole à notre endroit, et, cependant, nous démontrons, par des *preuves irréfutables, dont nous seul sommes en possession,* que le spiritisme est une des mille formes du mal-vivant, forme passagère, il est vrai, mais qui n'en est pas moins réelle par ses influences funestes et délétères, et que vous et ses adeptes avez été les dupes des esprits du mensonge et de l'erreur, tandis que la Doctrine des livres de la vie, frappée au coin de *l'unité scientifique* et de *la vérité* est, par cela même l'antipode et la négation absolue des pseudo-révélations spirites.

Oui ! nous avons le droit de l'attester ici hautement, ce n'est qu'avec nos armes que vous pourrez victorieusement combattre et réduire à l'impuissance les hommes que vous considérez comme des adversaires, voire même des ennemis, et qui sont, en même temps, croyez le bien, les plus cruels et les plus implacables ennemis de tout le genre humain.

Profondément convaincus de votre faiblesse, disons mieux, absolument certains de votre impuissance, ces hommes et ces esprits se rient de vous, et ils considèrent vos négations sans preuves, comme les témoignages les plus flagrants de l'innocuité de vos moyens d'attaque. Il ne suffit pas, en effet, de déclarer et d'affirmer, sur tous les tons, que les pratiques et les manifestations spirites sont des bêtises et des balivernes. Quand on a affaire à des êtres malfaisants de la pire espèce, ce n'est pas tout.

que de les nier, il faut encore savoir les combattre avec la certitude de les vaincre.

Au surplus, depuis que le monde existe, la lutte est ouverte entre le bien et le mal, entre la vie bienfaisante de Dieu et la vie néfaste du mal. De nos jours, le spiritisme n'est autre chose que l'essence fluidique vivante du mal, se manifestant sous toutes les couleurs, dans toutes les langues et sous toutes les formes; c'est un Protée invisible et subtil qui se glisse en tout et partout, pour empoisonner la séve et arrêter dans son essor la grande végétation de l'arbre humanitaire.

De même que les fils métalliques servent de véhicule au fluide électrique, de même l'ignorance, les vieux préjugés, la superstition impudente et grossière, la croyance fanatique à l'absurde, au mysticisme, au merveilleux, au surnaturel; les honteuses pratiques d'un fétichisme presque sauvage, sont autant de canaux qui servent de véhicule au mal-vivant fluidique, lequel ne se manifeste que par l'intermédiaire de certaines personnalités dont les affinités lui complaisent.

Quel est l'homme, en effet, tant soit peu réveillé à la véritable vie intelligente de la raison, qui voudrait se résigner au rôle de médium, à servir de télégraphe à l'agent du mal-vivant? Disons mieux, cet agent du mal-vivant qui est intelligent et subtil s'y refusera par incompatibilité naturelle; comprenant parfaitement qu'il n'y a rien à gagner avec de telles natures; il se gardera bien de s'en servir; preuve évidente et péremptoire qu'il faut au mal pour se manifester, se propager et se défendre, certains êtres imprégnés d'ignorance et d'erreur, doués pour le mensonge et l'imposture, d'une aptitude particulière qui les

5.

investit, pour ainsi dire, d'une sorte de *conductibilité* propre à servir d'amorce à sa contagion.

Mais il n'en est point ainsi des hommes de progrès que le mal-vivant transforme parfois en *mediums intuitifs* pour les faire agir sournoisement dans son intérêt.

Un tel phénomène n'est point rare de nos jours ; il se produit fréquemment au sein des assemblées délibérantes et politiques. Un orateur prend-il la parole pour la défense du droit et de la vérité, il est aussitôt en butte aux sarcasmes et aux railleries d'une foule d'hommes qui peuvent être isolément parfaitement intègres et honnêtes, mais qui subissent l'influence d'une majorité hostile ; se trouvant inconsciemment transformés en *mediums intuitifs* ils servent ainsi de véhicule à la diffusion de l'erreur, du mensonge et de l'iniquité.

Nous ne voulons pas achever ce chapitre, sans constater que tout homme et toute femme, connaissant la Loi vivante de Dieu, ou en ayant une certaine intuition ne peuvent jamais servir de médiums matériels aux manifestations spirites. Cette faculté négative qui semble étrange au premier abord s'explique facilement. Les personnes chez lesquelles elle se rencontre n'étant pas douées de la sympathie, ou pour mieux dire de la *conductibilité* nécessaire à l'établissement des rapports fluidiques, elles ne peuvent servir d'instruments aux esprits qui auraient quelque velléité de se manifester par leur entremise ; tant il est vrai que le mal seul peut faire alliance avec le mal, et avec le bien seul tout ce qui en procède.

Il suit de là qu'il n'y avait que les démonstrations de la Science vivante de Dieu et les développements de la

Loi de la vie exposés dans nos livres: *Clé de la vie* et *Vie universelle*, qui pussent complétement démasquer le spiritisme, ainsi que les effets de ses mille influences fluidiques mentalement transmises à certaines catégories d'hommes ou de femmes, en dévoilant sa véritable origine. Au reste, cette forme nouvelle des manifestations du mal vivant fluidique ne peut se produire que dans les âges inférieurs de l'humanité, par cette raison péremptoire que la diversité et la confusion des croyances, ainsi que l'incohérence des idées et l'antagonisme des intérêts qui caractérisent d'une manière si tranchée, tant au point de vue moral qu'au point de vue matériel, les époques dont nous parlons, ne permettent pas plus à l'humanité qu'aux hommes qui la dirigent de distinguer positivement et avec certitude les manifestations directes de celles des manifestations indirectes de la Volonté de Dieu.

CHAPITRE II.

Manifestations directes de la volonté de Dieu.

Après avoir indiqué en quoi consistent les manifestations indirectes de la volonté de Dieu, nous devons dire,
dès à présent, quels sont les moyens qui peuvent nous
préserver et nous affranchir, au besoin, des manœuvres
et des agissements du mal-vivant.

La recherche et l'étude de ces moyens vont faire l'objet de ce chapitre.

Les manifestations directes de la volonté de Dieu sont
le résultat des révélations de toute nature, émanant originairement de cette volonté même, par la voie naturelle
que nous allons signaler. Elles portent toutes, sans
aucune exception, l'empreinte indélébile du *bien*.

Qui dit révélation, dit réveil à la vie et à la lumière.
En termes plus explicites, la révélation est une véritable
fécondation agissant sur des *germes* doués d'un principe
de vie à l'état latent et de condition inférieure ou négative ; sous l'influence directe de cette opération amplement décrite dans les livres de la Vie, ces germes se
réveillent à une vie supérieure ou positive.

Si cette définition n'indique pas d'une manière exacte
l'origine ou l'étymologie du mot *révéler*, elle précise
du moins la réalité du fait que ce mot exprime.

Bien des hommes désabusés des formules hiératiques s'offusquent de ce terme *révélation ;* ils se refusent à accorder le moindre crédit à la chose elle-même, bien convaincus, qu'en ce point, le judaïsme et le catholicisme nous en imposaient. C'est qu'en effet ces deux doctrines religieuses faussaient la révélation, à savoir :

Le judaïsme, en plaçant sous cette égide respecté, les institutions les plus disparates, telles que la loi des Douze tables et le pharisaïsme.

Le catholicisme, l'amour de Dieu et du prochain et l'excommunication, exploitant ainsi par ces mesures, l'ignorance et l'aveugle crédulité des peuples.

Que ce soit donc bien entendu, le mot *révélation* signifie pour nous *fécondation.*

A notre point de vue, cette désignation est d'autant plus importante que la *révélation*, avec le sens qu'on lui a attribué jusqu'ici, est la seule barrière qui nous sépare des hommes avancés, sceptiques et rationalistes, plus généralement connus aujourd'hui, sous la dénomination générique de *libres penseurs ;* cette séparation, nous ne saurions en douter, cessera de subsister, dès que nous aurons dit toute notre pensée sur la révélation, opération absolument identique chez l'homme et dans l'universalité des êtres de la nature, en vertu de l'attribut primordial divin *Unité de système.*

Toutefois, malgré la conformité et la similitude des opérations, il est néanmoins des fécondations de diverses sortes.

Fécondations communiquant la vie à tous les êtres, dont le but et l'objet sont actuellement matériels et par cela même connus de tous et à la portée de toutes les intelligences.

Cependant, il en est d'autres qui, jusqu'ici, ont généralement passé pour inaperçues ; fécondations celles-là intellectuelles et morales, au nombre desquelles se trouve la *révélation*, telle que nous l'avons définie et que nous la comprenons, telle enfin qu'elle doit être comprise.

L'instruction donnée à une ou plusieurs personnes est une fécondation en tout point pareille au contact vivificateur, transmettant la vie à l'œuf humain logé sur l'ovaire de la femme. Qu'en sera-t-il donc de la fécondation procédant directement de la volonté de Dieu, à l'effet d'instruire son enfant-géant collectif humanité, et qui doit être considérée comme la révélation proprement dite.

Pendant que les fécondations placées à la portée de notre intelligence sont d'une connaissance vulgaire, cette dernière, la plus importante de toutes, sans contredit, et la plus invoquée, restait inconnue, non-seulement au point de vue de ses origines, mais encore au point de vue de sa nature intime et essentielle. Faute de bases positives et rationnelles, sur lesquelles on put en asseoir la certitude, elle était à chaque instant controversée, si ce n'est même niée.

A l'avenir, il n'en sera plus ainsi. En la présentant telle qu'elle est, conformément à la loi d'analogie universelle, nous aurons fait disparaître les causes de répugnance et d'exclusion qu'éprouvent tant de gens à reconnaître l'origine réelle de la révélation, malgré l'importance exceptionnelle qu'ils devaient attacher à cette acception.

Toutes les inventions humaines sont le résultat d'une fécondation absolument identique à celle qui s'opère par l'entremise des organes mâles et femelles de l'homme et de la femme, de l'animal des deux sexes, ou de la fleur dans le végétal, pour communiquer la vie soit à l'œuf, soit au germe fruitier ; identique encore à celle qui s'effectue pour la graine, dans le sein de la terre.

La chaleur solaire est, en réalité, le véhicule du principe fécondateur de toute la nature; dès qu'elle pénètre le germe placé dans le milieu voulu et dans les conditions requises, le principe de vie qu'il contient, à l'état latent, se réveille, se met en mouvement, s'assimile peu à peu les éléments vitaux à sa portée, dont la fixation progressive constitue le nouvel être résultant de l'acte fécondateur.

C'est ainsi que la graine fécondée confiée à la terre humide, chauffée par le soleil, produit la plante, que celle-ci produit la fleur, dont l'ovaire ou germe fruitier, fécondé à son tour, produit le fruit, qui lui-même ne peut mûrir, que sous l'influence fécondante du calorique émanant des rayons solaires, car sans le soleil, point de fécondations dans la nature, point de produits de la terre, point de fruits, point de moissons!

Or, lorsque nous voyons un fruit suspendu aux branches d'un arbre, nous pouvons affirmer, en toute assurance, que si cet arbre par son travail végétateur a préparé le germe de ce fruit, le soleil a fécondé l'arbre, fécondé le germe fruitier, fait développer le fruit et l'a mûri.

Et comme la loi physique et physiologique est identique à la loi intellectuelle et morale, si l'homme vient à produire un fruit intellectuel, nous ne saurions nous tromper, en affirmant que Dieu, *son soleil moral*, en a fécondé le germe et mûri le fruit.

Un enfant vient de naître; que résulte-il de ce fait? Que la femme qui l'a mis au monde a été fécondée par un homme. A quelques années de là, lorsque l'enfant issu de cette fécondation aura grandi, il n'aura pas cessé de reconnaître pour sa mère la femme qui l'a porté dans son sein et nourri de son lait. Or, tant qu'il restera à l'état d'enfance et que sa jeune intelligence n'aura pu comprendre l'acte fécondateur auquel il doit la vie, il dira bien : cet homme est mon père, cette femme est ma mère, mais il ne pourra définir la véritable cause de la paternité de celui-là, de la maternité de celle-ci.

C'est ainsi que *l'Homme moral*, *produit intellectuel* de la révélation du premier Messie, dont le nouveau testament fut le fruit d'une fécondation intellectuelle de l'ordre le plus élevé, a été, par ignorance, amené à nier la réalité du grand acte fécondateur de la première phase de la vie humanitaire.

C'est pour cela que les partisans de la raison pure, les libres penseurs, n'admettant comme incontestables et certains que les faits susceptibles de démonstration scientifique, rejettent absolument *la révélation*, comme émanant d'une source surnaturelle et partant inaccessible aux moyens d'investigation dont dispose la science humaine et la philosophie positive.

Mais que ces négateurs bien intentionnés et qui ont, plus que tous autres souffert de l'abus fait jusqu'ici du mot révélation, admirateurs passionnés du progrès, essayent de préparer dans leurs facultés intellectuelles, un germe conforme à leurs aspirations ainsi qu'à leur ardent amour du bien et de la vérité ; ils pourront bien vite apprécier par eux-mêmes toute la force et toute l'énergie de la *fécondation communiquée d'en haut* à ce produit de leur intelligence. Ce résultat moral produira infailliblement sur eux, pour les mûrir, l'effet d'un puissant coup de soleil sur un fruit de la terre.

En effet, combien d'hommes de bonne volonté, écrivains, publicistes, penseurs, philosophes, ne croient point à la révélation d'en haut, qui, travaillant avec ardeur une idée utile, s'étonnent quand ils la voient sortir toute fécondée de leur cerveau ; ils se demandent d'où vient le luxe du vêtement qui la décore et dont la richesse avait tout d'abord échappé à leur attention. Cette splendeur inattendue qui rayonne tout à coup au sein de leur intellect est le *produit fécondé d'en haut* de leur immense désir d'être utile ; c'est positivement une *révélation*, et, pour nous servir du mot propre, *c'est le fruit d'une bonne inspiration.*

Nous n'avons certainement pas la prétention de soutenir que toute idée conçue résulte de la fécondation d'en haut, et peut être considérée comme un produit de la manifestation directe de la volonté de Dieu ; c'est qu'en effet, toutes les idées ne sont pas également utiles, toutes ne sont pas également neuves, toutes ne sont pas un germe digne de fixer l'attention spéciale de la divine sagesse. Beaucoup d'idées même ont une tendance au mal, et sont le fruit de mauvaises influences ; aussi les résultats en sont-ils divers, disparates, et parfois malfaisants.

C'est là le cachet de l'incohérence et de la confusion matérielles, intellectuelles et morales au milieu desquelles nous nous agitons ici-bas. Comment, en effet, les hommes capables de préparer un germe intellectuel, *digne de la fécondation d'en haut*, pourraient-ils être en grand nombre sur la terre, quand au lieu de l'amour lumineux et du dévouement fraternel, c'est l'égoïsme qui règne chez la plupart?

Il résulte des considérations qui précèdent, que les manifestations directes de tout ordre sont bien, en réalité, provoquées par le chaleureux amour de Dieu et du prochain; telle est la véritable cause de ces manifestations.

Donc, plus d'illusions! Pour mériter la faveur d'une fécondation *d'en haut*, il faut être nécessairement embrasé de l'ardent désir de connaître la vérité et de la communiquer à tous; il faut être désintéressé, sous tous les rapports; il faut surtout n'avoir pas la prétention de posséder par soi-même la vérité tout entière.

Un germe intellectuel préparé dans la disposition contraire à ce que nous venons d'énoncer non-seulement ne sera pas fécondé par la manifestation directe de la volonté de Dieu, mais encore sera sûr d'attirer l'attention intéressée de la manifestation indirecte, ou pour mieux dire, celle du mal vivant.

Maintenant, si nous nous demandons quelle est la cause qui arrête dans leurs développements, qui fait avorter et pourrir les produits de toute sorte, appartenant au règne végétal comme au règne animal, sans en excepter les produits moraux et intellectuels de l'homme, nous la trouverons tout entière dans l'intervention du *mal vivant fluidique*, toujours acharné à la destruction de tout ce qui est bien et de tout ce qui est bon. A ce propos, nous signalerons un fait qui n'a pu échapper à notre attention.

Depuis que l'essence du mal-vivant fluidique s'est infiltrée partout, ici-bas, par le succès insensé des manifestations indirectes, sous le couvert des phénomènes spirites, une insanité inconnue jusqu'à ce jour a fait invasion parmi nous. Cette insanité est le produit du contact d'esprits de la pire espèce s'introduisant auprès des médiums évocateurs, à la faveur de leur invisibilité et de la connivence empestée d'une multitude d'autres esprits malfaisants. C'est là qu'il faut aller chercher l'origine occulte et mystérieuse de la plupart des maladies qui frappent nos végétaux cultivés les plus précieux et nos animaux domestiques les plus utiles.

Que voyons-nous effectivement depuis quelques années? Les plus redoutables épidémies déciment l'espèce humaine; le choléra asiatique, le plus insaisissable des fléaux, fait périodiquement le tour du monde.

Atterrés par les effets destructeurs d'un mal dont la cause reste inconnue, et qui semble se rire des investigations de la science humaine, les catholiques de la doctrine enfantine les attribuent à la colère et à la vengeance divines; pur blasphème! Les rationalistes les attribuent autant à l'ignorance qu'à la misère où croupissent les masses. Nous ne pouvons mieux faire que d'être de leur avis, parce que, ainsi que nous l'avons démontré, l'ignorance et l'erreur, le paupérisme et les privations de toute sorte, sont le véritable véhicule, le canal préféré du mal-vivant et du spiritisme son moderne instrument.

Or, pénétrons-nous bien de cette idée; Dieu a mis à

la disposition de tous les dépositaires de sa puissance, soleils, planètes en harmonie, hommes possédant et observant sa Loi, une part proportionnelle et mesurée de son fluide divin, et dès qu'il peut se livrer à son amour fécondateur envers ses enfants de tous les degrés, jamais il n'en laisse échapper l'occasion. C'est de cette source intarissable et éternelle que procèdent toutes les productions matérielles, morales et intellectuelles appropriées à nos besoins. C'est le contraire pour le mal-vivant qui n'aspire sans cesse qu'à l'œuvre opposée; aussi, loin d'être éternel comme Dieu, disparait-il de la surface des mondes, au fur et à mesure qu'y arrive la vie lumineuse libératrice. Celle-ci chasse devant elle toutes les ignorances et tous les fanatismes comme le soleil chasse devant lui les ombres de la nuit.

C'est pourquoi la Loi unitaire vivante vivifie, coordonne, et harmonise toutes choses, partout où peut s'effectuer son application; depuis les fils ainés de Dieu, messagers directs de sa volonté, qui apportent aux humanités les grands préceptes de sa Loi, jusques aux plus modestes inventeurs qui divulguent quelques secrets utiles inconnus avant eux. Nous affirmons en toute assurance, et proclamons hautement que toutes ces lumières sont le résultat d'une fécondation libératrice, émanant d'une intelligence supérieure, se concentrant sur un germe inconsciemment préparé par le sujet sur lequel elle s'exerce. Telles sont les pures et vraies manifestations intelligentes, procédant directement et naturellement de Dieu; tandis que les manifestations indirectes, nous ne saurions trop le répéter, sont celles du mal vivant, dont le spiritisme de nos jours est le véri-

table organe. Il essaie, il est vrai, de simuler le bien,
pour faire croire qu'il appartient à la bonne cause, mais
au mépris de l'indépendance du libre arbitre qu'il s'efforce de neutraliser, dans l'unique but d'oblitérer le sens
moral, d'obscurcir, autant que possible, la claire notion
du bien et du mal et de jeter, au sein même de la conscience humaine, le trouble, l'incohérence et la confusion,
résultat inévitable et fatal de sa néfaste intervention.

Lorsque Dieu veut révéler, ou plutôt transmettre à
l'humanité une vérité nécessaire, il choisit pour germe
intelligent une âme incarnée, dont les facultés lui soient
sympathiques, c'est-à-dire une de ces personnalités brûlant d'un grand amour pour ses semblables et profondément pénétrée du désir ardent de les éclairer.

Les sceptiques prétendent que l'homme pour produire
des fruits intellectuels et moraux n'a nullement besoin
d'une intervention supérieure, et qu'étant en possession
de son libre arbitre, il peut, seul, suffire à tout et répondre à toutes les aspirations ne dépassant pas les
limites de la puissance intellectuelle humaine.

Pauvres gens ! l'homme de cette terre sort à peine des
langes de l'enfance, et, fût-il plus avancé dans la voie
du progrès général, nous ne voyons nullement comment
il pourrait seul et sans le secours d'une intelligence supérieure, produire de quoi satisfaire ses aspirations et
ses besoins intellectuels et moraux.

La terre produit-elle sans le secours du soleil ? La
femme enfante-t-elle sans le concours de l'homme ?
La loi est *une*, il ne saurait y avoir d'exception.

Seulement, il importe de savoir et de ne point oublier
que les fécondations par *manifestations directes*, sont

tellement subtiles et insaisissables qu'il n'est pas possible d'en sentir le contact; on ne les perçoit que par leurs résultats, et le signe caractéristique de leur véritable valeur consiste surtout dans l'étonnement qu'elles nous causent.

Il va sans dire que l'homme, en pleine possession de son libre arbitre, peut toujours choisir le genre de produits dont les germes se manifestent de préférence dans ses facultés intellectuelles ou, pour mieux dire, dont les germes sont le mieux en rapport avec ses aptitudes naturelles.

Une comparaison banale va rendre notre pensée parfaitement compréhensible.

La greffe végétale n'est pas autre chose qu'une fécondation dans toute l'acception du mot; c'est la véritable *révélation* d'un principe de nature supérieure, transmis à un sujet de nature inférieure. Combien d'arbres ne produiraient que des fruits sauvages et complétement impropres à l'alimentation de l'homme et tout au plus suffisants pour la nourriture des animaux domestiques, sans le secours de la greffe?

Cette opération d'arboriculture, si simple et si répandue, peut nous donner une idée nette et précise de ce qui serait réservé à l'humanité terrestre, sans les révélations qui lui ont servi de nourriture intellectuelle et morale et qui lui ont permis de réaliser les étonnants progrès dont, chaque jour, nous admirons les merveilleux résultats.

Nous ne saurions trop recommander à l'attention des hommes de progrès ces vérités qui sont de la plus haute importance. Que l'on y réfléchisse donc bien, c'est effectivement là que se trouve le point culminant du grand problème philosophique dont nous indiquons ici la solution.

Eh ! quoi donc ! si ces hommes, partisans convaincus de la morale indépendante, unique espoir de la nouvelle lumière, s'obstinent à ne pas admettre la nécessité de la révélation telle que nous venons de la défin., et se refusent à reconnaître la *fécondation* intellectuelle et morale, comme moyens de transmission des sublimes enseignements qu'elle nous apporte, il faudra désespérer du salut de l'humanité ; jamais elle ne pourra franchir la redoutable barrière que lui oppose le mal-vivant conspirant sa perte.

Quoi qu'il en soit, si ces hommes manquent à la mission qui leur incombe, nous avons l'espoir fondé, pour ne pas dire la certitude, que la jeune génération qui leur succédera, l'acceptera tout entière et n'y faillira pas.

Hâtons-nous de le proclamer, toutes les manifestations directes de la volonté de Dieu, en d'autres termes toutes ses révélations sont le fruit de son amour infini pour les humanités qui peuplent les mondes de ses univers. Lorsqu'il donne carrière à l'irrésistible essor de son amour fécondateur pour ses enfants individuels ou collectifs, il se garde bien d'user, comme font les esprits qui se manifestent, de tables, de paniers ou de planchettes, voire même de la plume inconsciente d'un médium quelconque.

Nous servons-nous, pour instruire nos enfants, d'un bâton, d'une baguette ou de tout autre instrument inerte ? Non, ce serait absurde, pour ne pas dire plus. L'expérience et la raison nous enseignent que nous devons à cet effet nous adresser de préférence à l'intelligence d'un instituteur possédant une certaine dose d'instruction. Dieu ne procède pas autrement, il emploie, pour manifester sa volonté, les facultés intellectuelles de l'homme, obéissant aux inspirations immatérielles spontanément acceptées par son libre arbitre.

En raison de l'âge où l'humanité à laquelle il appartient est parvenue, et des aptitudes qui caractérisent son intelligence, il féconde son représentant direct, l'homme qu'il a choisi, en ressuscitant au sein même de son intellect, le germe idéal que celui-ci y avait préparé.

Tous les végétaux sont ainsi fécondés par l'électricité atmosphérique émanant de la chaleur solaire, et ce n'est qu'après cette subtile opération que chaque végétal produit le fruit propre à sa conformation et à sa nature.

Au physique, comme au moral, l'enfant possède en lui-même, à l'état virtuel et latent, tous les germes inhérents à sa nature ; mais qu'adviendrait-il de toutes ces richesses à l'état d'embryon sans le secours de la fécondation ? Qu'en ferait-il sans l'éducation, sans la greffe de l'instruction apportée par le père, la mère ou l'instituteur ?

On peut en dire autant de l'homme collectif, humanité : sans la greffe fécondante de la *révélation*, il resterait fatalement à l'état inerte et sauvage ; comme les peuplades indiennes du nouveau monde ou de l'Afrique centrale.

Nous chercherions en vain dans l'histoire un plus bel exemple des manifestations directes de la volonté de Dieu que celui qui nous est offert par la noble pucelle d'Orléans, Jehanne Darc. Sans éducation, sans le moindre expérience des hommes et des choses, Jehanne aurait-elle pu accomplir son héroïque et légendaire mission ; si, dans ses facultés intellectuelles, préparé par son grand amour pour Dieu et sa patrie, ne se fût rencontré un germe conforme au rôle sublime qui lui était réservé ; germe directement fécondé par le souffle divin avec une puissance et une énergie tenant du prodige ?

Sans ces inspirations qui, pour elle équivalaient à la certitude, comment Jehanne Darc aurait-elle pu accourir à la cour de France, réfugiée à Bourges, à Chinon ou dans un camp ? Comment, elle, frêle jeune fille des champs, aurait-elle pu commander et diriger une armée, voler de victoire en victoire, battre et chasser les Anglais, et sans arrêter un seul instant sa marche triomphale, entrer à Reims, pour y faire sacrer le roi de France, *son gentil Dauphin*, comme elle l'appelait naïvement, et jeter, par l'accomplissement de ces hauts faits, les fondements séculaires de l'unité française ?

En constituant en un corps de nation compacte et indissoluble le peuple chargé de poursuivre l'œuvre qu'elle avait commencé, la grande héroïne ne devait-elle pas être, tout à la fois, l'apôtre et le soldat de Dieu et l'initiatrice de l'Europe à la liberté ?

Au fur et à mesure que les hommes s'éloignant de l'enfance humanitaire se rapprochent de la puberté morale ou âge de raison, le rôle de Jehanne s'éclaire d'une lumière toute nouvelle et grandit encore dans l'esprit de ceux qui ont su en comprendre la cause première, ainsi que la haute portée philosophique et politique.

A vrai dire, on ne saurait trop se réjouir lorsqu'on

voit, de nos jours, les publicistes les plus autorisés, reconnaître que la mission accomplie par la glorieuse pucelle était réellement providentielle ; et lorsque notre grand historien, Henri Martin, admet comme véridique, le fait que la noble et généreuse enfant *entendait des voix qui lui parlaient*, il n'est plus permis de douter de la *fécondation directe et permanente* qui agissait sur ses facultés intellectuelles.

Du reste, ce n'est pas la seule preuve de cette vérité que Jehanne Darc, à l'époque néfaste où elle dut entrer en scène, a été l'instrument de la manifestation directe de la volonté de Dieu. L'une des plus convaincantes, pour tout homme doué d'assez de discernement pour classer chaque chose à sa place, ce fut l'hostilité calculée de Charles VII envers sa jeune libératrice. Les odieuses et basses intrigues que suscitèrent contre elle les personnages corrompus dont se composait sa cour, foyer délétère et empoisonné du *mal-vivant :* l'indigne et scandaleuse conduite des princes de l'Eglise envers la malheureuse captive qu'ils s'empressèrent de condamner à mort pour être brûlée vive, dans la capitale de la Normandie, sur la place du Marché, où fut exécutée l'exécrable sentence portée par Pierre Cauchon, évêque de Rouen, et en présence même de cet infâme justicier, sont autant de faits historiques qui témoignent du céleste rôle réservé à Jehanne Darc.

Cette grande figure populaire est une attestation vivante de cette impérissable vérité : que la mémoire de tous les bienfaiteurs de l'humanité, loin de s'éteindre en traversant les âges, ne fait, au contraire, que grandir en valeur et en renommée. C'est, qu'en effet, ces hommes d'élite, instruments actifs *des manifestations directes de la vo-*

lonté de Dieu, chargés des fécondes applications de son verbe, ont servi de guides à l'humanité, dans sa marche périlleuse et accidentée à travers les siècles.

Plus nous nous éloignons de l'époque à laquelle Jehanne Darc joua le grand rôle historique que la Providence lui avait départi, plus resplendit l'auréole qui s'attache à sa mémoire. L'immense importance de ce fait n'a point échappé à l'œil scrutateur des sommités de l'ultramontanisme qui siégent actuellement à la cour du Vatican. A quoi songent aujourd'hui ces hauts personnages? A mettre la main sur cette grandiose et sublime figure, en lui décernant les honneurs de la canonisation. De telle sorte que nous serons peut-être appelés, dans un avenir prochain, à être les témoins d'un spectacle plus qu'étrange, à voir invoquer comme une sainte du paradis l'héroïne que les princes de l'Eglise firent brûler vive sur la place du Marché, à Rouen, comme un suppôt de l'enfer.

Nous pourrions encore offrir, comme une preuve manifeste de la *fécondation directe d'en haut,* l'histoire merveilleuse de Joseph Garibaldi, le héros légendaire de l'Italie. Si nous n'étions les contemporains de cette personnification vivante des plus hautes vertus terrestres, nous ne voudrions pas croire aux prodiges dont est tissée la vie de cet homme étrange, auquel a été confiée la suprême mission de ressusciter sa patrie. Sa force d'âme invincible, son courage indomptable, son invulnérabilité, bien connue dans les batailles, sa simplicité proverbiale, son affabilité entraînante, son extrême bonté, son ardent amour des hommes, ses frères, ont toujours été à la hauteur de son incomparable désintéressement, de son dévouement sans bornes à la cause de tous les opprimés, et de la sublimité de son patriotisme. L'une des preuves les plus convaincantes que Garilbaldi est un des plus grands exemples modernes des *manifestations directes de la volonté de Dieu*, c'est la haine gigantesque qu'il inspire à tous les suppôts du *mal-vivant*.

Maintenant, si nous invoquons les témoignages de l'histoire sur les faits qui se rattachent à l'accomplissement des œuvres et agissements de cet implacable ennemi du bien, nous resterons convaincus de l'inanité de ses efforts, pour se perpétuer et fixer l'attention des peuples. Ceux qui approchent de leur nubilité n'auront pas de peine à reconnaître que les illustrations du mysticisme antique, telles que les sibylles, les pythonisses, Appollonius de Thyane, Simon le magicien, et tant d'autres qui n'étaient que les instruments des manifestations indirectes ne pouvaient être, comme les adeptes et les médiums du spiritisme moderne que les représentants et les intermédiaires du mal-vivant et se trouvaient par cela même indignes de la renommée à laquelle ils avaient osé prétendre.

Le respect du libre arbitre et de la loi de Dieu est le caractère le plus saillant des esprits du bien ; quoique parfaitement éveillés, ils paraissent comme plongés dans un profond sommeil, tandis que les esprits du mal violent, à chaque instant, et sans scrupule, l'indépendance du libre arbitre humain. Quoique les esprits du bien aient conscience de la supérorité de leur force et qu'ils aient la certitude de les vaincre, ils se refusent à combattre les esprits du mal par la violence et à les terrasser de haute lutte. C'est dans leur longanimité et leur patience qu'il faut aller rechercher la véritable cause de l'effronterie, de l'audace, et du dévergondage des esprits qui se manifestent. Mais lorsque sonnera, pour les esprits du bien, l'heure de l'action et du réveil lumineux et qu'aura disparu pour les esprits du mal vivant l'ère de l'impunité, c'est alors que se réaliseront les paroles du Christ et d'Isaïe.

« Le mal vivant fera le mort ou sera emporté comme « un tourbillon emporte la paille. »

L'histoire nous enseigne que lorsqu'un peuple succombe sous le poids d'une odieuse et impitoyable oppression, et que le mal, sous toutes les formes, l'étreint, le comprime et le torture, il arrive un moment où ce peuple courbé sous le joug, et comme abruti jusqu'alors par les souffrances et les privations, se réveille sous l'aiguillon de la douleur; une sorte d'intuition soudaine de la situation lamentable où l'a plongé l'asservissement physique et moral dont il a été victime, quelquefois pendant plusieurs siècles, lui ouvre les yeux et lui fait comprendre que, dans le corps social dont il constitue l'ensemble collectif, il représente l'activité productrice, le travail, ou pour mieux dire la vie. La soif de l'indépendance et de la liberté gagne de proche en proche tous les rangs du corps social et surexcite au suprême degré toute cette collectivité d'hommes qui ne songe plus qu'à secouer le joug.

L'ardeur croissante de ses aspirations amène bientôt entre tous ses membres une fusion si complète et si absolue de sentiments, une si étroite unité d'opinions, une telle solidarité de tendances et d'efforts, que cette grande masse populaire acquiert bientôt la puissance de se mettre en contact intellectuel et moral avec le souverain moteur de toutes choses. C'est sous l'influence de

6.

cet ardent paroxysme d'amour humanitaire, que se forme le germe collectif libérateur dont le développement progressif sera couronné par l'affranchissement et la délivrance du peuple. La magnanimité dont il fait preuve, après le triomphe atteste une fois de plus que la volonté de Dieu vient de se manifester.

C'est sous la pression irrésistible de ce concours de circonstances solennelles, qu'un grand peuple peut être instantanément fécondé et devenir tout à la fois la voix et l'instrument directs de la volonté divine à laquelle rien ne saurait échapper. C'est alors qu'il renverse et balaie comme le vent de la tempête les tyrans et les oppresseurs qui cherchent à entraver, par tous les moyens en leur pouvoir les progrès de toute nature dont l'harmonieux ensemble constitue la vaste et lumineuse végétation de Dieu, afin de faire avorter, dans son germe, le fruit planétaire et humanitaire qui doit en être le couronnement. De quels châtiments seraient passibles les hommes dont les criminelles tentatives auraient pour but d'arrêter dans son essor la sève de vie de nos végétaux et de nos récoltes, et de produire, par cela même, la disette et la famine ? La mort seule pourrait expier un tel forfait. Qui donc pourrait mesurer l'étendue du châtiment mérité par les misérables dont tous les efforts tendent à paralyser la végétation de la récolte de Dieu, seul et véritable progrès de tout, en tout et partout.

1789, 1830, 1848 et 1870, ces dates impérissables de notre histoire nationale sont l'attestation vivante et grandiose de la thèse que nous soutenons.

Nous avons voulu démontrer dans ce chapitre que ce que l'on entend par *révélation*, dans le langage hiératique où religieux est tout simplement un phénomène de l'ordre intellectuel ou moral, *analogue* en tout point au phénomène naturel et général connu de tous dans le langage usuel, sous le nom de *fécondation*.

Que si, en effet, dans l'ordre de la nature matérielle, un nouvel être résulte de l'accomplissement de ce phénomène, il s'ensuit que dans l'ordre métaphysique ou idéologique, des idées neuves et inconnues se manifestent par suite de l'accomplissement d'un phénomène moral *analogue au phénomène physique*, par cette raison majeure que ces deux ordres de phénomènes se produisent fatalement sous l'influence de la même loi ; *l'Unité de plan ou de système*, attribut primordial divin.

Or donc, si dans nos facultés intellectuelles, sollicitées par la tension morale d'un grand amour pour Dieu et pour nos frères en l'humanité, nous préparons un germe directement en rapport avec cet amour ; lorsque ce germe une fois formé aura pu accomplir l'évolution propre à sa nature, il sera inévitablement *fécondé* par une émanation ou influence divine mathématiquement proportionnelle à ce degré de tension.

L'amour de Dieu pour l'homme qui en est digne ; *fluide positif*, et l'amour de l'homme pour Dieu, *fluide négatif* se rapprochent graduellement jusqu'au point de contact d'où jaillit l'étincelle invisible qui les embrase, les confond et produit la *fécondation* du germe préparé.

La combinaison des deux fluides qui enflamment les deux pointes de charbon, d'où rayonne la lumière électrique, est l'image exacte et fidèle du phénomène moral ; nous pourrions même ajouter que c'est *le même phénomène* se manifestant dans deux ordres de différente nature ; l'un métaphysique se dérobant à la constatation de nos sens, et l'autre physique tombant sous cette constatation même.

Le produit nouveau, le nouvel être résultant de l'accomplissement du *premier phénomène*, c'est le dévouement sublime, enthousiaste, presque sans bornes qui fut le puissant mobile de tous les bienfaiteurs de l'humanité, depuis le Christ, leur divin prototype, jusqu'à Vincent de Paul et à tous leurs imitateurs, à des degrés divers, qui exposent, sacrifient et consacrent leur vie, pour sauver, affranchir, et soulager leurs frères, livrés aux étreintes du mal-vivant.

Le produit nouveau, le nouvel être résultant de l'accomplissement du *second phénomène ;* c'est cette éblouissante lumière qui n'a d'égale que celle du soleil et qui est appelée à rendre un jour d'incalculables services à l'humanité terrestre, en harmonie. Appliquée depuis quelques années déjà à l'éclairage des phares, la lumière électrique porte au loin sur les flots ses rayons étincelants, pour indiquer au navigateur la route qu'il doit suivre ou le port qu'il doit aborder.

Que l'on se pénètre donc bien de cette idée aussi consolante que grandiose.

La loi des affinités matérielles, intellectuelles et morales, dans l'universalité des êtres, dans tous les ordres et à tous les degrés de la nature, depuis l'infiniment grand jusqu'à l'infiniment petit, est universelle, irrévocable, irrésistible, immuable ; c'est par cette voie, par ce canal, que s'effectuent les *fécondations révélatrices*.

En développant cette idée, que la *révélation* n'est pas autre chose qu'une fécondation immatérielle, nous avons voulu rendre intelligible pour tous, en d'autres termes, faire toucher du doigt, un ordre de phénomènes encore inconnu.

Or, plus les découvertes qui découlent de la révélation sont multipliées, plus elles sont neuves, radicales et importantes pour le progrès général ; plus cette révélation est puissante et directe ; c'est-à-dire, plus les intermédiaires spirituels, agents du bien, qui lui servent d'instruments de manifestation se rapprochent de la source de toute vérité et de toute lumière, de Dieu lui-même.

C'est pourquoi les grandes révélations fécondatrices frappées au coin de la synthèse universelle et qui ont plus spécialement pour objet l'avancement de l'humanité, dans la voie du progrès général et du perfectionnement indéfini, sa destinée et son but final, viennent *directement de Dieu*, principe de toute fécondité et de toute puissance.

Les fécondations intellectuelles parcellaires, source originelle des inventions matérielles et d'un certain nombre d'idées utiles, viennent plus ou moins directement de Dieu ; cela dépend au surplus du degré de valeur intellectuelle et morale inhérente aux esprits ou intermédiaires fluidiques qui en sont les fécondateurs.

Par contre et par voie de conséquence logique, les mauvais germes qui végètent dans l'intellect humain ne peuvent être fécondés que par la tourbe des mauvais esprits qui constituent, par leur ensemble, les âmes collectives de quatre satellites incrustés.

Plus ces germes infestés ont de l'affinité pour le mal vivant, plus les esprits qui les fécondent sont mauvais, remplis d'astuce et de mensonge, et ne pensent absolu-

ment qu'à mal faire, tout en affectant des dehors sédui-
sants d'apparence véridique.

Telle est la loi universelle qui préside aux manifestations directes de la volonté de Dieu.

Nous ne pouvons terminer cet important chapitre,
sans citer comme l'un des plus remarquables exemples
de *fécondation intellectuelle directe*, l'immortelle découverte faite par Hahnemann, de la loi de guérison des
maladies par les semblables, principe et base de l'homœo-
pathie, laquelle doit être, en effet, considérée comme la
science médicale directe, tandis que l'allopathie n'est, en
réalité, que la médecine indirecte ou des *contraires*.
Cela suffit à expliquer les merveilleux succès de la première et les erreurs sans nombre de la seconde.

CHAPITRE III.

Analogie de la nature de Dieu et de la nature de l'homme, véritable clé de la Science vivante universelle.

L'Omnivers, ou *grand ensemble de tout*, peut être considéré, en dehors de l'esprit éternel et infini qui le dirige; il comprend tout ce qui existe, les solides, les liquides et les fluides, les trois formes perceptibles de la Matière universelle se mouvant dans l'espace et le temps.

Il serait difficile, d'après la somme actuelle de nos connaissances, de se faire une idée précise du Grand Omnivers. Cependant, comme nous en possédons des images réduites à des proportions qui nous sont accessibles, nous espérons pouvoir amener l'esprit du plus grand nombre de nos lecteurs, à se faire une idée assez exacte de ce sublime et grand ensemble.

Comme on le verra bientôt, le corps humain est une image, une reproduction infiniment petite, mais parfaitement définie du Grand Omnivers. Qu'on se représente donc un corps matériel, infini, aux proportions incommensurables, constitué pour vivre sur un plan immense, modèle du corps humain, composé d'une partie matérielle comme la charpente osseuse, musculaire et nerveuse; d'une partie liquide, distribuant la vie partout, comme le sang; d'une partie fluidique dirigeante et motrice comme la charpente fluidique qui nous anime et l'on pourra se faire une idée des solides, des liquides, et des fluides sans fin qui composent le Grand Omnivers.

Il s'ensuit donc que trois Principes ou trois natures principales, concourent à la formation du Grand Omnivers.

Nous distinguerons ces trois principes par les noms de : Principe matériel, Principe intermédiaire-liquide-fluidique et Principe fluidique pur ou céleste.

Le principe intermédiaire est ainsi nommé, comme étant matériel par sa partie liquide et fluidique par la partie fluidique spirituelle qu'il contient. Il donne aussi la main à la matière solide, ainsi qu'au principe fluidique ou céleste. S'il est perceptible pour nos sens, par sa partie matérielle liquide, il échappe au toucher et à la vue, par sa partie fluidique.

Le principe céleste contient tous les fluides supérieurs du Grand Omnivers que nous énumérerons ci-après.

Sans pénétrer dans la composition intime des substances qui constituent ces trois principes, nous les décrirons néanmoins d'une manière succincte, en définissant le rôle que chacune d'elles remplit dans le fonctionnement général de la vie du Grand Omnivers.

Nous l'avons dit : l'Omnivers est formé de trois principes, base de l'ordre trinaire qui tout d'abord frappe les regards dans l'étude du grand ensemble de tout.

Cet ordre trinaire se manifeste non-seulement dans l'Omnivers, mais encore dans toutes ses parties. C'est pourquoi ses trois natures principales se subdivisent chacune en trois autres parties que nous indiquerons bientôt; ce qui porte à neuf les natures du Grand Om-

nivers, animé par son âme infini, Dieu, couronnement
et clé de voûte du grand tout vivant, sa dixième nature,
complément de la dizaine infinie constituant la plus
grande unité possible, incompréhensible pour l'homme
de nos mondes, et dont les âmes les plus pures et les
plus élevées, au sein des régions célestes, ne peuvent
apercevoir qu'un point.

Ainsi que Dieu anime, vivifie et dirige le Grand Omnivers, l'âme humaine, anime, vivifie et dirige le Petit
Omnivers, le corps de l'homme. L'âme humaine, image
exacte et fidèle de Dieu, éternelle comme lui, est aussi
comme lui infinie, mais relativement et seulement au
point de vue de la mission qui lui incombe sur les mondes
où elle est appelée à vivre.

Nous donnons au corps humain le nom de petit omnivers, par opposition à celui que dirige Dieu, son corps
véritable, parfaitement distinct de lui, comme le corps
humain l'est de l'âme qui le dirige.

L'homme est donc le petit omnivers vivant dirigé par
l'âme humaine.

Comme il importe de bien s'entendre sur la valeur des
termes qu'on emploie, établissons dès à présent le véritable sens des mots Dieu et âme, en ce qui touche le
grand et le petit omnivers, afin de prévenir et d'éviter
toute confusion et tout contre-sens à leur sujet.

Quand nous parlons d'un homme, nous parlons implicitement de son âme, dix hommes impliquent donc
dix âmes. Quand nous parlons d'âmes vivant parmi nous,
impliquées dans la vie matérielle, nous désignons implicitement des hommes vivants ; deux, trois, quatre cents
âmes, signifient un nombre pareil d'hommes.

Par induction, le grand omnivers vivant implique Dieu; sans Dieu qui l'anime, le grand omnivers ne serait qu'une masse inerte, infinie, comme il en est ainsi du petit omnivers vivant, c'est-à-dire du corps humain, privé de son âme.

Dieu ne saurait vivre sans le grand omnivers, comme l'âme ne vit pas dans un monde quelconque, sans un corps de la nature de ce monde. *La Clé de la vie* a mis en lumière cette vérité qui, par sa seule clarté, dissipe tous les brouillards de la métaphysique.

Gardons-nous surtout de confondre Dieu avec le grand omnivers, et l'âme humaine avec le petit.

Le grand omnivers, dit *La Clé de la vie*, n'est pas plus Dieu, que le petit omnivers, le corps humain, n'est l'âme humaine.

Or, les neuf natures du grand omnivers, vivant au moyen d'un organisme formé d'une hiérarchie de soleils et de planètes des neuf natures, les neuf natures du petit omnivers vivent d'une manière analogue à celle du grand, ainsi que nous allons le démontrer.

Mais, dira-t-on, comment le petit omnivers, l'homme, peut-il être mis en parallèle avec Dieu, l'être infini? De prime abord, cette proposition paraît absurde; c'est ainsi qu'il convient de bien définir ces deux termes afin d'échapper à toute méprise et à tout malentendu.

L'homme, on l'a dit, c'est l'âme humaine unie au corps qu'elle dirige.

Dieu est l'âme du grand omnivers, uni à celui-ci, il constitue le grand homme infini, remplissant de son incommensurable volume l'espace et la durée.

L'homme, pourra-t-on nous objecter encore, est fini,

borné, isolé, sans domaines en lui; le grand homme infini, au contraire, n'a de limites en aucun sens, il contient en lui ses domaines infinis, car, hors de lui, il n'y a rien.

Cette différence entre le grand homme infini, renfermant en lui ses domaines, et l'homme placé en dehors des siens, est, comme on le verra plus loin, le mobile ou la cause première du mouvement perpétuel du grand omnivers infini vivant.

Or, si l'homme individuel est fini, l'homme pris dans un sens absolu, comme dans notre comparaison, peut comprendre *tous les hommes* vivant sur les mondes des *neuf natures infinies* du grand omnivers avec les règnes ou mobiliers de tous ces mondes, ses domaines. En ce sens, l'homme absolu est infini comme les natures du grand homme infini; mais, tous les hommes réunis ne sauraient composer l'unité suprême Dieu.

Voici comment s'établit notre parallèle entre le grand omnivers et le petit, le grand homme infini, Dieu, et l'âme humaine.

Le grand ensemble de tout se compose naturellement de trois ordres de grandeur, l'infiniment grand, l'infiniment petit, et le moyen qui est le petit, intermédiaire entre ces deux infinis.

Or, comme l'infiniment petit est la représentation fidèle, *dans son ordre*, de l'infiniment grand, les grands corps, planètes et soleils, globes qui, dans le grand omnivers infini, sont les mondes vivants et habités, doivent se retrouver représentés dans l'infiniment petit par d'infiniment petits corpuscules vivants et habités que nous désignerons par le nom de *Mondicules solaires et plané-*

taires. Sur ces mondicules infinitésimaux, l'homme est représenté par de petits êtres intelligents, infinitésimaux aussi, désignés par le nom d'*Hominicule*. Tout hominicule possède *une Animule*, reflet de l'âme humaine. L'hominicule est donc un omnivers infiniment petit dirigé par son animule, c'est-à-dire, en tout point, un homme infiniment petit.

Placé entre l'infiniment grand, *au-dessus* de lui et l'infiniment petit, *au-dessous*, l'homme est le terme moyen ou intermédiaire qui sert de trait d'union entre les deux infinis. Il peut, quant à lui, se faire une idée approximative de l'infiniment grand, sans néanmoins l'embrasser tout à fait, par la connaissance de sa planète et de quelques grands corps, qui, tout grands corps qu'ils sont, par rapport à lui, ne représentent à son esprit que des objets infiniment petits vis-à-vis du grand tout infini. Il peut encore se faire une idée approximative de l'infiniment petit par quelques agglomérations de mondicules vus, au moyen du microscope, tels que les globules du sang.

Nous aurons occasion de revenir à ces deux infinis, dérobés l'un et l'autre à l'appréciation de nos sens, mais seulement à portée des yeux de l'esprit.

Nous allons dès maintenant mettre en parallèle le grand et le petit omnivers, le grand homme infini et l'homme; Dieu et l'âme humaine.

Analogue en tout point au grand omnivers, le petit omnivers est formé de trois natures principales, ou trois principes qui sont :

1° Le principe matériel, enveloppe des autres, composant le corps;

2° Le principe intermédiaire qui est le sang ;

3° Et le principe supérieur comprenant les fluides quintessentiels ou célestes dont nous indiquerons l'ensemble, en temps et lieu.

Chacun de ces principes, chacune de ces natures principales du petit omnivers ou homme, se divise en trois natures dont l'ensemble comprend neuf natures, ainsi disposées en montant.

Trois constituent le principe matériel lequel se compose : 1° des os; 2° des chairs, graisses et des enveloppes des vaisseaux de toute nature ; 3° et des nerfs.

Trois constituent le principe vital ou intermédiaire lequel se compose : 1° du principe vital proprement dit ou sang, enveloppe des deux autres natures vitales fluidiques ; 2° la nature métallo-ferrugineuse sanguine, expliquée plus tard ; 3° La nature phosphorescente-aimantée, superfin de la précédente, donnant la main par sa partie aimantée aux natures célestes ainsi dénommées :

1° La nature phosphorescente électrique, enveloppe des deux autres ; 2° La nature sonique du verbe; 3° et la nature quintessentielle lumineuse divine ou intellect.

Les trois principes et les trois natures que nous venons d'énumérer et qui constituent l'homme vivant représentent neuf natures correspondantes du grand omnivers; neuf natures groupées en trois principes que nous signalerons également dans la constitution de la planète.

Simple rouage du grand omnivers, la planète est pareillement formée de trois principes et de neuf natures, analogues aux trois natures principales, ainsi qu'aux neuf natures du grand et du petit omnivers.

Ces neuf natures sont ainsi disposées par rang de valeur ascendante :

1° Principe matériel composé de : 1° la charpente rocheuse ou os de la planète ; 2° de la terre végétale et des matières grasses et combustibles analogues à la chair et aux graisses ; 3° et des métaux ou nerfs de la planète.

2° Principe vital composé : 1° de l'eau principe vital proprement dit, contenant : 2° le fluide métallo-ferrugnieux, humide ; 3° et le fluide phosphorescent-aimanté, humide aussi ;

3° Principe céleste composé : 1° de la nature phosphorescente-électrique-aimantée, contenant ; 2° le fluide sonique ; 3° et le fluide divin.

Ces trois natures sont présidées et dirigées par une dixième, l'âme de la planète, complément de l'unité décimale ou unité planétaire dont elle est le représentant spirituel.

Les trois natures principales du grand omnivers représentent trois états distincts de la même substance universelle, infinie, éternelle. Ces trois états de la substance inaccessible à nos sens, en raison de son insurmontable éloignement de nous, représentés, comme nous l'avons dit, par les trois principes du petit omnivers et les trois principes de la planète, procèdent de ceux du grand omnivers, comme les trois principes du petit procèdent de la planète.

Chacun des trois principes du grand omnivers, qui sont : le principe matériel, le principe spirituel et le principe céleste, se divise en trois natures comme chacun des trois principes du petit omnivers.

Les trois natures du principe matériel du grand omnivers sont : 1° la nature opaque, c'est-à-dire la nature matérielle, omniverselle, infinie, compacte, brute et confuse, correspondante à celle des os du petit omnivers et à celle des roches de la planète.

2° La nature transparente qui est la matière omniverselle infinie, divisée, meuble, en voie d'élaboration, comme la nature des chairs dans le corps humain et, dans la planète, celle de la terre végétale, plus grossière, en raison de l'infériorité d'un grand corps, à côté du petit omnivers.

3° La nature lumineuse qui est la matière omniverselle, infinie, métallique, dégagée des deux autres, élaborée, liée et une comme les métaux dans la planète et les nerfs de toute espèce, de nature essentiellement métallique, mais superfine, dans le corps humain.

Les trois natures du principe intermédiaire omniversel sont : 1° une nature vitale, matérielle, infinie, *liquide*, condition intermédiaire de la matière entre l'état solide et l'état fluide, représenté dans le principe intermédiaire et vital de la planète par les eaux et par le sang dans le corps humain ; 2° la nature fluidique infinie métallo-ferrugineuse formée par des fluides de tous les métaux subtilisés du grand omnivers et à dominance de fer, représentée par une nature correspondante, inférieure dans la planète et par la même nature plus raffinée dans le petit omnivers ; 3° la nature phosphorescente aimantée, superfin de la précédente, dégagée de ses parties grossières, relevée par l'aimantation issue de ce dégagement et liant cette nature spirituelle aux natures célestes.

Comme la précédente, cette troisième nature spirituelle

se trouve représentée sous une forme inférieure dans le principe vital de la planète et sous une forme raffinée dans le petit omnivers ou corps humain vivant.

Enfin, les trois natures du principe céleste du grand omnivers sont : 1° la nature infinie phosphorescente électrique aimantée ; 2° la nature sonique du verbe ; 3° la nature divine, nature quintessentielle, la plus pure et la plus subtile des neuf. Ces trois natures comme les autres, se retrouvent dans la planète et le petit omnivers, ainsi que cela est démontré d'une manière beaucoup plus saisissable par le tableau comparatif des neuf natures dans le grand et le petit omnivers ainsi que dans la planète, établi à la fin du présent chapitre.

Les neuf natures de la planète et les neuf natures correspondantes du corps humain, voilà tout ce qu'il nous est possible d'étudier, pour nous former humainement une idée des neuf natures du grand omnivers infini, incompréhensible pour l'esprit obscurci de l'homme de nos mondes, inexplicable, au moyen des langues étroites et matérielles d'humanités confuses et peu avancées du grand omnivers, aussi infini dans ses parties, dans ses neuf natures, que dans son ensemble, abordable seulement aux paroles célestes, et difficiles à comprendre même pour les intelligents, à l'aide de cet incomparable langage.

Les natures du grand omnivers vivent et se renouvellent sans cesse, comme celles de la planète et comme celles du corps humain. Les lois de ce renouvellement sont amplement expliquées dans nos livres : *Clé de la vie* et *Vie universelle*.

Pour nous former une idée de cette vie, choisissons un

exemple à la portée de notre intelligence, et perceptible pour nos sens.

L'homme tire sa subsistance de la terre. Comment s'y prend-il pour en obtenir les fruits qui le nourrissent ?

Un vaste champ lui est concédé, il y établit sa famille, et, par son travail, il rend productive une partie de ce champ. La terre, cultivée et fécondée par son travail, lui livre les aliments nécessaires à son existence et à celle des siens. Elle se transforme, sous la main de l'homme et transmet pour ainsi dire sa vie à celui qui la cultive. La famille du colon s'agrandit, de nouvelles familles, nées de ses œuvres, s'établissent; la culture s'étend avec elles. Ainsi peuplée, toute la terre habitable vit, se renouvelle et nourrit l'humanité produisant et entretenant les végétaux et les animaux dont l'homme s'alimente.

Avant que l'homme qui le cultive eût pris possession de ce champ, la terre y était inerte. Le travail la fait vivre et se renouveler; l'appelant à fournir à l'homme le superfin de sa substance, à se transformer en végétaux, en animaux, en êtres humains. Tout cela y naît, s'y alimente, s'y élève, et y rejette les résidus de son alimentation et de sa vie, aidant ainsi ce champ lui-même à vivre et à se renouveler.

La matière du grand omnivers est amenée au renouvellement et à la vie d'une manière tout à fait conforme à ce qui se passe dans cette image. Seulement, la matière omniverselle est une masse aux trois dimensions, tandis que le champ n'est considéré que relativement à sa surface.

Maintenant arrivons au fait :

Un organisme dont nous dirons l'éternelle existence, la formation, l'entretien, les lois et la direction, composé de soleils et de planètes, est semé dans la masse de la matière omniverselle comme les familles humaines sur la surface du sol terrestre. Cet organisme, par son fonctionnement, fait vivre la substance où il est installé, et la renouvelle en y rejetant ses résidus. L'organisme de vie et son fonctionnement sont les mêmes, dans toutes les natures. Les natures fluidiques elles-mêmes vivent et se renouvellent, comme les natures matérielles, par un travail, reflet ou plutôt modèle de l'autre, opéré par des planètes et des soleils fluidiques, établis au milieu des fluides omniversels.

La masse matérielle ou fluidique au milieu de laquelle se trouve organisée la vie est la partie *inerte* de cette substance ; l'organisme vivant, les soleils et les planètes, la partie *vivante*.

La partie vivante ou animée d'une nature quelconque est de la même nature que la partie inerte ; seulement, cette partie vivante représente la portion la plus avancée de cette substance. Ainsi, les planètes et les soleils compactes de la nature compacte sont le superfin de cette nature.

La partie inerte d'une nature quelconque, au milieu de laquelle naissent, vivent et se transforment les soleils et les planètes qui l'amènent à la vie et au renouvellement, a reçu de nous, à défaut de toute autre terme plus convenable à ce rôle passif inconnu jusqu'ici, le nom de *Voirie*. Dans cette partie inerte, chaos véritable, où s'élabore, en travaillant, la partie vivante, cette dernière jette ses résidus destinées à s'y élaborer de nouveau. Dans cette partie inerte passent les voies de communication établies entre tous les membres de l'organisme vivant qu'elles relient entre eux. De là le nom de *voirie*.

Les neuf natures du grand omnivers composées, chacune d'une partie vivante et d'une partie inerte, vivent et se renouvellent toutes d'une manière uniforme ; les natures intermédiaires ou spirituelles comme les matérielles, les natures célestes, comme les autres ; les fluides comme les solides.

Chaque nature du grand omnivers est divisée et organisée hiérarchiquement pour son administration la plus parfaite, en grands centres ou univers centraux, aux trois dimensions, subdivisés eux-mêmes en univers primaires. Ceux-ci se divisent en tourbillons. Chaque division et chaque subdivision comprend et implique sa partie inerte et sa partie animée. De même une province contient son territoire et ses villes des trois ordres.

Le grand centre ou univers central est dirigé, vivifié, alimenté par un soleil central, ou de premier ordre ; l'univers primaire, par un soleil chef d'univers, ou de second ordre ; chaque tourbillon par un soleil chef de tourbillon, ou de troisième ordre.

Le grand omnivers infini, formé de neuf natures infinies, se compose donc d'un nombre infini d'univers centraux d'une quantité plus incalculable encore d'univers primaires, divisés en tourbillons peuplés partout d'innombrables myriades de planètes.

Toutes les planètes d'un tourbillon constituent la famille du soleil de ce tourbillon. Tous les soleils de tourbillon d'un univers composent de même la famille de leur soleil d'univers ; tous les soleils d'univers, la famille de leur soleil central ; enfin, tous les soleils centraux de toutes les natures forment, réunis, la famille privée du chef suprême de l'omnivers, de la grande âme de tout, de Dieu.

Il importe de bien se rappeler cette disposition hiérarchique du grand omnivers, prototype de celle du petit et d'autres organismes vivants.

Nous avons dit comment le petit omnivers peut entrer en parallèle avec le grand.

Le petit omnivers, dirons-nous donc, formé de neuf natures, comme le grand, vivant au moyen d'un organisme infiniment petit, conforme à celui du grand, est également divisé, dans toutes ses natures, en grands centres, univers et tourbillons de dimensions à la taille du petit omnivers, disposés dans le même ordre que ceux du grand et animés par des planètes et des soleils infiniment petits par rapport à nous. Nous donnons l'appellation de *mondes* aux grands corps matériels et fluidiques formant l'organisme vivant du grand omnivers, nous appellerons *Mondicules* les planètes et les soleils infiniment petits de l'organisme vivant du petit omnivers, dans ses neuf natures.

Un os est, d'après cela, divisé en grands centres d'univers compactes infiniment petits, en univers, en tourbillons, peuplés de mondicules infinitésimaux proportionnels. Il en est ainsi des chairs et des nerfs.

On va nous objecter que nous ne voyons pas la voirie au milieu de laquelle nous disons que le soleil est placé, pour y évoluer, avec toute sa famille. Cette voirie que traverse si rapidement notre terre et qui, toute compacte qu'elle est, ne nous empêche pas de voir ni soleil, ni planètes, ni étoiles, existe néanmoins; il ne saurait en être autrement et nous dirons pour quelles raisons elle n'occulte pas les grands corps célestes lumineux de toute nature et n'arrête ni la marche de notre planète, ni la leur, rendant même compte par sa nullité, de la rapidité avec laquelle la traversent les grands corps.

On se demandera aussi comment on peut s'assurer de la réalité d'existence dans notre corps, des mondicules infiniment petits que nous disons constituer l'organisme vivant du petit omnivers.

Pour répondre à la question relative à l'existence des voiries omniverselles, de la voirie compacte du grand omnivers, nous appuierons notre assertion sur l'existence palpable des voiries de la planète, roche, terre végétale et métaux, sur l'existence encore des voiries analogues compactes, transparentes et lumineuses du petit omnivers, des os, des chairs, des nerfs de l'homme ayant nécessairement leurs analogues dans le grand omnivers infini.

A ceux qui contesteraient la réalité des mondicules, nous montrerons les grands corps, planètes et soleils du grand omnivers, qui tombent sous nos sens, globes infiniment petits devant le grand homme infini, de même que les mondicules doivent l'être devant l'homme.

Ces planètes, en effet, et ces soleils finis qu'embrasse notre œil fini, sont infiniment petits eu égard à l'incommensurable immensité du grand homme infini, de même que les mondicules doivent l'être devant l'homme. Comment ne le seraient-ils pas, si par une loi nécessaire, la même distance morale infinie, sépare le grand omnivers infini du petit?

D'ailleurs, si le grand omnivers infini, comme le mondicule infinitésmal pouvaient tomber sous nos sens ; si le savoir humain pouvait marcher, par sa propre puissance, se constituer dans la vérité, sans l'aide de Dieu et de la révélation, à quoi bon un Dieu pour l'homme, un moteur parfait, infaillible, suprême, infini en tout, immuable, éternel ? A l'homme serait confiée la direction de la marche des mondes, et l'on sait de quoi l'homme est capable.

Dieu est nécessairement *Un*. L'unité doit être son principal caractère, le caractère de tout l'omnivers, celui de toute la création ; si une créature de Dieu n'était pas *Une*, comme lui, rentrant ainsi dans l'unité divine, que deviendrait l'unité de Dieu ?

Donc, si le grand omnivers de Dieu vit et se renouvelle par les grands corps des mondes des neuf natures ; le petit omnivers, le corps humain, doit vivre et se renouveler par des mondicules infiniment petits, dans les mêmes conditions, avec la différence toutefois du fini à l'infini.

TABLEAU DES TROIS PRINCIPES & DES NEUF NATURES DE L'HOMME

DU GRAND HOMME INFINI ET DE LA PLANÈTE,

Trois natures matérielles formant

LE PRINCIPE MATÉRIEL.

NATURE DE L'HOMME.	NATURES DU GRAND HOMME INFINI.	NATURES DE LA PLANÈTE.
Charpente, os.	Mondes compactes et matières compactes.	Charpente rocheuse.
Chair, graisses, vaisseaux, etc.	Mondes transparents et matière transparente.	Terre végétale et matières grasses.
Nerfs.	Mondes lumineux et matière lumineuse.	Métaux ou nerfs.

Trois natures vitales formant

LE PRINCIPE VITAL.

Sang.	Mondes spirituels intermédiaires liquides.	L'eau, principe vital proprement dit, contenant :
Fluide métallo-ferrugineux sanguin.	Mondes spirituels proprement dits et fluides métallo-ferrugineux.	Le fluide métallo-ferrugineux humide.
Fluide phosphorescent aimanté.	Mondes phosphorescents des grâces, fluides phosphorescents aimantés.	Le fluide phosphorescent aimanté humide.

Trois natures célestes formant

LE PRINCIPE DIVIN.

Fluide phosphorescent électro-aimanté.	Mondes et fluides phosphorescents.	Le fluide phosphorescent électrique aimanté, contenant :
Fluide sonique.	Mondes et fluide sonique.	Le fluide sonique.
Fluide divin.	Mondes et fluide divin.	Le fluide divin.

DEUXIÈME PARTIE

CHAPITRE PREMIER.

Aperçu général des principaux phénomènes vitaux du Grand et du Petit Omnivers préparant à la démonstration de la formation de notre planète.

Tout, dans la nature, est soumis à la Loi de Dieu, qui est en même temps la loi de vie.

Non-seulement elle régit le grand omnivers vivant, mais encore le petit omnivers ou homme.

Pour mettre cette loi à la portée de toutes les intelligences, nous allons donner ici un aperçu général des principaux phénomènes vitaux du grand homme infini correspondant à ceux de l'homme individuel.

L'alimentation matérielle de l'homme est un fait connu ; elle s'effectue, au moyen des produits des règnes inférieurs, à savoir : le règne minéral, le règne végétal et le règne animal ; mais, ce que l'on ignore généralement, c'est que ces produits sont des masses agglomérées, sous diverses formes, contenues et enveloppées par des liens matériels et souvent grossiers, des mondicules en nombre infini peuplés d'incalculables multitudes d'hominicules extatiques. Ces provisions harmonieuses, c'est-à-dire arrivées à l'état de maturité complète, et convenablement préparées, sont introduites dans l'estomac par l'action combinée des organes extérieurs de l'homme agissant sous l'impulsion de sa volonté.

L'alimentation correspondante ou analogue du grand homme infini se compose d'une incalculable quantité de planètes et de soleils ayant pareillement atteint leur maturité et peuplés de leur mobilier extatique, récoltés sur ses domaines matériels des trois natures et amenés au grand estomac vierge de l'omnivers vivant, par des messagers fluidiques, exécuteurs de la volonté de Dieu.

Ainsi, les organes extérieurs de la volonté de l'âme, les mains, qui administrent au corps ses aliments matériels, sont mus par des êtres fluidiques intelligents, infiniment petits, qui représentent vis-à-vis de l'âme les exécuteurs de la volonté de Dieu.

Dans la vie et les relations des astres, on retrouve l'origine ou le prototype de tous les phénomènes dont se compose la vie de l'homme sur sa planète.

La famille humaine (la famille humaine en harmonie, devrions-nous dire) reproduit exactement l'image de la famille d'astres; mais, régie par des lois analogues, la famille d'astres affecte des dispositions particulières appropriées à la supériorité de l'ordre d'êtres auquel elle appartient.

Messager de Dieu de la petite espèce, être supérieur dans son ordre, mais inférieur à l'ordre des grands corps sidéraux, incomplet par sa nature qui le destine à vivre en société, à propager sa race, à chercher, pour cela, sa compagne, l'homme se complète matériellement et spirituellement par son union avec la femme, de manière à ne faire avec elle qu'une seule et même chair. Il procrée des rejetons, les élève avec le concours de sa moitié et les amène à l'âge de maturité amoureuse, époque à laquelle il les marie et les établit pour fonder de nouvelles familles.

Un soleil, astre lumineux, messager de Dieu de la grande espèce, complet par sa nature supérieure et, comme tel, tout à la fois masculin et féminin, lance dans la voirie, sa matrice, un œuf, symbolisé dans la végétation, par le bourgeon ou par la graine. Il le féconde lui-même d'une façon toute spéciale, mais néanmoins analogue à la fécondation de l'œuf humain.

Cette opération donne naissance à un nouvel astre embryonnaire, connu d'abord sous le nom de comète, laquelle lancée dans le tourbillon deviendra planète et fera partie de la famille d'astres.

La famille d'astres, sous la direction d'un soleil, astre d'amour divin, et par cela même procréateur, est nécessairement harmonieuse, ce qui veut dire solidaire, dont tous les membres sont étroitement unis et dont aucun ne souffre, sans malaise pour les autres. Aussi, le soleil de tourbillon, le seul que le mal puisse atteindre sérieusement dans sa famille, ne néglige-t-il aucun détail, pour soigner l'enfance quelquefois maladive de ses procréations, surtout de celles qui viennent en dernière ligne. Il les élève et les amène à maturité, avec une sollicitude extrême, à la satisfaction de son chef d'univers, et au profit définitif du grand organisme dont l'ensemble constitue la solidarité universelle.

Les créations planétaires se divisent en deux catégories d'astres parfaitement distinctes.

La première comprend toutes les planètes normales ou natives, formées *à priori* sur le plan de Dieu et coulées, pour ainsi dire, d'un seul jet, avec des matériaux raffinés, venant directement du grand estomac vierge de l'omnivers vivant.

La seconde comprend les planètes constituées de plusieurs autres *incrustées* ou soudées ensemble, dites planètes d'adoption, planètes incrustatives ou d'incrustation, progressivement ramenées au plan des autres planètes, leurs modèles. Primitivement formées des débris des planètes qui ont fourni leur carrière et des résidus rejetés dans le chantier du soleil, elles doivent fatalement repasser par l'opération procréatrice et l'insondable alambic de la vie universelle, afin que tout soit utilisé et que rien ne se perde, dans le grand œuvre divin de la procréation et de la transformation universelles.

L'incrustation planétaire est une opération en tout point analogue à la greffe d'un végétal sauvage, c'est, en un mot, une greffe cosmique opérée par Dieu, par l'intermédiaire de ses grands messagers fluidiques, comme l'homme pratique la greffe végétale par les moyens qui nous sont connus.

Les âmes d'astres, *Unités collectives d'âmes célestes*, envoyées aux planètes natives et chargées d'amener ces grands corps à une maturité harmonieuse, fournissent souvent plusieurs carrières dans les tourbillons où les appellent les hautes missions dont elles sont investies. Les créations secondaires dirigées par des *Ames collec-*

lives spirituelles d'un ordre inférieur et partant plus inexpérimentées, sont ordinairement placées, en qualité d'âmes des *satellites*, comme des enfants adoptifs, auprès des planètes natives ou avancées, pour s'alimenter dans leur atmosphère, s'y fortifier et s'élever sous leur égide et la puissante influence dont celles-ci disposent.

Dans la vie de la végétation terrestre, modèle de toutes les autres, après celle du grand omnivers, nous distinguerons deux conditions générales, deux états principaux : l'état sauvage et l'état harmonieux, comme dans la végétation de l'existence humaine, l'état de l'homme sans éducation, et celui de l'homme bien élevé ou, si l'on veut, de l'homme sauvage et barbare et de l'homme civilisé.

En règle générale, le végétal issu de la graine est sauvage, livré à lui-même, il reste sauvage. Le travail de l'homme, par l'éducation végétale, peut seul lui communiquer le caractère harmonique. Sauvage, le végétal ne peut produire que des fruits participant à sa nature, c'est-à-dire, âcres, fades ou amers. Mais à quoi tient cette condition inférieure ? à la grossièreté native du sauvageon végétal qui, par défaut d'affinités constitutionnelles, ne peut se mettre en rapport avec les fluides vivifiants supérieurs de l'atmosphère qu'il est incapable de s'assimiler. Il n'y a que l'homme qui puisse modifier la vigueur de cette végétation, aussi stérile dans ses produits que luxuriante dans son épanouissement. A cet effet, il choisit un germe ou bourgeon cueilli sur un végétal harmonieux d'espèce semblable à celui dont il veut améliorer la nature : il coupe l'arbuste sauvage, pendant la saison où la vie végétale est engourdie, et il *incruste* sur le sauvageon, par une opération spéciale, le bon germe qui doit en opérer la transmutation. C'est une véritable fécondation qui s'effectue par le contact du germe supérieur, jouant ici le rôle *positif du mâle* avec le végétal sauvage jouant le *rôle négatif de la femelle,* d'où procède une vie nouvelle harmonieuse.

Avant d'étudier plus amplement les applications de la greffe incrustative aux mondes matériels, rappelons ici que nous avons classé ces mondes en deux catégories bien distinctes. à savoir : les planètes *aînées,* normales ou natives, issues de germes harmonieux, provenant de l'estomac vierge du grand omnivers et dirigées par des *âmes collectives célestes,* destinées, sans autre opération matérielle préalable, à passer en harmonie, et à produire en vertu de la force seule de leur sève, un fruit parfait des mondes ; et les planètes *cadettes,* issues d'un œuf planétaire formé *dans la voirie des mondes,* avec les matériaux préparés par le travail du fluide désagrégeant, et dirigées par des âmes collectives d'un ordre inférieur, c'est-à-dire, par *des âmes collectives spirituelles.* Ces sortes de planètes, qui sont, en général, des satellites, atteignent très-difficilement par leurs propres forces leur harmonie relative, et sont, par conséquent, peu susceptibles de donner des fruits harmonieux. Elles exigent des soins particuliers matériels et moraux, pour être amenées au degré de perfection de leurs aînées. Ces planètes ou satellites sont les véritables sauvageons des mondes, sujets naturels de la greffe cosmique.

Jetons maintenant un coup d'œil sur la vie combinée des quatres règnes.

Ayant pour base le règne minéral, c'est-à-dire le

sol cultivé, son chantier de création, sa grande voirie, la végétation obéit exactement à la loi de la vie des mondes et de la vie humaine. Les végétaux de la planète peuvent être considérés, comme les représentants des mondes spirituels ou intermédiaires, sous le rapport des fonctions vitales et vivifiantes qu'ils remplissent vis-à-vis des autres règnes. C'est, qu'en effet, la séve est en réalité le sang du végétal, image de l'eau et des mondes spirituels, formée qu'elle est d'une partie liquide contenant le fluide métallo-ferrugineux et le fluide phosphorescent-aimanté végétal, vivant par des mondicules fluidiques de leur nature.

Pour terminer ce chapitre, indiquons en quelques mots, la constitution du mobilier planétaire. Ce mobilier embrasse les quatre règnes déjà cités :

1° Le règne minéral vivant de la vie attractive, la plus simple, la plus rudimentaire, et la plus tenace de toutes, ayant pour analogue l'*addition* dans la loi des quatre règles ;

2° Le règne végétal vivant de la vie *arnale* muette, sensitive et intuitive des végétaux qui comprend la vie inférieure ou minérale, sur laquelle elle repose, ayant pour analogue la *soustraction*, deuxième opération de la loi des quatre règles ;

3° Le règne animal vivant de la vie intuitive *armale*, comprenant celle du minéral et du végétal dont il s'alimente, ayant pour analogue la *multiplication*, troisième opération de la loi des quatre règles ;

4° Enfin le règne hominal, constitué par l'homme seul, image vivante de Dieu, directeur intelligent des trois autres règnes dont il embrasse et résume les di-

verses vies, surtout sur les planètes harmonieuses, où
est établi le règne de Dieu, ayant pour analogue la *division* ou répartition des produits résultant des vies combinées des trois règnes inférieurs, quatrième opération
de la loi des quatre règles.

CHAPITRE II (*)

Formation d'une planète adoptive ou incrustative. — Origine de la terre. — Cause première du mal-vivant.

Nous avons dit, au commencement de ce livre, le grand omnivers divisé en un nombre incalculable d'univers centraux; chaque univers central, en un nombre infini d'univers primaires; chaque univers, en une foule de tourbillons.

Un tourbillon est donc une portion d'univers tellement immense déjà, qu'il nous est impossible d'en apprécier les limites. Il est composé, comme on sait, d'une partie inerte, la voirie, et d'une partie animée, les planètes, qui l'élaborent sous la direction du soleil, leur père.

L'astronomie connaît d'une manière imparfaite un certain nombre de planètes dans notre tourbillon et en ignore sans doute encore un bien plus grand nombre. L'étendue de notre tourbillon lui est inconnue, comme celle du pore omniversel dont il fait partie.

Le tourbillon où vit notre globe est un tourbillon compacte. Il va sans dire que notre soleil est compacte aussi. S'il en était autrement, il ne serait pas susceptible de rapport avec notre planète et avec toutes celles de notre famille d'astres, compactes comme la terre. Or, il est des différences entre tous les grands corps d'un tourbillon; différences relatives à leurs dimensions, à leur marche

(*) Ce chapitre est la reproduction textuelle du chap. III de la 3e partie de *la Vie universelle*.

autour du soleil, à leur éclat respectif, à leur condition morale, à la présence auprès d'eux ou à l'absence de satellites, au nombre de ces derniers qui leur sont assignés, aux circonstances particulières dans lesquelles ont été formés les membres divers de la famille d'astres.

Des explications émanées de l'Esprit de vérité seront données plus tard relativement à ces conditions diverses des grands corps de notre tourbillon. Nous nous contenterons, pour le moment, de les diviser en deux classes signalées déjà, en planètes normales ou natives et en planètes d'adoption ou planètes incrustatives, c'est-à-dire résultant de la réunion de plusieurs.

Formées des matériaux venus de l'estomac vierge du grand omnivers, ramassés dans les voiries spirituelles liquides par les comètes solaires centrales et transmises à notre soleil par la hiérarchie solaire selon la loi des mondes, les planètes natives normales sont les modèles des autres. Construites dès leur formation en vue de l'harmonie, elles sont disposées de manière à y parvenir sûrement. Dirigées par des âmes planétaires célestes, immenses de pureté et de force, elles sont habitées par des humanités d'élite provenant originairement de résidus des quatre règnes, puisés dans des régions élevées, dans les ganglions des mondes, magasins normaux omniversels de ces germes, résidus des ascensions supérieures.

Etablis dans un but spécial de perfection par les Grands Messagers divins attachés au service des univers et dans les conditions les plus avantageuses, vraie végétation harmonieuse venue en germes de l'estomac vierge du grand omnivers, ces grands corps sont divisés à leur surface en terres et en mers, de manière à éviter les grands continents sans eaux aussi bien que les Océans non coupés par des terres. On conçoit qu'à la suite de dispositions si favorables au progrès, toutes les parties de semblables planètes ne tardent pas de se trouver en relations intimes, et les populations diverses qui les habitent de se connaître, de s'aimer, de s'unir pour amener la fusion de toutes les familles de l'humanité en une seule famille solidaire et établir la loi d'amour, le règne de Dieu. Aucun obstacle ne peut entraver la marche d'un monde de bonne nature, initié dès son origine à la connaissance de la vérité et dirigé, sans obstacle comme sans lutte, vers la lumière, par une âme planétaire homogène, forte et dégagée de toute entrave satanique.

Nous allons esquisser rapidement la vie et l'ascension d'une planète normale native pour passer ensuite à la formation d'une planète incrustative. Ce sujet nous intéressera d'autant plus par lui-même que la planète incrustative dont nous allons nous occuper est la Terre et que la planète qui la précéda, décrite en détail par l'Esprit de vérité, dans son livre de *la vie éternelle de Dieu*, doit lui servir de modèle dans sa marche vers la pleine harmonie.

Le nombre des satellites attachés aux planètes grandes, fortes et éclairées, atteste l'avancement et la richesse de ces grands corps. Aussi les petites planètes d'un tourbillon, à moins d'une valeur particulière considérable, n'ont-elles pas de satellites. Quoique de dimensions comparativement exiguës et peu avancée, la Terre a pourtant un satellite. Mais ce satellite est une superfétation ruineuse pour notre planète, et nous allons être initiés au secret d'une anomalie destinée à disparaître devant les progrès de notre globe, et à être remplacée par les priviléges attachés à cette amélioration.

Un astre immense monté, depuis, à une nature supérieure gravitait majestueusement, il y a près de cent siècles, à la place occupée dans notre tourbillon aujourd'hui par la terre. Emule des plus puissants enfants de notre soleil, il les dépassait tous en pureté, en amour et en lumières. De nos jours, Saturne et Jupiter, par leurs dimensions, leur éclat et leur lumineux cortége, peuvent seuls nous donner de loin une légère idée de la planète qui nous montra le chemin de l'harmonie. Normale et native, elle jouissait à un haut degré de tous les priviléges attachés, dans une famille d'astres, à une création forte, à une naissance élevée. A elle, toutes les conditions heureuses de l'existence des planètes : âme celeste, mobilier d'élite, constitution exemplaire, spécialement formée pour l'harmonie, atmosphère uniforme, sympathiquement éclairée et vivifiée par le soleil, également à l'abri, en raison de sa pureté proportionnelle, des chaleurs excessives de l'été et de l'engourdissement de l'hiver. Bref, aucun avantage, aucune faveur n'avait manqué à la planète inconnue dont l'Esprit de vérité nous a révélé l'existence. Les Grands Messagers divins du tourbillon s'étaient complus dans leur œuvre.

Grâces à la régulière homogénéité de l'air, grâces à l'action du soleil presque en parfait rapport avec un astre si élevé dans ses natures, grâces surtout au rapprochement judicieux, à la disposition sagement calculée des mers, la digestion atmosphérique s'opérait sur ce grand corps d'une manière facile et normale. On n'y connaissait ni l'aridité de la sécheresse ni les orages subits et les autres fléaux météoriques, désespoir de notre agriculture, résultats journaliers et successifs de l'alimentation vitale irrégulière et des indigestions de l'atmosphère faible et divisée encore de notre globe. Au lieu de ces torrents de pluie qui inondent nos plaines, emportent nos moissons et empierrent nos rivières et nos fleuves, la nature recevait matin et soir, sur la planète harmonieuse, une rosée bienfaisante et assurée. Fortement alimentée de fluides vivifiants par une riche atmosphère, humectée par des cours d'eau multipliés naturels ou factices, mûrie par une chaleur douce et soutenue, la végétation travaillait sans repos sur une terre infatigable et toujours fécondée. D'abondantes moissons se préparaient constamment. Doucement bercée par une brise légère, à l'exclusion des vents violents, la nature sur ce globe ne connaissait d'autres saisons que le printemps et l'automne, et se couvrait sans cesse de feuilles, de fleurs et de fruits.

Une planète disposée dans toutes ses parties par les Grands Messagers solaires pour marcher directement à l'harmonie n'a jamais à supporter les convulsions maladives morales et matérielles propres à l'état d'enfance d'un globe de la dernière catégorie. Elle ne présente rien de semblable à ces chaînes de montagnes volcaniques qui divisent les continents sur notre terre, ni les pics démesurés et nombreux dont la lune est hérissée, remarqués aussi sur d'autres planètes. La planète normale est couverte de plaines fertiles entre-coupées à dessein et avec art de gracieuses collines convenablement disposées pour l'écoulement des sources et les besoins d'une agriculture savante et variée.

Telle était la planète inconnue, le plus beau fruit de

8.

notre tourbillon. La force et la puissance de cet aîné de
notre soleil étaient si grandes que douze satellites lui
avaient été confiés et éclairaient ses nuits presque à l'égal
de ses jours. D'autre part, les humains, habitants de ce
monde, jouissant d'une constitution qui répondait à la
supériorité de leur globe sur le nôtre, et mieux alimentés
que nous de fluides vivifiants, étaient incomparablement
plus forts que les habitants de la terre. Ils sentaient peu
le besoin du sommeil, et, mettant à profit leur puissant et
nombreux luminaire nocturne, abrégeaient la nuit au
bénéfice du jour, et, partant, de la vie.

Les germes des quatre règnes placés à l'origine sur
cette belle création provenaient de mondes avancés, et le
dernier d'entre eux dépassait de beaucoup en valeur les
premiers de son espèce dans un monde, même passable
nouvellement créé. Aussi, dès que la puissante âme céleste de la planète inconnue fut parvenue, aux heures et
dans les conditions voulues, à faire ressusciter son mobilier, tout l'ensemble, après un peu d'hésitation bientôt
surmontée, prit une allure assurée et progressive. Cette
humanité, sortie d'une léthargie moins intense que celle
de sujets plus grossiers et arriérés, avait conservé presque
la mémoire de son passé jointe au bénéfice d'une leçon
efficace. On avait eu peu de résistance à vaincre pour la
diriger pleinement vers le bien dès les premiers siècles
qui suivirent son réveil. Le passage et l'enseignement
des Messies s'était effectué chez elle sans entraves, en
l'absence de toute opposition satanique prépondérante
dans l'âme planétaire, heureuse de pouvoir prêter un
plein concours aux envoyés divins. Implantée par le premier Messie, la science de Dieu avait été bientôt reprise,

expliquée, fécondée par le second, et inauguré par lui le règne de Dieu.

Gouverné paternellement par le plus digne et le meilleur d'entre eux, sans cesse en rapport avec l'âme astrale, l'âme de leur planète et, par elle, avec les régions supérieures, ces hommes n'avaient tous qu'une unique volonté, celle d'exécuter en tout la loi de Dieu. Cette pensée absorbait leur esprit, charmait leurs travaux et les comblait constamment de joie. Leur cercle harmonieux avait envahi plus des neuf dixièmes de leur globe. S'entendant par le langage attractif, intuitif et instinctif presque complétement développé chez elles, ces populations avaient fondu en une leurs nationalités diverses, parlaient la langue universelle et ne faisaient, à proprement parler, qu'une seule famille. Constitués enfin en corps social, comme on l'expliquera, formé par un noyau primitif qui avait envahi presque toute la planète, agissant comme un seul homme et usant des lumières prodiguées à leurs prières et à leurs mérites, les habitants de la planète inconnue avaient porté, avec une puissance irrésistible, à un point de perfection inimaginable, en pratique comme en théorie, les connaissances de toute nature, développements logiques de la science de Dieu, ainsi que les arts et les industries de tous les ordres.

Le grand omnivers avait servi de modèle à leur organisation sociale, à leurs lois; à leur vie et à leurs mœurs, la loi de Dieu. Etablies conformément à la lumière divine des Messies et appuyées d'une richesse immense de productions de toute nature, des institutions véridiques en vigueur dans tout le cercle harmonieux y maintenaient sur tous les points l'humaine solidarité amoureuse, y assuraient à jamais la pratique parfaite des commandements divins.

Le troisième Messie, le Messie divin, était venu à son tour apporter à cette race fortunée la connaissance réelle de la vérité, le savoir lumineux, la vie et la langue intellectuelle divine greffée sur les autres, et les trois amours parfaits : l'amour de Dieu, l'amour créateur et l'amour du prochain. En rapport direct avec l'âme astrale, âme mère représentante de l'unité fluidique planétaire céleste, chaque homme jouissait déjà des félicités départies à la condition la plus avancée où puisse atteindre un monde mûri dans l'harmonie.

Richement pourvue par les transformations journalières opérées sur une humanité de plus de quatorze milliards d'hommes dans l'unité, en âmes d'une pureté supérieure et brillantes de la lumière divine, l'âme astrale entretenait par elles des rapports suivis avec les mondes les plus élevés des régions celestes et recevait de ces régions en retour des âmes plus belles encore à incarner dans sa chère humanité. En contact parfait avec cette dernière, douée du langage intellectuel divin, l'âme astrale jouissait pour elle-même de la plénitude de ces avantages en vue de ses relations directes avec Dieu, et Dieu, par son Messie et par elle, régnait sur la planète.

Cependant l'humanité de la planète inconnue, saturée des fluides célestes puissants dont le soleil, les Grands Messagers divins et le troisième messie avaient inondé l'atmosphère de son globe déjà affranchie du mal vivant, s'élevait par aspiration à la nature supérieure et oubliait son corps, ne songeant qu'à son âme, comme dans son enfance elle oubliait cette dernière pour ne voir que son corps. Bientôt, elle allait renoncer pour la vie lumineuse à toute activité, à toute alimentation matérielle. Son mobilier des trois règnes inférieurs s'apprêtait à la suivre dans cette voie. L'heure avait sonné pour elle de l'ascension glorieuse.

A l'approche du moment solennel, sous les yeux du Messie divin qui présidait à cette œuvre avec la Grande Messagère, sous les yeux aussi, des frères de ces derniers, sous les yeux des Grands Messagers divins, tous les groupes harmonieux, répandus autour du globe, se prirent amoureusement par la main, formant, sur chaque point habité par eux, un cercle d'harmonie. Après avoir chanté l'hymne de la vraie lumière ascendante et du dévouement d'amour, tout le corps social livra sa vie à sa bien-aimée âme astrale et, enivré des richesses divines dont l'enveloppait l'atmosphère, tombait ravi dans l'extase de bonheur lumineux; semblable à un fruit de nos vergers, brillant de maturité, conservé par l'homme dans des substances célestes et riches de vie; semblable encore à l'intéressant ver à soie, prêt à s'enfermer dans son cocon ascensionnel. Aussitôt, commença à s'opérer la transformation planétaire, acte de chimie divine dirigé par le Messie divin, exécuté par les Grands Messagers solaires, entourés de toute l'unité planétaire céleste, célébrant de ses chœurs angéliques, son triomphe et le départ glorieux de ses enfants; couronnement de l'œuvre d'amour dévoué, amenée par elle à si bonne fin.

Alors, la croûte de l'immense planète fut ouverte par les Grands Messagers solaires, et de son sein s'échappa, attiré par le soleil selon le cordon arômal de l'astre ascensionnel, son corps lumineux en harmonie. Il emportait embrassé, de son atmosphère vivifiante, le corps social harmonieux en extase de bonheur, et la partie harmonieuse des autres règnes. Le mal qui, jusque là, retenait la planète à distance du soleil, avait disparu peu à peu de l'atmosphère par une cataleptisation proportionnée à l'élévation progressive du principe vivifiant, enrichi des fluides phosphorescents et lumineux des mers.

Rien ne s'opposait plus à l'attraction amoureuse, entre la fille et son auteur. Les Grands Messagers ouvrirent le globe. Le mobilier harmonieux s'éleva avec le corps matériel lumineux de la planète, composé du plus pur de son centre métallique et de ses appendices lumineux. Le corps social en extase de bonheur lumineux monta figurant et, constituant le corps fluidique de la fusion céleste qui le dirigeait : de l'âme d'astre, du Messie, de la vierge et des Grands Messagers divins ; tandis que la carcasse grossière de la planète était laissée sur place dans le chantier solaire, chargée du résidu matériel des eaux congelé par l'absence de chaleur et de vie, ainsi que de la partie de l'humanité séparée du cercle harmonieux, retardataire et rebelle à la lumière, tombée, à la suite du retrait de l'atmosphère vivifiante, en catalepsie de malheur et n'ayant plus la vie qu'en puissance. Ces traînards humains disposés dans la voirie, par les Grands Messagers, en catégories, selon la valeur de chaque individu, étaient destinés, avec les retardataires léthargiques et cataleptiques des autres règnes, à servir de germes sur de nouvelles créations de leur nature, comme on l'a dit ailleurs. Tel est le premier départ digestif de la planète ascensionnelle, car il y en a deux.

Au moment de l'ascension, l'âme planétaire s'élève pour

accompagner au soleil, ainsi qu'on vient de le voir, la partie ascensionnelle de ce fruit des mondes, amené par elle à maturité. Là, a lieu le second départ digestif : celui du superfin. Il arrive alors qu'une partie de la planète harmonieuse, ou toute cette planète elle-même est incrustée à une autre, en même condition ascendante, à un soleil, ou bien attend une nouvelle création supérieure. Souvent, la planète entière, ou une partie seulement, avec les humains qui la peuplent et les autres règnes, sont placés aux greniers divins, comme il arrive à nos récoltes, dont une portion va alimenter directement le maître, et une autre va servir de germes à de nouvelles créations végétales.

L'âme planétaire, en ce moment, est pour ainsi dire libérée. Or, d'autres services à rendre peuvent s'offrir à elle selon son dévouement et ses forces.

Mais, dira-t-on, comment une âme planétaire, même, céleste, un Messie, des Grands Messagers, peuvent-ils vivre et agir dans la voirie, théâtre inerte du néant et de la mort?

Une unité collective céleste en ascension, un Messie divin, un Grand Messager, sont des âmes pures, fortes et puissantes, alimentées par leurs atmosphères propres; des âmes si inaccessible au mal et à la mort qu'elles peuvent vivre partout, même au sein du néant. Un premier Messie est obligé, pour rendre possibles ses rapports avec un monde mauvais, en enfance, véritable enfer encore, de déposer avant d'y arriver, sa force céleste et une partie de sa nature spirituelle, sans pour cela rien perdre de sa vertu. Un second Messie est en pleine force spirituelle seulement; mais un troisième Messie, un Messie divin,

qui vient sur un monde en pleine harmonie, les Grands
Messagers divins, tous ces êtres parfaits et dans toute leur
force spirituelle céleste, sont des âmes divines si pures, si
complètes, si bien trempées, que chacune d'elles l'emporte
en valeur et en puissance sur l'âme collective, même d'un
soleil. Aussi les Grands Messagers solaires peuvent agir à
leur gré dans les voiries, inhumer les cadavres planétaires,
ouvrir des planètes et classer tous les germes humains et
autres confiés à leurs soins, rien que par l'effet de cette
puissance divine, irrésistible, servie par les fluides divins,
et le seul acte de leur volonté qui est la volonté même de
Dieu.

Cependant, le rôle de l'âme céleste de la planète inconnue était loin d'être fini à ses yeux. Une planète native conduite à l'harmonie et à complète maturité, c'était
peu pour son amour dévoué.

Douze satellites gravitaient autour de l'heureux globe,
monté par ses soins à la nature lumineuse ; douze satellites éclairés par le soleil, mais trop faibles pour s'alimenter directement dans son atmosphère, et nourris par
l'intermédiaire de leur tutrice. Ces grands corps inférieurs avaient été placés, à l'origine, sous la direction
immédiate du plus puissant d'entre eux qui, sous le nom,
et avec l'autorité de mère, devait en faire plus tard une
grande unité, et les conduire à l'ascension. Tel était le
plan du soleil, leur père commun.

Mais, comme les unités humaines, les unités planétaires
plus ou moins avancées ont leur libre arbitre. La mère
adoptive des satellites confiés à la planète inconnue, la
Lune, car c'était elle ; la Lune avait failli à son mandat
vis-à-vis d'elle-même, vis-à-vis de ses filles adoptives. Ou-

bliant peu à peu les prescriptions divines, son unité planétaire spirituelle avait, emportée par l'orgueil, dévié complétement de la ligne du bien, pour suivre celle du mal. Forte de sa naturelle influence sur ses filles, elle les avait entraînées dans sa chute, ou du moins, avait cherché à traverser leurs efforts vers le progrès, et réussi en partie.

En face de cette détérioration du chef de la réunion projetée et de l'insuffisance des autres satellites, ses filles, l'exécution du plan primitif du soleil n'était plus praticable. La condition de chacun de ces astres était devenue si déplorable qu'il fallut songer à diviser le travail proposé d'incrustation. Or, la loi de la vie des mondes est si élastique, qu'elle n'est jamais en défaut pour sauver. On résolut d'en réunir cinq seulement, sous une direction puissante, assez solide pour assurer le succès de l'œuvre, et de faire aux sept autres un avenir séparé. Nous ne suivrons pas, en ce moment, ces dernières.

Les cinq premières étaient : la Lune, l'Asie, l'Afrique, l'Amérique et l'Europe, formant chacune alors, et sous un nom différent sans doute, un astre à part. Il était urgent de les réunir sans délai pour conserver l'équilibre du tourbillon. Alimentées auparavant par la planète en ascension, elles n'étaient pas en condition de l'être directement par le soleil. Il y avait péril et nul temps à perdre.

Désignée à sa prière par le soleil, et fortement retrempée dans l'élément céleste par ses rapports naturels et l'effet de son récent triomphe, l'âme puissante de la planète inconnue entreprit bravement avec l'aide des messagers solaires, l'opération incrustative, et y apporta sur-le-champ son dévouement sans bornes.

Rendons-nous compte, avant d'aborder le récit de ce

travail, de la nature, des cinq grands corps, éléments de l'incrustation planétaire future.

La Lune, le plus grand d'entre eux, avait depuis long-temps secoué la bonne influence de la planète harmo-nieuse et pris délibérément la voie du mal. Loin de s'as-treindre aux règles prescrites à toute jeune planète, elle avait, sourde aux avis du bien, réveillé, en dehors des mesures de la prudence, tout son mobilier des quatre règnes. Minéraux, végétaux, animaux, humanimalité : tout vivait depuis longtemps sur ce satellite, tout mar-chait de travers, reculait et dépérissait, se dégradant de jour en jour. Le dernier sauvage des îles de la mer du Sud serait un Apollon à côté d'un habitant de la Lune.

A peine éclairée par le canal d'un intermédiaire abhorré malgré son amour, et mal chauffée du chef de son auteur faute de rapports directs possibles entre le lumineux re-présentant de Dieu dans le tourbillon et un astre de la plus pauvre nature, l'âme de la Lune alimentait mal son atmosphère. Le principe vital y faisait presque entière-ment défaut, et la distribution du peu qu'il y en avait était rendue difficile par l'absence de mobile et de véhicule, faute de vents et de nuages. Or, la présence des nuages est un signe d'alimentation vitale matérielle et fluidique sur une planète de rang inférieur, comme leur absence sur un globe en parfaite harmonie. Mais ce signe, sur un globe harmonieux, provient d'une cause opposée à celle qui est le principe de l'indigence de la Lune : de la richesse at-mosphérique de l'astre.

La preuve matérielle, outre ces considérations, de l'état malsain de notre prétendu satellite, ce sont les pics dis-proportionnés avec sa taille, la foule des volcans épuisés

et les montagnes gigantesques, toutes excroissances rugueuses, efflorescences violentes, gerçures insalubres,
boursouflures rachitiques qui, pareilles à une lèpre desséchée, hérissent la surface de son corps gangrené. On
n'aperçoit sur la Lune, nonobstant sa proximité et la puissance des instruments d'optique, nulle trace de l'existence
d'une humanimalité, malgré le réveil matériel de l'humanimal lunaire. Mais celui-ci est si grossier, si étranger
à sa vraie nature, si dégradé, se détériorant au lieu de se
perfectionner, qu'il gîte dans des tanières, sous les roches
et au fond des cavernes, incapable même de désirer des
habitations moins bestiales et de songer à l'accomplissement de sa destinée travailleuse.

Telle était la Lune dirigée, comme tout grand corps de
rang inférieur, par une âme collective spirituelle. Mais
cette âme avait dévié du droit sentier dès ses premiers
contacts avec la matière et, corrompue par des siècles
d'oubli de la loi de Dieu, s'était endurcie dans la pratique de
tous les vices. Elle était devenue puissante dans le mal en
raison de sa perversité, de ses proportions, de son rôle et
de son influence de mère, de son indomptable orgueil, de
sa longue rebellion et de ses rapports d'affinité avec la
voirie compacte.

Le second des satellites et, alors, le plus intéressant,
était l'Asie.

Mieux dirigé, d'abord, par son âme planètaire spirituelle que sa mère adoptive du moment, depuis sa marâtre, l'Asie avait eu des commencements plus heureux.
Quoique d'une origine médiocre, comme tous les satellites,
elle avait amené son humanité, critérium de la condition
d'une planète, à la connaissance de Dieu, à une certaine

perfection sociale relative. Elle avait reçu un premier Messie dont elle a gardé, tant bien que mal, la précieuse trace et le vague souvenir. Mais, entraînée par les influences pernicieuses lancées par la Lune, elle s'était écartée de la voie à elle indiquée par son Messie et, négligeant la pratique de la loi d'amour, s'était abîmée dans une civilisation matérielle pourrie et immobile au lieu de progresser vers la lumière.

Malgré une condition matérielle florissante sous le rapport des sciences, des arts et de l'industrie; malgré le passage et les inventions révélatrices d'une foule de précurseurs; malgré la notion de la loi de Dieu implantée dans son humanité; malgré certains prophètes d'un second Messie, l'Asie s'éloignait de jour en jour du sentier du bien, et toute espérance était perdue de la voir à temps parvenir par ses seules forces à l'harmonie. Mais, l'envoi d'un fils aîné de Dieu sur une planète, un acte solennel de rédemption divine, ne saurait, en aucun cas, être perdu. Tout rétrograde qu'elle se montrait, l'Asie était des cinq satellites le plus éclairé, et, grâces aux ressources de la loi de vie, elle aurait à la longue atteint le but de Dieu. Or, la présence dans l'incrustation d'un pareil globe était indispensable pour le succès de l'œuvre comme point de départ des connaissances préparatoires à l'harmonie future de la planète incrustative. L'Asie fut désignée pour remplir auprès de ses sœurs le rôle d'initiatrice, et, en leur rendant service, s'acquit un titre à un avancement plus rapide que celui qui l'attendait isolée.

Quant aux trois autres grands corps : l'Afrique, l'Amérique et l'Europe, ils avaient vu ressusciter leurs trois derniers règnes, mais n'avaient pu s'élever jusqu'au réveil de léthargie matérielle du quatrième.

Celui qui est devenu l'Europe était des trois le plus petit; mais, nonobstant son exiguïté, il était marqué par la Providence pour prendre plus tard la direction intelligente de l'humanité sur la planète incrustative, et le signe visible de cette mission glorieuse, c'était la couleur blanche de ses populations.

Malgré ce que nous avons dit de l'incrustation et de la greffe dans un autre chapitre, n'oublions pas, pour justifier, au point de vue général, l'œuvre de l'incrustation planétaire, démontrer la convenance de cet acte et comprendre clairement comment il rentre de tous points dans l'application de la loi des mondes, de la loi de Dieu, que la vie du grand omnivers, ainsi que toute vie d'ordre inférieur coordonnée et assujettie à la vie omniverselle est une vie intuitive, une vraie végétation. Cette végétation est composée d'un enchaînement d'actes nécessaires, vrais chaînons liés entre eux et successifs, reproduits chaque jour sous nos yeux par la vue d'une simple plante.

L'homme incohérent se trouve lancé sur son globe sans savoir pourquoi, privé presque de souvenirs antérieurs, sans notions personnelles de l'avenir, au milieu de la période si vaste pour lui d'un de ces chaînons figuratifs qui constituent, réunis, la carrière incompréhensible de sa planète et de l'humanité qui l'élabore. Incapable, dans sa cécité morale, d'apprécier tant soit peu justement l'ensemble et les divers caractères de cette carrière aux origines aussi obscures à son intelligence bornée que la fin en est inexplicable et pour lui mystérieuse, il nage, livré à lui-même, quand il y pense toutefois, dans un vague désespérant au sujet de ce qui a précédé et de ce qui suivra l'ère immense où il occupe une si petite place, dont sa vie mesure une durée si courte.

A plus forte raison l'homme ne peut-il, perdu déjà dans le tourbillon des événements de son siècle et même de son temps, saisir, par les moyens à sa portée, par les moyens purement humains, les grandes époques analogues dans la vie, bien autrement inaccessible à sa grossière nature, de sa famille d'astres, de son univers, du grand omnivers infini, dans la carrière infiniment petite de ce qui vit en lui et le fait vivre sans qu'il y prenne garde.

Mais il ne doit pas rester dans cette ignorance, et, fidèle à sa loi d'amour, Dieu veut lui venir en aide. Or, comme les démonstrations matérielles sont impossibles de l'existence de ce qui est immatériel, Dieu ne s'adresse d'abord à ses convictions qu'avec des preuves morales propres à entraîner son cœur vers la persuasion. Il lui demande ensuite d'appliquer sa saine raison, son bon sens, son jugement et son intelligence à reconnaître si la loi divine révélée est simple, une et universelle ; si elle s'applique pleinement ou pourra, dans les conditions voulues, s'appliquer à tout ; si elle rend compte de tout. Libre à lui de chercher dans les faits matériels le reflet nécessaire de la vérité nouvelle, de se livrer à ces recherches selon ses facultés, d'en apprécier les résultats selon sa conscience et de prendre parti pour la négative ou pour l'affirmative, à ses risques et périls, avec son libre arbitre, sous sa responsabilité propre. Si, malgré ces efforts pour l'amener à voir la vérité, la lumière d'amour divin, l'homme persiste dans son aveuglement, Dieu appelle de cette décision, après les délais voulus, à la conscience humaine mieux éclairée, dans ce monde ou dans un autre, et, tôt ou tard, Dieu triomphe toujours.

La vie des mondes, disons-nous donc, est une végétation. Sans les soins de l'homme, messager de Dieu auprès de la nature, maître immédiat de cette dernière, la végétation ne saurait produire par elle-même que des fruits pauvres, âpres et grossiers. Que fait, d'après la loi de vie, l'homme éclairé par les précurseurs d'en haut pour améliorer la nature de ses végétaux sauvages ? Il les incruste de diverses manières ; il les greffe, et, profitant, pour exécuter cette violente opération, de l'engourdissement végétal aux environs de l'hiver, il laisse au retour de la vie printanière le soin de cicatriser la plaie et de mettre à profit le germe harmonieux pour le perfectionnement des fruits. Cette incrustation est l'œuvre des mains de l'homme animées par les messagers fluidiques lumineux de son âme.

Or, tout est image et reflet dans tous les actes de la vie de tout. Cette incrustation des univers végétaux n'est que la reproduction de la greffe des univers, des mondes de Dieu, des soleils et des planètes. En d'autres termes, le grand homme infini, modèle de l'homme au milieu de la nature, incruste, pour les rendre propres à l'harmonie, ses globes de qualité inférieure, les sauvageons des mondes. Il exécute sur les univers et les mondes de ses infinis domaines enfermés en lui, ce que l'homme copie en infiniment petit, de son côté, sur les végétaux de ses domaines placés en dehors de lui. L'homme agit par les messagers lumineux de son âme, le grand homme infini par les Grands Messagers lumineux de la volonté extérieure de Dieu, engourdissant au préalable par une prudente léthargie les mondes destinés à subir la salutaire opération.

C'est là l'œuvre que nous allons décrire et qui produisit notre terre ; œuvre prodigieuse pour nous petits, infiniment petits, bien simple pour Dieu, exécutée par ses représentants divins lumineux sur les satellites de la planète inconnue, molécules mondiculaires infiniment petites pour lui, comme pour nous les molécules vivantes de la roche, rejetons sauvages, destinés à s'amender par cette mesure et à marcher infailliblement à l'harmonie, à l'aide d'un bon germe puissant, extrait d'un végétal figuratif harmonieux des mondes, l'âme céleste de cette même planète.

On connaît maintenant les éléments de la gigantesque opération qu'il nous est donné de raconter, sa nature et les ouvriers supérieurs chargés de son exécution. Nous allons donc entrer en matière.

La planète inconnue avait fait son ascension. Restés sur place, non loin de son résidu matériel tombé à la voirie compacte, et groupés autour de leur mère, la Lune, les satellites destinés avec elle à être réunis par une force presque irrésistible étaient livrés à eux-mêmes, ou plutôt à l'influence de leur indigne directrice, et dans la condition que nous avons dite déjà.

Fortement retrempée par ses rapports récents avec les mondes célestes dans les éléments vivifiants de sa nature, renforcée encore par le soleil, les planètes ses sœurs et les Grands Messagers du tourbillon, l'âme collective céleste prit place sur l'orbite que parcourt maintenant la terre et lança incontinent, de sa volonté, à chacun des cinq satellites abandonnés à sa direction, un vigoureux rayon de fluide électro-aimanté.

Inutile, sans doute, de rappeler ici la puissance intelligente de vie lumineuse divine qui anime les hominicules fluidiques célestes d'ordre supérieur, vie véritable de ces fluides propres à l'unité céleste. Un seul d'entre eux vaut des milliers des nôtres.

Les résultats de cet acte furent divers sur chacun des cinq grands corps. Quatre furent maîtrisés par ces rayons adressés à leur âme respective, dominée aussitôt et engourdie, aussi bien que son atmosphère, son corps lumineux et par suite son corps matériel. Mais le plus fort, le plus mauvais, le plus orgueilleux, le plus antipathique par nature à la pure âme céleste, éluda l'action du fluide attractif, et, tandis que les autres s'ébranlaient déjà pour obéir à la volonté céleste qui les sollicitait de se réunir autour d'elle, la Lune s'arma dans son orgueil d'une résolution contraire, résista obstinément à l'attraction amoureuse, et demeura sur place inébranlable. Le rayon fraternel électro-aimanté resta tendu vers elle pour la solliciter encore.

Tel, en petit et sous nos yeux, un magnétiseur vulgaire engourdit de près ou de loin, selon ses rapports, par un rayon fluidique aimanté parti de la volonté de son âme, et endort un ou plusieurs sujets à lui sympathiques qu'il domine. Il peut, à son gré, les attirer à lui, impuissant toutefois auprès de certains autres moins bien disposés par nature à ressentir ces influences.

Notons séparément l'effet produit sur les quatre satellites par la volonté victorieuse de l'âme céleste, âme mère de la future agrégation planétaire.

L'Asie, la plus avancée, ressentit immédiatement cette action. Son âme collective tomba en léthargie et, en cata-

9.

lepsie, son corps matériel, ainsi que son mobilier vivant des quatre règnes ramené par le fait à la léthargie, à l'état de germe. La vie active se trouva, en conséquence, peu à peu, et jusqu'à nouvel ordre, partout suspendue chez elle, dans la terre, dans les eaux solidifiées et immobiles, dans les fluides de toute nature et dans l'atmosphère. Cédant à la volonté supérieure qui l'appelait, elle se rendait passive à l'attraction du bien.

Le même effet s'était produit, un peu plus lent toutefois, dans la proportion inverse de leur avancement et de leur valeur sur les trois autres grands corps. A l'engourdissement de leur âme spirituelle collective avait succédé celui de leur corps et de la partie déjà vivante de leur mobilier. S'abandonnant à l'attraction, elles suivaient la voie où les entraînait la volonté de leur future rectrice.

La Lune, cependant, ne se rendait pas, et, retranchée dans la force répulsive du mal, demeurait au loin, rebelle à l'attraction d'amour et immobile. C'était son droit, le fait de son libre arbitre, une protestation contre la loi immuable des destinées qui sont les décrets de la vie omniverselle; décrets dictés par Dieu et qu'on ne saurait méconnaître impunément. Elle jouait gros jeu, devant céder ou périr par le fait même de ses œuvres.

D'autre part, rien d'aussi simple, d'aussi compréhensible, que le résultat obtenu sur les autres satellites, si l'on veut bien se pénétrer de la nature et de la condition où se trouvaient ces grands corps.

L'âme céleste, centre d'attraction incrustative, avait, entre autres avantages fluidiques, celui d'être puissamment imprégnée de fluide électro-aimanté attractif amoureux, principe masculin; et chacun des satellites cataleptisés était composé d'une masse métallo-ferrugineuse à principe féminin. L'action attractive devait être forcément irrésistible, à moins d'antipathie de nature dans l'âme des satellites, ou d'une rivalité injustifiable, d'un conflit d'autorité prétendue, comme c'était ici le cas pour la Lune.

Pendant que les quatre globes s'approchaient du point de leur réunion, les Grands Messagers solaires attachés au service du tourbillon, armés par leur seule volonté de tous les moyens appropriés à leur œuvre, de fluides irrésistibles de toute nature, se mettaient en devoir d'ouvrir et taillaient, en effet, selon les nécessités de l'opération les quatre grands corps léthargiques. Ils les réunissaient par leurs centres métalliques et prenaient à leur égard toutes les mesures convenables de sagesse, de prévoyance et de précaution, tenant compte de toutes les conditions de valeur et d'avenir vis-à-vis de chacun d'eux et de son mobilier.

Or, si l'on veut bien se mettre au point de vue du grand homme infini : quoi de plus juste et de plus plausible que la mesure prise par l'âme céleste, de concert avec les Grands Messagers de Dieu? L'homme intelligent et expérimenté n'agit-il pas de même dans sa sphère, en circonstances, je ne dirai pas semblables, mais rapprochées? N'a-t-on pas vu d'habiles praticiens endormir et cataleptiser un patient, à l'effet de lui faire subir, sans péril ni douleur, une opération dangereuse? Réfléchissons, toutefois, que le corps humain est un petit omnivers, chef-d'œuvre de solidarité amoureuse dans toutes ses parties, et incapable comme tel, de supporter un traitement pareil à celui des satellites. Mais que l'on se souvienne des mutilations incrustatives subies par un végétal, non-seulement sans dommage pour sa vie, mais, au grand avantage de cette vie et de ses produits.

L'œuvre matérielle du moment terminée, le nouveau grand corps incrustatif portait à son centre une immense sphère creuse, nouvelle demeure fluidique du bon germe, de l'unité céleste, âme mère de la planète adoptive. Mais cette sphère était quadrilobée en quelque sorte et irrégulière, c'est-à-dire entourée de quatre réduits, correspondant aux quatre satellites réunis, centres particuliers de leurs anciennes unités respectives, logement reservé à leurs quatre âmes collectives inférieures, non ralliées encore à l'unité céleste, et engourdies. Ce centre fluidique décoré, au milieu, de l'autel de la raison, sanctuaire des quatre points cardinaux, siége des facultés intellectuelles de l'unité planétaire dirigeante, était le cerveau, et une enveloppe épaisse de métaux recouvrant tout cet ensemble était le plexus métallique de la planète, recouvert encore, lui-même, par la croûte extérieure terrestre. De là, l'irrégularité sphérique, les renflements de la terre dans le sens des quatre parties du monde et selon l'équateur.

Le dessein primitif du soleil était, avons nous dit, de réunir cinq satellites. Mais la Lune s'étant dérobée, pour la contrarier et la combattre à cette mesure de salut général, il fallut changer de projet et parer à ce regrettable contretemps. La Lune, malgré sa triste condition, était une sœur, et ne pouvait être abandonnée à sa perte sans une tentative dernière. Le rayon aimanté lancé vers elle fût laissé dans cette direction pour le cas où, revenue à résipiscence, elle voudrait à temps en profiter. Elle faisait moralement partie de l'agrégation planétaire, et le nouvel astre incrustatif se chargea résolûment de l'alimenter à ses propres dépens. Voilà comment la Terre, planète si petite relativement et si pauvre encore, affiche à son grand regret le luxe d'un prétendu satellite, et traîne en réalité à sa suite une charge écrasante, trop lourde pour elle, cause de tous ses retards. Et ce serait peu encore que la Lune fût un fardeau si elle n'était pour la terre un cancer pernicieux qui la dévore. Sa présence a été utilisée toutefois, comme on verra. Ainsi, un invalide s'appuie sur une fausse jambe cerclée et maintenue avec le métal du boulet qui lui brisa la vraie. Or, nous le demandons, que devient une jambe postiche quand la vraie se trouve rétablie? Le sort qui attend la Lune, dès que la terre aura atteint son équilibre matériel, répondra à cette question.

Ce regrettable refus de concours de la part de la Lune; refus dont les conséquences désastreuses furent immenses pour la carrière de notre planète, ne devait pas, ne pouvait pas arrêter l'œuvre commencée par une âme planétaire céleste et les Grands Messagers de Dieu. Les quatre satellites dociles à l'appel du bien furent donc incrustés comme nous l'avons dit, et une place fut indiquée à la Lune sur le nouveau grand corps, pour l'éventualité de moins en moins probable où, cédant à un bon mouvement de retour, elle suivrait un peu plus tard l'attraction amoureuse de la Terre et profiterait de la dernière ancre de salut qui lui restât. Cette place ayant été dédaignée par elle, se trouve et se trouvera quelque temps encore, vacante et visible sur le globe, occupée, comme on va le reconnaître, par les eaux du grand Océan.

A mesure que les quatre grands corps, ouverts par les Grands Messagers, se rapprochaient attirés au même point d'attraction, les rayons électro-aimantés qui les avaient

réunis se repliaient sur eux-mêmes vers le centre, y ra-
vivaient en l'activant le feu des quatre foyers satellitaires
et les formaient en un immense brasier de métaux incandescents, fluidifiés à leur milieu commun où l'unité planétaire dirigeante avait établi sa demeure. Celle-ci, après
avoir, au moyen du feu, modifié selon ses destinées son
corps matériel, comme il sera dit, employant ainsi d'une
manière utile un élément puissant qui la gênait, ranima
la vie sur les quatre grands corps, et par son cordon
alimentateur fluidique, se mit en devoir de nourrir convenablement sa nouvelle atmosphère. Elle pourvoyait
ainsi aux besoins des cinq autres obligées de s'alimenter
dans la sienne propre qui les embrassait pour les unir.

Le résultat de cette première tentative de fusion fut de
réveiller les quatre âmes collectives des satellites et, peu à
peu, de leurs trois natures principales. Revenues à la vie,
leurs mers s'élancèrent de leurs lits pour se répandre partout où les portait la pente préparée des terres et, cherchant
le niveau naturel, s'écoulèrent avec fracas pour occuper
les espaces laissés vacants entre les quatre grands corps.
Elles formèrent, dès ce jour, nos mers et nos Océans tels
qu'ils existent encore.

L'ordre ancien propre à chaque globe primitif se trouvait par le fait renversé. Or, cet écoulement général des
eaux en un même bassin, sauf quelques rares exceptions,
laissait à sec d'immenses continents. Comment assurer
l'alimentation vitale matérielle et fluidique du nouveau
globe en face de cet éloignement, de cette concentration
de toutes les sources vitales humides? Il fallut recourir à
des expédients nouveaux. Avec leur coup d'œil intelligent, les Grands Messagers de Dieu avaient embrassé

toutes ces difficultés et les avaient résolues. Ils avisèrent
d'attirer vers le centre des terres les provisions vitales résultant de l'élévation du principe vital des eaux dilatées
par le soleil. Cette première condition dut être remplie
par la création d'une longue ligne de montagnes et de
hauteurs avec embranchements inférieurs, soulevées sur
tous les continents et reliées entre elles.

A cet effet, on se servit, au moment propice, du feu
électrique anormal, excessif, déjà embarrassant des quatre
rayons électriques concentrés. On dirigea habilement ce
feu aux endroits indiqués par l'âme, mère de la planète
nouvelle. On avait calculé les suites de l'abstention définitive de la Lune et de sa ruineuse influence, mère des
vents et des marées. On en tira parti pour la distribution des ressources vitales de tout ordre. Portées par les
nuages, promenées en tous sens par les vents nés de diverses causes, les résidus digestifs humides de l'atmosphère répandirent, dès ce moment, la vie partout, à défaut
des rosées harmonieuses. Elles donnèrent naissance aux
sources, aux rivières et aux fleuves, à partir de la grande
ligne de faîte du globe, étendue à droite et à gauche dans
tout son parcours par des lignes ramifiées en gradation
descendante comme le signale la géographie physique de
la terre.

Décidément, c'en était fait; la Lune avait persisté dans
son orgueilleuse résolution. Liée à la Terre par son cordon
fluidique alimentateur, elle vivait de l'atmosphère de la
planète incrustative et gravitait dès lors autour d'elle
comme elle fait encore aujourd'hui. Incapable, dans la
triste condition qu'elle s'était faite de son plein gré, de
fournir à son mobilier une alimentation suffisante, elle

l'entretenait aussi pauvrement que son atmosphère. On agit comme si elle ne devait plus se rendre, quoique le rayon électrique, devenu un simple cordon intuitif, demeurât amoureusement tendu vers elle à travers l'Océan. Tant est grande l'affection solidaire dans les familles d'astres et la miséricorde envers les malheureux enfants du soleil obstinés à leur perte !

On a dû reconnaître le déluge, dit universel, dans l'écoulement des eaux qui constituaient les mers des quatre planètes réunies ; fait qui a donné corps à la tradition commune de ce cataclysme diversement présenté ou défiguré sur chaque satellite en raison de l'incertitude des souvenirs et du vague de l'éloignement. Générale et persistante sur les quatre parties du monde, cette tradition existe à peine, cependant, chez les Asiatiques, bien qu'elle leur eût été annoncée par l'envoyé de Dieu, leur premier Messie. Or, voici la cause de cette exception.

Comme nous l'avons fait ressortir, déjà, le quatrième règne vivait et jouissait, sur l'ancien satellite qui est devenu l'Asie, d'une civilisation assez développée, quoique immobilisée par l'erreur et corrompue. L'agriculture, le plus important des arts, y était dans une condition relativement prospère. Il importait de ne pas compromettre ces avantages et d'épargner à cette partie du monde nouveau, si précieuse à cause de son avancement moral et matériel, si utile, en perspective, à l'avenir de l'agrégation planétaire, les désastres du passage et de l'inondation des eaux qui formaient les mers des autres parties. Il suffisait, pour cela, de l'élever un peu plus que ces dernières au-dessus du niveau de l'Océan, et les Grands Messagers divins, les ouvriers fluidiques tout-puissants de Dieu, se gardèrent d'y manquer.

Voilà pourquoi les annales des peuples de l'Asie, qui remontent à plusieurs mille ans, pour ne rien dire de plus, au-delà de celles des autres parties du monde, ne font mention que d'inondations partielles et nullement d'un déluge universel. Il était difficile à ces populations, malgré quelques phénomènes inexplicables ayant trait à ces événements et plus ou moins inaperçus, de se douter de ce qui s'était passé, même, à côté d'elles et d'avoir connaissance de l'acte immense qui avait, durant leur léthargie, disposé du sort de leur planète et du leur propre.

Une opération aussi héroïque, un acte aussi considérable et aussi brutal que l'incrustation de quatre grands corps compactes ne peut pas s'exécuter si délicatement que ces derniers n'aient à en éprouver quelque dommage, en raison, surtout, des circonstances inhérentes à cet acte, et qui, seules, ont laissé des traces et des souvenirs. Des parties considérables de ces grands corps et de leur mobilier léthargique en germes se sont trouvées ensevelies sous les eaux. Mais l'intelligence supérieure qui veillait à tout l'avait prévu, et les portions seules, les moins précieuses des quatre grands corps, ont subi l'atteinte de ces effets, leurs populations les moins intéressantes. Comme, cependant, aucun être ne doit souffrir de l'exécution des lois de Dieu sur les mondes, tout reviendra à la vie un jour, et ces germes humains ou autres, léthargiques sous la mer, reverront la lumière sur un monde qui les aura avancés durant leur léthargie, mieux qu'ils ne l'auraient fait vivants.

« La mer rendit les morts qui étaient en elle, » dit l'Apocalypse.

Au moment où l'âme céleste, fidèle aux conseils des Grands Messagers fluidiques, laissa échapper le feu électrique dans la direction de l'immense ligne tracée par eux et ramifiée de toutes parts, un spectacle colossal, terrible, inimaginable pour nous, incomparable, et que nous essayerions vainement de décrire, se déroula solennel sur toute la planète. Les âmes collectives des astres du tourbillon, les Grands Messagers, le soleil, l'âme entière de la terre en étaient les spectateurs, bien supérieurs encore au spectacle. Volcans enflammés et de toute taille, détonations éclatantes, grondements sourds, tourbillons de fumée et de cendres, torrents incandescents de laves et de matières digérées par le feu électrique, secousses continues de tremblements de terre aux ondulations entre-croisées comme des vagues soulevées par des vents différents; enfin, une scène de la plus lugubre grandeur embrassait la terre pendant la léthargie de son mobilier.

On connaît, on peut voir tous les jours encore, les terribles résultats matériels de cette confusion inévitable, restés immobiles et effrayants d'éloquence à la même place, depuis huit mille ans, le long des hauteurs créées à ce moment, et utilisées au service de l'alimentation vitale de la planète. Ils se dessinent dans les chaînes de montagnes aux flancs déchirés et parsemées de volcans éteints, aux arêtes abruptes, aux sommets perdus dans les nues et couverts de neige, œuvres et images gigantesques de la mort, inconsidérément admirées, avec les cavernes sans fond, les précipices, les horreurs de la guerre, les ouragans, les tempêtes et les éclats de la foudre, par l'homme naïf et incohérent, inaccessible à des grandeurs non réalisées encore, mais bien autrement immenses, splendides.

douces au cœur, enivrantes de bonheur, aux grandeurs de l'harmonie, du règne de Dieu.

Cette explosion du feu électrique, partie du centre de la planète incrustative, a laissé des traces non-seulement à l'extérieur, le long des chaînes de montagnes qui sillonnent en tous sens la terre et dont certaines pourtant peuvent avoir été formées sur les satellites maladifs; elles ont marqué leur action, encore, à l'intérieur du sol, dans toutes les directions et jusqu'à une profondeur énorme. L'embrasement fut si grand, l'énergie du feu si considérable, qu'il eût été difficile et peu utile toutefois d'en circonscrire la marche qui se fit ainsi sentir partout. Nous devons assigner à cette cause ou à d'autres semblables une foule de phénomènes naturels et de conditions de la matière évidemment produites par le feu; phénomènes et modifications des substances de la voirie, dus à cette invasion générale de la croûte terrestre par l'embrasement du fluide électrique phosphorescent enflammé, instrument fluidique au service de la chimie divine, des Grands Messagers et de l'âme planétaire dirigeante.

Nous ne nous étendrons pas, ici, sur tous les détails de ces phénomènes dont l'étude n'appartient pas aux indications propres à notre aperçu et considérés tous par nous comme le résultat d'une digestion plus ou moins complète opérée par le feu de ces jours, sur les diverses substances composant la voirie compacte terrestre. Cependant, comment toutes ces substances se trouvaient-elles là? Du même droit que la race humaine et tout le mobilier léthargique de la planète. Tout était sorti de la grande voirie, soit dans l'état naturel, soit pétrifié déjà et diversement modifié, des milliers de siècles avant, par l'eau ou par le feu, et sur d'autres grands corps.

Là, se trouvaient encore les matières qui ont donné naissance aux charbons minéraux de toute espèce et aux substances grasses répandues dans les quatre parties du monde. Disons d'où viennent ces substances, et nous verrons s'établir de plus en plus solide, à mesure qu'on en étudiera la nature, la réalité de la vérité nouvelle. La végétation se développe sur les mauvaises petites planètes, forte, rapide, puissante, sauvage, échevelée, abondante en matière, en raison de sa stérilité en fruits. Or, ces planètes grossières contribuent pour la plus large part, après leur transformation, à fournir les matériaux des créations inférieures. Quand leurs cadavres tombent dans la voirie, ils sont revêtus d'une enveloppe épaisse archi-séculaire de débris végétaux superposés en confusion, dans l'ordre où ils ont vécu et sont morts. Ils tombent là, laissés à eux-mêmes et vierges de tout travail humain. L'intervention de l'homme est, dans ce cas, impossible, par la raison de la léthargie où se trouve, sur ces globes, le quatrième règne, qui, d'ailleurs, ne reste pas, là, dans la voirie. Ces couches végétales sont appliquées attractivement et, en général, avec un sans-façon proportionné à la grossièreté de leur nature, sur les corps des jeunes planètes.

Au moment de l'immense explosion volcanique provoquée sur toute la planète, le feu attaqua ces couches végétales pétrifiées par des centaines de siècles d'immobilité intérieure, et leur embrasement étouffé a produit les houilles, les lignites, les anthracites et les substances similaires. Des résidus résineux provenant de cette combustion ou d'autres de même nature, ont formé les matières grasses logées plus ou moins pures dans les terrains divers. L'opération, l'œuvre du feu peut avoir eu lieu sur des planètes antérieures ou sur celle-ci. Dans le premier cas, les résidus des grands corps théâtres d'une opération à laquelle sont exposées toutes les créations planétaires inférieures, auraient été employés dans la formation des satellites. Ces petits globes se transmettent passivement, comme une succession, dans la voirie compacte du tourbillon, et plastiquées, pour ainsi dire, dans leur matière, les annales de carrières planétaires diverses aussi nombreuses que courtes et tourmentées; carrières attestées toutes comme antérieures et étrangères à celle de la Terre, par les débris de mobiliers planétaires inconnus dont ces témoins matériels portent les traces.

Le drame du feu une fois clôturé, aussi bien que celui des eaux, l'âme de la Terre, convaincue de l'inutilité de ses tentatives auprès de la Lune, son indigne sœur, retira à elle le rayon électrique visé sur le satellite rebelle et le garda sous la main pour l'utiliser au profit de l'incrustation au moment où il y aurait lieu de le faire. C'est ce feu, véritable embarras souvent pour l'âme planétaire, en attendant d'être employé, qui s'agite de temps en temps et lance au dehors le trop plein de ses forces. Ces émissions ont lieu au moyen de vastes soupiraux, nos volcans modernes, ouvertures pratiquées ou dirigées originairement aussi bien que possible vers les lieux où elles pouvaient, par leurs éclats, causer le moins de ravages aux populations alors existantes.

Or, comme l'incrustation dure encore et que les quatre grands corps se rapprochent tous les jours davantage, chaque effort pour les mieux unir produit une secousse sur le corps matériel de la planète, fait trembler le sol et ranime le feu, traduit au dehors par les éruptions des volcans.

Ce fut là le dernier acte de la gigantesque opération qui donna naissance à la Terre.

Examinons maintenant le fait de l'incrustation matérielle conforme, par sa nature, aux détails de la loi de Dieu. Plaçons sous nos yeux une sphère terrestre et voyons si le simple aspect de notre globe ne confirme pas en tous points la vérité révélée.

Si les grands messagers solaires, tout représentants qu'ils sont de la volonté et de l'intelligence de Dieu, avaient prêté leur concours pour fabriquer de toutes pièces et de la sorte, une planète native, il faudrait désespérer de la puissance de leurs facultés. En effet, un globe formé dans le calme de la réflexion divine créatrice, aurait eu, dès l'abord, tous ses organes régulièrement disposés, les parties de son corps harmonieusement combinées pour le jeu convenable de sa vie propre, de la vie de son mobilier et de son humanité. Nous avons montré en raccourci un échantillon de cette sagesse dans l'esquisse faite par nous de la planète inconnue disposée dès l'origine dans l'unité de Dieu.

En est-il ainsi sur la terre ? Nullement. Il semblerait que, loin de l'avoir de propos délibéré disposée pour marcher franchement et sans hésiter à l'harmonie, à l'unité, les ouvriers de Dieu eussent tout fait, en la constituant, dans le but de l'en tenir éloignée. Partout règnent le désordre et une incohérence radicale. Isolement des continents, congélation des pôles, séparation des régions diverses par des déserts, vrais Océans de sables brûlants, immenses terrains inhabitables et malsains, chaînes de montagnes stériles envahies par les glaces et infranchissables : rien ne manque au tableau. Grâces à ces entraves, de grandes contrées riches et peuplées se sont réciproquement ignorées pendant des milliers d'années. Pouvons-nous nous flatter de connaître la Chine, le centre de l'Asie, celui de l'Afrique, de l'Amérique du sud, de l'Australie et le Japon?

A part le titre d'homme ou, plutôt, d'humanimal, et la présence dans chaque individu d'une âme humaine étincelle divine, fraternelle quand même, nulle ressemblance de caractère n'existe, au physique ou au moral, chez les habitants des contrées diverses de la terre, séparées comme à dessein par des obstacles naturels. Nous savons que ces obstacles sont utiles, providentiels même. Oui, certes, et nous en avons dit la cause et la formation. Ils sont utiles, sans doute; mais, à la façon d'un pis-aller, comme des béquilles à un estropié. Mais ne vaudrait-il pas mieux qu'il eût de bonnes jambes? Bien plus; ne trouvons-nous pas, dans ces populations étrangères les unes aux autres, dès l'origine, tous les degrés de l'intelligence, depuis le beau et blanc Caucasien jusqu'à la dégradation du noir Hottentot et du sauvage informe, couleur de suie, des îles de la mer du Sud?

Or, nous le demandons, ne sont-ce pas, là, les caractères purs de la division et, nullement, ceux de l'unité?

Que dire, d'autre part, de ces Océans, de ces eaux sans limites, où nous avons signalé la place assignée originairement à la Lune, et vacante encore? Par leur étendue hors de proportion avec celle des terres, ces mers, sans parler d'autres torts, nous ont séparé de l'Amérique au point de

dérober l'existence de cette partie considérable du monde
à ce qu'on appelle l'ancien continent pendant quatre vingts
siècles, jusqu'au quinzième de notre ère, et de retarder
ainsi la fusion humanitaire et l'avancement de la planète.
Est-ce là encore un caractère d'unité, le cachet de l'œuvre
directe de Dieu? Non, certes, non. Dieu s'y prend mieux
et se donne moins de peine que n'en a exigé la formation
de la Terre quand il crée un monde normal. Que l'on se
reporte, pour s'en convaincre, à la planète inconnue, dont
nous avons dit la naissance et l'ascension.

La Terre, osons le dire sans crainte, est un chef-d'œuvre
d'industrieuse économie de persévérance laborieuse, pé-
niblement formé, comme on a pu, d'éléments désespérés,
de quatre mauvais globes, de quatre parties distinctes et
incrustées, en face d'une opposition formidable. C'est une
planète incrustative. Ajoutons qu'il a fallu tout l'amour
dévoué, toute la patience résignée de l'âme céleste, puissante, de la planète inconnue, et toute l'intelligence des
Grands Messagers divins pour la rendre viable en présence de ce caractère opiniâtre de division et de cette bigar-
rure d'imperfections dans ses diverses parties. Ajoutons
encore qu'il faudra toute la force divine départie au tourbillon pour la tirer de sa nodosité et l'amener à mûrir un
jour. Osons ajouter, enfin, que l'œuvre incrustative est
en ce moment aux mains de Dieu, solennellement actif
et présent par sa volonté dans l'atmosphère de notre
globe, en la personne de son représentant direct, son
Messie spirituel; et que, en raison de cette irrésistible volonté, la réussite de l'entreprise est infaillible.

Si, d'autre part, nous en appelons à des faits matériels
connus de tous, nous pouvons citer comme preuves de la

formation de notre planète au moyen de quatre grands corps, les quatre natures diverses et bien caractérisées qui distinguent les quatre parties qui la composent. A part un fonds de ressemblance dans les règnes inférieurs où la confusion qui domine les natures les plus infimes empêche d'en discerner les caractères, les quatre règnes de l'Europe diffèrent de ceux de l'Asie, de l'Afrique et de l'Amérique: différence dans le climat, dans le sol, dans les minéraux, les végétaux, les animaux, les hommes et, même, dans les caractères du mal. Les trois parties qui forment l'ancien monde se connaissaient de temps immémorial, quoique d'une manière incomplète, dans l'antiquité et, même, au moyen-âge et plus tard. Elles ont eu, donc, assez de rapports pour faire échange de quelques-uns de leurs avantages respectifs aussi bien que de leurs afflictions. Mais dans l'Amérique, découverte récente en quelque sorte, combien n'a-t-on pas été étonné d'y trouver une quatrième nature entièrement inconnue? Minéraux, végétaux, hommes: tout y était nouveau, rien n'y ressemblait à ce qui existait ailleurs à la connaissance des hommes.

Si nous descendons dans les profondeurs de la terre, nous soulèverons, là, une autre série de preuves tout aussi frappantes.

Nous n'apprendrons rien à personne quand nous parlerons de ces débris fossiles d'animaux pétrifiés après leur mort et adaptés à d'autres climats que ceux où ils furent découverts; animaux si ingénieusement reconstruits par la science humaine au moyen de quelques os de leur carcasse dispersée, retrouvés dans les fouilles pratiquées par la curiosité scientifique sur les quatre parties du monde et étrangers à toutes les espèces animales vivantes de notre globe. On sait encore que ces fouilles ont mis à jour toute une flore différente de celle qui vit sur la planète et dont les sujets se trouvent enfouis, disséminés dans les entrailles des divers continents.

D'où viennent ces reliques isolées, séparées de ce qui les précéda, de ce qui les accompagnait, de ce qui les suivit? Comment concilier avec ce qu'on sait de la stabilité des créations, ces disparitions dans la nature et d'autres faits, inexplicables, soit par l'action volcanique, soit par celle des eaux, soit par les détails de la vie planétaire, comme s'accordent à le reconnaître ceux qui se sont occupés de ces matières?

On a prétendu, il est vrai, que ces animaux et ces végétaux ont successivement vécu sur notre globe et on a imaginé, pour appuyer ces opinions, des hypothèses sans nombre, adoptées ou rejetées successivement, selon le besoin du raisonnement et des faits nouveaux qui se présentent chaque jour.

Les espèces sont, en effet, de plus en plus rudimentaires, à mesure que l'on descend plus bas. Mais cette circonstance est toute naturelle. Les terrains sont échelonnés selon leur valeur, et les plus grossiers, qui furent le plus mal habités, placés, lors de la formation d'un grand corps, le plus loin des faveurs du soleil.

Comment supposer, d'ailleurs, que des espèces entières d'animaux et de végétaux aient pu disparaître totalement de la surface de la terre en dépit de la nature sans cesse appliquée à la conservation de ses trésors? Comme si une direction suprême et intelligente aussi soigneuse des détails que de l'ensemble ne présidait pas sur un globe à la vie, à l'entretien, à la propagation, à l'amélioration de tout?

Ces débris, ces animaux, ces végétaux pétrifiés, autres en Europe, en Asie, en Afrique, en Amérique, dans l'Australie, appendice de l'Asie, et sans parenté avec les espèces vivantes de ces pays, proviennent de la même source infinie, mais n'ont jamais appartenu au mobilier vivant des quatre satellites, à celui de la planète Terre.

Nous avons expliqué comment se forment les planètes dans la voirie compacte, réceptacle des résidus de tous les grands corps transformés du tourbillon. Nous avons décrit ces créations. Nous les avons dites composées de débris de planètes ou gisent ensevelies ces traces parlantes d'existences et de mobiliers planétaires passés ; traces confusément répandues, à la suite des digestions de la voirie, dans les terrains qui la composent, diversement modifiés par les épreuves qu'ils ont subies. Ces terrains, ces substances grossières sont étendues dans un ordre voulu, par couches inégales et étagées, anciennement formées ou récentes. Restées immobiles, légèrement dérangées ou de nouveau secouées avec violence par les convulsions maladives d'une planète à l'état d'enfance, elles retournent enfin, à moins de modifications avantageuses, à la voirie omniverselle, exposées à exciter plus tard la curiosité d'autres populations jalouses, à leur tour, de les interroger.

Eh bien ! que disent à tout esprit réfléchi et éclairé ces quatre natures distinctes attachées respectivement à chacune des quatre grandes divisions de notre globe? Que prouvent ces fossiles propres à chaque partie du monde et différents entre eux? Tous ces faits proclament hautement la réalité de l'incrustation matérielle des quatre satellites. Tout cela signifie que les quatre satellites ont été formés, chacun à part, sur des points différents de la voirie compacte et de matériaux divers, quoique de même valeur. Enfin, ces quatre natures vivantes et dissemblables, ces quatre dépôts d'échantillons fossiles, provenant des innombrables sujets, à nous inconnus, disséminés dans les mondes, indiquent combien est infinie la variété des types de toute espèce répandus dans les créations, placés et resserrés même dans un simple tourbillon.

Certains fossiles ayant vécu récemment, pour ainsi dire, comparativement aux autres, rattachés aux espèces présentes et placés en général près de la surface du sol, proviennent de l'époque du déluge et se sont trouvés élevés quelquefois, jusque sur les plus hautes montagnes, quoique partis, au moment des grands soulèvements volcaniques du globe, du niveau des plaines où, seulement, ils ont pu vivre. On ne trouve là aucune trace d'homme. La raison en est simple. L'homme était à l'état de germe dans la léthargie de pierre du malheur sur les terrains inondés alors, et s'est réveillé depuis. Il ne se manifeste pas davantage parmi les fossiles plus anciens, et cela se conçoit, bien qu'il puisse y avoir laissé, par hasard, quelques vestiges de son passage.

En effet, les matériaux qui étaient entrés dans la composition des quatre petites créations planétaires inférieures qui nous occupent provenaient des plus mauvais globes morts, et tombés dans la voirie avant la résurrection de leur quatrième règne, ou des pires débris de planètes ascensionnées où les corps des hommes étaient, après leur transformation, digérés par le feu ou placés dans des terrains de na-

ture supérieure ; terrains qui, à moins de rares exceptions, ne s'emploient guère sur les créations solaires du
dernier ordre.

Mais l'incrustation matérielle n'est pas la seule face de
ce fait que nous ayons à mettre en lumière. Il en est une
moins palpable pour nous, puisqu'elle échappe aux sens,
tout aussi saisissante, néanmoins, pour l'esprit. Nous voulons parler de l'incrustation spirituelle, c'est-à-dire l'incrustation des quatre âmes collectives propres aux quatre
petits globes avec l'âme collective céleste rectrice, de l'incrustation morale correspondante des quatre humanités.
Cette dernière est la conséquence de l'autre, puisque les
humanités sont dirigées, le sachant ou à leur insu, par les
esprits qui composent l'âme de leur planète. Or, chaque
âme collective satellitaire avait conservé son influence sur
ses anciens enfants matériels et s'efforçait de la maintenir.

De même que notre planète incrustative est formée matériellement de quatre satellites, quatre grands corps réunis,
l'âme planétaire de cette agrégation matérielle
l'est forcément de quatre âmes collectives, spirituelles,
comme toute âme de satellite, et soumises, de par la loi
des mondes, à une cinquième de nature céleste. Or, la loi
de Dieu laisse, d'autre part, à toute unité divine simple
ou collective, et sous la responsabilité propre de cette
âme, le plein exercice de son libre arbitre selon sa nature.
Les âmes planétaires incrustées étaient donc libres d'accepter ou de se refuser à reconnaître les droits de l'âme
céleste, rectrice de par la loi de Dieu ; et les âmes des satellites ont usé largement de ce privilége. En relation directe par nature, habitude et sympathie avec l'âme col-

10.

lective et puissante dans le mal, du satellite rebelle par excellence, elles ont combattu les efforts attractifs de leur mère adoptive préoccupée constamment du soin de n'employer envers elles d'autres armes que la patience, la douceur, la persuasion, la lumière et l'amour, et jamais, jamais la violence, si facile aux puissants, mais interdite par la loi de Dieu.

L'âme incrustative et multiple de notre planète est donc composée de cinq âmes collectives plus ou moins disposées à la fusion, où Dieu et le bien sont représentés par l'âme mère céleste, et le mal ou Satan, par les quatre âmes collectives des satellites, rebelles à l'âme céleste et à Dieu, rangées sous l'influence de leur marâtre, l'âme de la Lune, complétement en rapport par sa nature avec la voirie du tourbillon, avec les fluides phosphorescents et délétères qui la dissolvent et la désagrégent, véritable mort vivante, véritable feu éternel dont a voulu parler le Christ. Voilà pourquoi notre prétendu satellite est si puissant dans le mal et nuit tant à la terre. Cet ordre incohérent constitue, à l'encontre du bien, quatre Satans dirigés par un cinquième leur chef, redoutables en raison de la tolérance divine, ennemis de l'incrustation, de l'âme céleste, de Dieu et de l'aveugle humanité, leur adoratrice et leur dupe. Quoi d'étonnant à ce que le mal domine dans la proportion de quatre contre un sur notre globe, dans l'atmosphère, dans la nature, dans l'humanité.

Les âmes des anciens satellites, y compris celle de la Lune, n'ont la faculté de communiquer avec le soleil d'où, seulement, procède en principe toute amélioration, toute nourriture fluidique, toute lumière et toute alimentation intelligente que par l'intermédiaire de l'unité céleste du globe incrustatif. Elles ne peuvent donc revenir au bien que par elle et en se ralliant à l'unité céleste. Ce retour a lieu peu à peu. Il s'opère partiellement, chaque jour, par la fusion avec l'unité des esprits les meilleurs et les plus avancés des âmes rebelles collectives. L'âme mère les reçoit toujours avec joie dans le giron du bien, les met au nombre de ses enfants célestes et leur donne un corps fluidique céleste enfantin en échange de leur corps d'homme fluidique spirituel. On les instruit et on les emploie selon leur valeur au service de l'unité. C'est la loi de justice qui s'exécute. Restées aux mondes spirituels, ces âmes auraient monté. Leur mission ne saurait être une cause de retard. C'est même pour elles un bénéfice, car elles monteront triomphalement aux mondes célestes avec l'unité planétaire.

Les satellites néanmoins résistent à l'entraînement en masse et, liés avec des mondes mauvais de leur nature, reçoivent de ces derniers des renforts de fluides et d'esprits mauvais opposés à la marche de la fusion qu'ils entravent de tout leur pouvoir.

L'âme céleste composée de plusieurs centaines de milliards d'esprits de sa nature s'efforce, obéissant à son devoir et à l'attraction de l'amour envers ses enfants, de diriger vers la fusion du bien l'humanité entière. Tous ces esprits célestes poursuivent, fraternellement distribués et amoureusement hiérarchisés, un but général, celui de l'unité, et un but particulier, celui de leur charge. Par eux, l'unité céleste doit présider à tout sur la planète, à la vie de l'âme planétaire tout entière, à l'administration atmosphérique, à celle des eaux, des règnes, de l'humanité, à la vie sociale, à la direction, aux relations des empires divers, aux institutions, aux facultés de toute nature, dans l'ensemble aussi bien que dans les détails; enfin, à la vie individuelle des hommes, tant matérielle que morale.

Mais cette suzeraineté de l'âme céleste est loin d'être reconnue par les satellites. Acharnés à la défense de droits perdus, prescrits et condamnés à jamais, ceux-ci luttent pour le maintien de leur ancien empire sur leurs planètes respectives et sur leurs enfants d'autrefois devenus ceux de l'unité céleste. Ils luttent, pour se substituer partout à la bonne influence, ils luttent appuyés sur une humanité entraînée à outrance par les moyens de la violence ou de l'hypocrisie, esclave aveugle de maîtres invisibles, pleins de ruse et de malice, heureuse de son joug et privée d'intelligence quoi qu'elle en dise. Le résultat palpable de cette violente influence, c'est la permanence de la division et de la haine dans une humanité appelée avant tout par Dieu à s'unir et à s'aimer.

L'âme mère, représentante de Dieu, ne se lasse pas, de son côté, d'inviter les hommes au bien, à l'union et à l'amour; mais, intuitivement et avec peu de succès, en face d'irrésistibles sollicitations, vers le contraire, morales ou matérielles et suscitées par les agents du mal. Le secret de cette faiblesse du bien sur notre planète est donc l'aveuglement des hommes sottement obstinés à lui refuser l'appui de leur volonté. Si l'âme mère parvient à persuader à quelques-uns d'embrasser sa cause, elle ne peut les retenir et les disputer aux satellites, incapable qu'elle est, en raison de la loi de Dieu observée par elle avec scrupule, d'employer, à son profit, les moyens violents mis en pratique contre sa légitime influence.

Tel était l'état de compression satanique où vécut sur sa planète l'unité céleste jusqu'à la venue du Christ ; tel est presque l'état où elle vit de nos jours. Ceux qui ont pu étudier l'histoire des temps passés et apprécier celle des temps modernes, savent comment l'humanité terrestre paya et paye encore les frais de ces saturnales du mal. Une ère de rapprochement semble néanmoins commencer entre les parties du monde. Nos relations nouvelles avec l'Asie et l'Amérique sont là pour témoigner de ce fait impossible auparavant.

Grâces à Dieu, tout a un terme ici-bas ; tout, excepté l'action infatigable du bien et la patience d'une âme céleste.

Satan a régné un temps sans contrôle sur la terre ; il y a reçu un coup dont il ne saurait se relever et qu'il déguise hypocritement. Enfin, démasqué un jour, signalé, combattu à outrance, terrassé, il en sera expulsé à jamais ; c'est l'ordre immuable des destinées écrites par heures au cadran céleste, mû par la volonté de Dieu et dont voici en deux mots le secret.

Le grand omnivers a ses heures et ses phases ; phases et heures que sait seul le grand Père de tous ; heures absolues que tout subit, que rien ne retarde ; heures solennelles qui frappent la mesure du progrès sans fin de l'immense végétation des mondes.

Or, Dieu vivifie tout constamment, mais il a des moments et des heures suprêmes.

A ces heures suprêmes, la volonté divine se fait jour dans tout l'omnivers influi, portée par les aînés de Dieu aux omnivers sans nombre, célestes, spirituels et matériels, dans tous les tourbillons, dans tous les mondes préparés à franchir un degré de leur existence. C'est à un pareil moment qu'est parti des cieux dans l'immense fusion amoureuse de l'Esprit des Esprits, l'Esprit de vérité qui sera notre second Messie. C'est à un semblable moment qu'en partit Jésus-Christ, notre Messie incarné.

Comme un enfant conçu au milieu d'impurs fluides, produit d'une incrustation sexuelle de nature mauvaise, naît, enfin, après une vie embryonnaire maladive et tourmentée, pour recevoir son âme et le jour, échappant par ce fait, et grâces à quelque secours, aux vices de son origine; ainsi naît, à bout de douleurs, une humanité maladive en embryon; ainsi naquit à la lumière divine l'humanité terrestre à l'époque du Christ de Dieu.

Venu pour affermir et sceller l'incrustation de la terre, donner la lumière divine à l'humanité et l'affranchir du joug de Satan, le Christ succomba dans sa matière à la puissance du mal. Mais il avait tenu haut son mandat et assuré son œuvre morale dans l'avenir. Il sema la graine de vérité. Vainement Satan, représenté par les âmes des satellites, s'est efforcé d'étouffer, ou du moins de neutraliser la semence divine. Vaincu et condamné de toute éternité, il joue de son reste, et voit, hors de lui, arriver sa perte.

Mais retournons pour en finir à l'incrustation planétaire.

Immédiatement après l'incrustation matérielle, les satellites cherchèrent à étouffer l'influence de l'unité céleste et ne réussirent pas trop mal, comme nous l'avons dit, par l'établissement, en tout, de la loi du plus fort, celui de croyances absurdes et barbares. De cette violence individuelle, des excès et du mensonge, naquit le despotisme sans frein et la confusion des doctrines dans la société et dans la morale. Malgré les lueurs de vérité et de divinité suprême importées d'Asie sur les autres contrées et conservées encore dans les souvenirs, les traditions et les annales des divers peuples qui les acceptèrent, l'humanité embrassa en Asie, même, les dogmes les plus absurdes, les mœurs et les coutumes les plus antipathiques à la loi de Dieu.

Les peuples les premiers formés reçurent, toutefois, de l'ancien satellite le plus avancé, l'inoculation des arts et des sciences, et exploitèrent ce premier levain. La voie était ouverte. D'autres, ensuite, et jusqu'à nos jours, allèrent puiser les connaissances humaines à leur source naturelle; et l'humanité reconnaissante a gardé le souvenir de ces bienfaits. Aussi, dans l'histoire, voit-on, dès l'antiquité la plus reculée, les hommes assigner l'origine de toute lumière humaine au pays d'Orient, à l'Asie où l'on trouva, immédiatement après le déluge, la science en honneur, le zodiaque construit, la morale plus ou moins bien pratiquée et une civilisation établie. Nous avons fait connaître les causes de cet avancement. La tradition y plaça, en l'absence de notions réelles sur les origines de la planète, l'Eden primitif et la naissance de l'humanité. Ce que l'on sait de celle-ci, avant le déluge, n'est qu'une tradition confuse de l'histoire du satellite qui fut l'Asie avant l'incrustation; et nous devons rapporter aux événements de cette époque les souvenirs conservés par des religions asiatiques d'un commerce de certains anges avec les humains.

On remarquait autrefois en Asie des croyances qui avaient frappé les hommes, on y trouve encore les traces d'une morale d'amour conforme en théorie, jusqu'à un certain point, à celle du Christ, et venue de la même source que la sienne. Ne nous étonnons donc plus des rapports de ressemblance semés dans toutes les théocraties un peu raisonnables des époques primitives de la terre, et nées de la prédication du Messie asiatique.

Bien des gens s'étonnent, dirons-nous à ce sujet, que les enseignements du Fils de Dieu, de notre premier Messie, n'aient pas été portés par lui au-delà de la science pratiquée et enseignée chez les Egyptiens, les Grecs et les Romains de son temps et des temps antérieurs à sa venue.

Le problème est simple et facile à résoudre avec ce que nous savons de l'Asie. D'abord, les lumières des peuples égyptiens venaient de la civilisation asiatique. Si l'histoire ne l'avait pas dit, nous pourrions facilement le vérifier de nos jours par un parallèle d'autant mieux à notre portée que, si l'Egypte de ces temps a péri, ses antiques institutions sont connues et l'immobile Asie nous est abordable. Les hommes qui donnèrent des lois aux peuples de la Grèce et de Rome tenaient ces lois directement ou indirectement de l'Asie, comme aussi leurs sciences et leur philosophie. Tout est, là, simple et notoire.

Les Asiatiques avaient reçu depuis longtemps leur premier Messie. Leurs intuitions naturelles, comme cela arrive toujours en pareil cas, allaient au-devant d'un second. De là, chez eux, des notions plus avancées sur Dieu et l'âme que celles du monde de la Grèce et de Rome. De là les connaissances apportées à cette époque dans l'Asie Mineure, la Grèce et Rome par des voyageurs, savants, législateurs et philosophes dont les lumières, tout altérées qu'elles étaient, firent hausser le niveau intellectuel de ces contrées, venant en aide plus tard au christianisme lui-même. Elles créèrent, alors, le phénomène social, autrement inexplicable, de sagesse, de philosophie éclairée et de savoir relatif qu'offrit le monde païen où, comme on dit, la civilisation antique qui vit fleurir des hommes plus avancés, à un certain point de vue, que notre premier Messie. Tel, un enfant sauvage, de quinze ans, est matériellement plus avancé qu'un enfant bien élevé, de dix, mais est loin de valoir moralement ce dernier.

Que l'on veuille bien, en effet, mettre, à côté de ces lumières spirituelles et morales, de ces intuitions bâtardes et prématurées venues de l'Asie, les notions de justice, l'élévation et la sainteté de la pure morale du Christ, et l'on pourra mesurer à quelle distance la doctrine d'amour divin de notre Messie laisse derrière elle la civilisation païenne. Malgré la science et les avantages matériels de celle-ci, ce parallèle l'écrase. Cette expansion des doctrines asiatiques avait son but et rentrait dans le plan de Dieu, favorable à la diffusion de la lumière départie à l'Asie, à l'ancien satellite chargé d'initier aux arts et aux sciences les autres grands corps incrustés avec lui.

N'obéissant qu'à son mandat de Messie d'amour innocent et aveugle, propre à l'enfance humanitaire qu'il venait fonder sur la planète incrustative, sachant, d'ailleurs, le compte qu'il devait tenir des lumières précédemment transmises à l'Asie et la mesure de leur utilité pour l'avenir, le Christ accomplit sans broncher et sans l'outre-passer son œuvre divine. Il savait que c'était le moyen d'assurer la végétation libératrice et de greffer sur la vie humanitaire sauvage la vraie vie et le vrai langage attractif d'amour enfantin, base des autres vies que devait traverser l'humanité confiée à ses soins pour atteindre les fins de Dieu.

Les doctrines et les dogmes répandus dans les différents pays de l'antiquité, doctrines et dogmes venus tous originairement d'Asie et diversement modifiés selon les peuples où ils furent importés, ont été exposés et comparés plus tard par quelques patients érudits préoccupés de l'idée de les envelopper, tous, dans la même accusation de mensonge et de paralyser, du même coup, la doctrine du Christ dont la haute parenté avec eux est évidente. Comme si l'homme ne devait pas plutôt s'incliner confondu, devant cet accord, même, et reconnaître, là, l'admirable unité qui s'efforce de se substituer et se substituera, à la division satanique et à la confusion morale des premiers commencements de de notre humanité.

A un moment suprême, cependant, à une de ces heures solennelles signalées plus haut, un premier envoyé céleste, un Fils aîné de Dieu, son premier Messie sur la planète Terre, devait venir s'incarner dans l'humanité, renforcer l'âme planétaire, souder l'incrustation matérielle, spirituelle et morale, donner aux hommes la pure lumière d'amour divin et porter ainsi à Satan un coup mortel. L'âme mère savait cela dès le commencement et l'avait fait annoncer aux hommes. Mais le démon le savait aussi, et dès le commencement, aussi, les esprits des quatre satellites avaient machiné dans leurs réduits inférieurs la trame noire aux milliards de fils qui devait tenir l'humanité dans l'ignorance et l'erreur, ôter la vie à l'Envoyé divin, paralyser sa doctrine et la confisquer au profit de Satan. Déjà, ils avaient songé au genre de mort qu'ils feraient infliger à leur victime et arrêté la forme de son supplice. L'exécution ne les embarrassait pas. Ils étaient sûrs d'avance de leurs agents matériels.

En vue de paralyser ces efforts, l'âme mère s'était de longue main ménagé un peuple privilégié entre tous, tantôt docile à l'inspiration du bien et fidèle à son mandat; tantôt, et plus souvent, en proie à la puissance du mal et rebelle à Dieu. Son histoire est toute une peinture de la situation spirituelle de la planète et de l'humanité de ces temps. C'est tout au plus si l'âme mère put transmettre dans sa pureté le Décalogue à Moïse, tant les satellites s'efforçaient de diriger eux-mêmes l'homme de Dieu. Ils n'y réussirent que trop bien. Cette intervention diabolique, signalée par la lutte spirituelle et fluidique dont les éclats représentés dans l'atmosphère par les tonnerres et les éclairs, frappèrent si fort les Hébreux; cette intervention constante et inévitable fut l'origine des taches répandues sur les actes et sur la conduite du chef des Hébreux, l'explication de toute l'histoire de ce peuple.

Des prophètes autres que Moïse lui furent envoyés, dont il garda les paroles. Par eux, l'âme mère, espérant ainsi combattre plus tard l'influence satanique, avait fait annoncer les détails de la venue du Fils de Dieu et les merveilles de son règne sur la planète. Elle leur avait fait marquer aussi, bien renseignée sur les complots noirs des réduits infernaux, les douleurs que lui préparait l'esprit du mal, dans l'idée que l'accomplissement de ces prophéties diverses, appuyé des miracles matériels du Messie, ouvrirait les yeux à son peuple et au monde, même, en dépit des efforts de Satan.

On sait ce qu'il advint. L'Enfant-Dieu naquit, annoncé aux quatre coins de la terre et chez tous les peuples dont les annales l'attestent. Il fournit sa courte carrière terrestre clôturée par un sublime sacrifice. Les esprits mauvais s'étaient emparés de la tête et du cœur des puissants de son pays et de leurs amis. L'unité céleste assista frémissante, mais invisible pour les hommes qu'elle aurait touchés sans cela, au supplice de son Sauveur, de celui de tous ses enfants aveugles, et trouva dans sa céleste énergie la force de respecter le libre arbitre des agents du mal. Elle assura par cette résignation céleste, pendant de celle du Christ, le triomphe futur du Sauveur dû à cette victoire et dont la réalisation glorieuse fut remise à son second passage.

Quelque temps avant la venue du Christ, une âme des mondes célestes, fille des cieux, féminin de Dieu, représentante de sa volonté amoureuse, âme pure et sans tache, s'était rendue dans l'unité céleste de l'âme planétaire, chargée des premiers renforts célestes qui lui furent apportés et de l'annonce de sa prochaine délivrance. On comprend, d'après cela, l'amour, le respect, la vénération de l'unité céleste pour la Grande Messagère divine qui porta à la puissance de Satan la première atteinte. On comprendra le zèle que mettent tous les esprits célestes de l'âme mère à exaucer, autant que cela leur est possible, les prières adressées à la Vierge des vierges, fille des cieux, reine des anges, de la terre et des hommes, à la Mère du Christ, à la Grande Messagère de notre planète.

N'oublions pas, après avoir parlé du Messie, de signaler, à ce sujet, une disposition importante.

Le passage du Messie matériel avait eu lieu dans la Palestine située vers le point central de l'incrustation matérielle, pays déchu maintenant de ce privilége et aux mains des barbares. La France, cœur et cerveau de l'humanité de nos jours, est désignée pour recevoir le second Messie, et, centre moral, point d'appui matériel de l'unité spirituelle et céleste, doit dispenser aux nations la loi d'amour, la loi de Dieu.

La France a reçu jadis un premier gage de cette mission enviable, mais douloureuse, comme le sont, sur un monde où règne en plein le mal, toutes celles de Dieu, dans la personne de la céleste jeune fille, qui, sous le nom de Jehanne Darc, délivra le centre futur de l'unité terrestre d'un ennemi puissant qui, sous la bannière de Satan, menaçait de changer ses destinées. Guidée par un Grand Messager divin, Jehanne accomplit les merveilles que nul Français n'ignore, et scella, du sacrifice de sa vie, sa glorieuse et courte carrière aux mains des suppôts de Satan,

Entre temps, l'incrustation marche toujours et progresse insensiblement, matérielle, spirituelle et morale. Les esprits des satellites arrivent peu à peu à la fusion unitaire par des voies que nous dirons plus tard. Forcé de donner satisfaction aux tendances humaines, Satan est obligé de favoriser le progrès matériel, et le progrès matériel appelle providentiellement les hommes à s'unir. Les quatre grands corps se rapprochent de plus en plus et s'assimilent réciproquement les avantages respectifs les uns des autres. Un immense champ se déblaye et se défriche sur toute la planète pour y faire briller la lumière divine, pour y promulguer la loi de Dieu apportée par le second Messie. Dans l'ombre et le silence, on prépare l'équilibre matériel de la planète, œuvre qui donnera un emploi au feu électrique tenu en réserve par l'âme rectrice. Alors, plus de volcans. La place de la lune, cette place si longtemps vacante, sera remplie par un nouveau continent. Une série d'îles nouvelles, tout récemment émergées des eaux, en promettent d'autres qui les suivent de près pour les unir, peuplées par les germes des quatre règnes que renfermaient ces mers depuis le déluge. Et la prophétie de l'Apocalypse se réalise, et rien ne se perd, pas même la léthargie de ces hommes avancés de quatre-vingts siècles par leur sommeil, et ayant fait, endormis, plus de chemin peut-être qu'ils n'en auraient fait dans les mondes mauvais.

Les navigateurs, et des rapports authentiques en font foi, découvrent tous les jours, dans l'océan Pacifique, des matériaux nouveaux préparés de longue main pour constituer, à un jour prochain, par leur réunion, le continent annoncé depuis deux ans déjà dans notre livre *Clé de la vie*. On s'étonne de trouver sur des îles nouvelles une végétation et des animaux inconnus dont l'existence, en ces parages, est complétement inexplicable par ce qu'on sait, et ne s'accorde avec aucune des probabilités déduites des vents et du voisinage. Une seule explication est possible, c'est celle de la loi de Dieu dont l'exécution a plongé sous les eaux, avec leur mobilier léthargique, ces terres qui, reparaissant à la face du ciel par les efforts de l'âme planétaire, voient, au contact de l'atmosphère, ressusciter leur mobilier. L'étonnement serait bien plus grand, sans cette explication, le jour où l'on rencontrera, sur quelqu'une de ces îles nouvellement sorties de la mer, non-seulement des animaux, mais des hommes tout frais moulus de la voirie du tourbillon, ou cataleptisés lors de l'incrustation. D'où viennent les habitants des îles, évi-

demment récentes, découvertes dans ces mers depuis si
peu d'années encore et dont les indigènes ne ressemblent
à aucune autre race? L'acte de l'incrustation terrestre explique tous ces phénomènes, en a expliqué et en expliquera d'autres encore (1).

Ces îles sont les premiers jalons d'un continent tout entier qui complétera le corps matériel de la terre et lui permettra de se suffire à elle-même. Quand, par le retour de
l'incrustation à son plan primitif, moins la Lune, les montagnes devenues inutiles se seront écroulées, des plaines
d'eau occuperont leur place. L'atmosphère, d'autre part,
plus forte et plus pure, renforcée par de bons fluides et
délivrée des plus mauvais, acquerra une élasticité nouvelle. L'âme de la terre, dispensée des ruineux services
de son déplorable satellite qui, en suçant violemment
l'atmosphère terrestre, y entretenait l'agitation nécessaire
à l'alimentation vitale de la planète incrustative et de son
mobilier, cessera de traîner la Lune à la remorque et lui
retirera le cordon nourricier qui lui permet de s'alimenter fluidiquement dans l'atmosphère terrestre.

Cet acte sera le coup de grâce porté à la Lune, le signal
de la chute du satellite rebelle dans la voirie, de sa disparition totale de la face du ciel.

Il est une vérité qu'il importe de mettre en lumière et
qui sera ici à sa place. Cette prédiction faite par l'Esprit
de vérité de la chute certaine et de la disparition du satellite rebelle, quartier général de Satan, son point d'appui
pour agir contre notre malheureuse planète, est loin d'être
nouvelle sur la terre. Les écritures y font allusion en plu-

(1) Voir le compte-rendu des séances de l'Académie des sciences,
n° 3, 17 janvier 1859, p. 144.

sieurs circonstances que nous allons rappeler. La Bible parle de la chute de Lucifer. Dans le langage de la Bible, livre qui ne pouvait s'exprimer que par figures, Lucifer, porte-lumière, n'est autre que l'ange déchu, l'âme collective spirituelle, ancienne reine des quatre satellites incrustés, la Lune, l'astre de la lumière des nuits.

Et, d'abord, les prophètes hébreux, tout remarquables qu'ils fussent par la puissance de leurs facultés, ne pouvaient s'élever personnellement dans leur propre intelligence au-dessus du niveau scientifique de leur temps. Ils ne furent pas toujours à la hauteur des idées et des paroles intuitives à eux inspirées par une intelligence supérieure, avancée bien au-delà de leur portée. L'âme céleste, mère de la planète, son Dieu immédiat, qui, sous le nom, seul intelligible alors, de l'Eternel, les faisait parler, ne pouvait, à cette époque sans égale de domination satanique, soustraire complétement ses pures inspirations à l'influence mensongère des âmes satellitaires. Aussi, les prophètes, intermédiaires divers des pensées célestes, étaient-ils souvent obscurs et, parfois, peu orthodoxes. Tout cela était conforme à la nature de la planète et au respect exigé par la loi pour le dogme du libre arbitre.

Les traducteurs des prophètes, moins capables encore que leurs chefs de file de comprendre la vérité, toujours étrange et rebutée dans une société incohérente et erronée, se sont vus obligés, à bout d'efforts intellectuels et de consciencieuses conjectures, de s'en rapporter à eux-mêmes pour l'interprétation des paroles qu'ils avaient entrepris d'expliquer dans leur propre langue. De là, tant de variantes et d'erreurs que l'Esprit est venu faire cesser en nous apportant le *miroir de vérité*.

Le roi David, poussé intuitivement à parler de la disparition future de la Lune, sans connaître la liaison avec toutes choses de ce fait isolé à ses yeux, rend cette idée extraordinaire et singulière entre toutes pour son esprit et pour son temps, d'une manière peu claire dans un de ses psaumes. Mieux inspirés, et, à cet effet, les Septante, ses traducteurs, lui font dire dans leur version de ce chant relatif à la seconde venue du Messie. « La justice apparaîtra avant que la Lune ne soit enlevée, *donec auferatur luna*; en hébreu : avant que la Lune s'abyme poussée dans la décomposition du néant. » (Ps. LXXI ou LXXII.)

David dit plus loin : « Il fit la Lune pour un temps; *in tempora*, et le soleil sait quand il doit finir, » (Ps. CIII ou CIV), marquant ainsi la différence de destinée des deux astres.

Isaïe ne fut pas plus heureux sur ce point dont il ignorait l'importance et, à cause de cela, aussi peu compréhensible pour lui que pour le Roi-Prophète. Le texte obscur de sa prophétie traduit, selon les Septante, par ces paroles célèbres : « *Quomodo cecidisti, Lucifer?*... Comment es-tu tombé, Lucifer? » (ISAÏE XIV.) exprime confusément cette inspiration véridique, relative à la chute de la Lune, à l'âme mère de la terre et aux quatre parties de la planète incrustative, clairement désignées en ascension dans ce passage dont voici le sens réel : « Comment es-tu tombé, Lucifer,
« toi qui, bravant son attraction et son amour dévoué,
« prétendais t'élever jusqu'aux cieux? Tu disais : Je mon-
« terai au-dessus des hauteurs les plus élevées, je serai
« semblable à l'Eternel; et cependant on t'a fait descendre
« au sépulcre au fond de la fosse. Comment encore, tandis

11.

« que les autres, moindres et plus faibles que toi, prospèrent,
« fructifient et s'élancent en haut, comment se fait-il que
« toi, tu sois tombé si tôt en décomposition sous leurs yeux,
« abîmé dans la mort et la confusion du néant? etc... »

Or, toute inspiration solennelle venue d'en haut, figurée parfois dans les choses de la terre, ne peut avoir qu'un
but capital. L'unité planétaire inspiratrice ne sort de son
majestueux silence que pour s'adresser à toute l'humanité
et la préparer aux évolutions principales de sa carrière,
réglée par les aiguilles du cadran céleste des destinées.

Ce chapitre tout entier d'Isaïe où l'on s'est efforcé de ne
voir, par suite d'une interprétation et d'une intelligence
rétrécie, qu'une prédiction relative à un ennemi de la Ju-
dée, pris pour sujet, peut-être, par le prophète, à cause
des reflets constants de tout en toutes choses, devait avoir,
et a réellement une bien autre portée. Il intéresse, dans
l'avenir, toute la planète. Il s'adresse au puissant ennemi
du genre humain et de Dieu, à Lucifer, porte-lumière, au
satellite rebelle entre tous, à la Lune, dont il signale les
méfaits, la mort, et même l'inhumation dans la voirie, la
dissolution dans la pourriture du néant.

Jésus-Christ fut plus intelligible et plus explicite, quoique ses paroles aient perdu de leur clarté et de leur pré-
cision en passant par l'interprétation des apôtres et de
leurs disciples. Ces derniers lui font dire, au sujet de la
venue du deuxième Messie :

« Le soleil s'obscurcira, les étoiles du ciel tomberont,
« la lune ne donnera plus sa lumière.» (S. MATHIEU XXIV.)

Isaïe avait dit aussi : « Les étoiles des cieux et leurs
« astres ne feront plus luire leur clarté, le soleil s'obscur-

« cira quand il se lèvera, et la Lune ne fera point res-
« plendir sa lumière... » (ISAÏE XIII.)

Que signifie cette prophétie du Christ, et, subsidiaire-
ment, celle d'Isaïe? Examinons. *Le soleil s'obscurcira.*
C'est l'exagération, par l'intermédiaire des disciples du
Christ, des effets passagers sur l'astre lumineux du tourbillon, d'une crise de progrès, propre à tout le grand omnivers, et dont l'image et les effets du soleil ne peuvent
manquer d'éprouver l'influence. C'est ce moment critique,
heure suprême et solennelle marquée au cadran céleste,
dont l'ébranlement « arrivé d'échos en échos jusqu'aux
mondes matériels est venu correspondre » par un fait palpable, à l'intermédiaire de l'Esprit, et nous vaudra la venue
du deuxième Messie, de l'Esprit de vérité lui-même.

Ressentie dans tous les mondes et visible dans ses effets
parmi les tourbillons voisins du nôtre, cette immense secousse végétative fera incruster des satellites, amènera
des Messies aux planètes préparées à les recevoir, fixera
des comètes solaires ou les incrustera. Elle fera monter
et, disparaître, en langage vulgaire, *tomber*, des soleils;
en déplacera, en fera avancer, en incrustera d'autres,
provoquera des mariages d'astres planétaires, transformés
en soleils nouveaux : tous phénomènes annoncés par les
paroles du Christ et d'Isaïe, manifestés déjà et constatés
dans leur réalisation, tous les jours, par les astronomes modernes auxquels il sera peut-être difficile de faire accepter
la vérité vraie de ces prophétiques paroles dont ils voient
les premiers l'accomplissement sans s'en douter. *Les étoiles du ciel tomberont.*

Et les étoiles du ciel sont tombées, et elles tomberont,
en effet, si tomber veut dire s'évanouir. L'astronomie,

depuis longtemps, avait connaissance de la disparition de bien des étoiles. Mais, de nos jours où une statistique exacte, des cartes complètes du ciel, connu et accessible à nos instruments, se poursuivent avec persévérance, on constate, chaque jour, des disparitions nouvelles. C'est : une pluie d'étoiles, qu'il faudra signaler bientôt, si disparaître, en ce cas, signifie *tomber*.

Quant à ces derniers mots : *La lune ne donnera plus sa lumière ;* c'est l'annonce claire et précise de la mort matérielle de la lune, éteinte et abîmée dans la voirie du tourbillon dès que commencera le règne de Dieu, et bientôt remplacée, au dire de l'Esprit, par d'autres satellites ; satellites réels cette fois, trophées lumineux de l'avancement et de la valeur nouvelle de notre petite terre, des efforts persévérants de notre bien-aimée mère nourricière.

S'il nous était donné de traiter ici pleinement la thèse du départ futur et prochain de la Lune, nous ferions ressortir ce départ d'une foule de preuves et de considérations matérielles, morales et spirituelles. Nous nous contenterons, d'en citer deux pour l'idée, l'une dans l'ordre du bien, et l'autre dans celui du mal.

Lorsque la Vierge, la Grande Messagère divine, fit son ascension selon la tradition des disciples de son divin Fils, elle leur apparut lumineuse au milieu d'un nuage doré, la tête entourée de douze étoiles, debout sur un globe d'azur, et foulant à ses pieds, enroulée par un serpent, la Lune en forme de croissant.

Le souvenir de ce fait merveilleux se conserva parmi les premiers chrétiens, mais non l'historique de son origine. Il fut travesti dans sa signification et laissé dans l'ombre, comme tant d'autres, grâces aux artifices des

esprits du mal empressés à faire disparaître ou à neutraliser tout ce qui pouvait rappeler les détails et la réalité
de la vérité divine. L'image de la Vierge foulant aux pieds
le serpent et la Lune, a donc providentiellement surnagé
au regrettable naufrage des traditions de la vie du Christ
et de la Vierge. Consolons-nous, l'Esprit consolateur ré-
parera cette lacune. Enfin, une succession d'artistes à
l'âme sympathique au bien, et facilement influencés par
l'âme mère de l'unité céleste, ont peint toujours la Grande
Messagère s'élevant auprès du grand Père de tous, comme
l'ont vue, dit-on, les disciples de son fils.

Autre chose, maintenant.

Quel que soit l'amour dont on fasse profession pour ses
frères, pour tous les hommes sans exception, comme le
veut la loi de Dieu, on ne pourra se refuser à reconnaître
l'influence mauvaise, la main de Satan dans la fondation
de la puissance musulmane, autrefois si terrible, aujour-
d'hui un simple obstacle; de voir cette main dans les institutions de Mahomet le faux prophète, l'apôtre de la force et
de la contrainte, le contempteur de la conscience et du libre
arbitre humain, le fondateur d'une doctrine, le provoca-
teur de mœurs antipathiques à la loi de Dieu. Charmé de
son œuvre, Satan voulut la marquer de son sceau, et lui
fit adopter le signe de sa puissance. Le Croissant est ainsi
devenu l'emblème de l'empire matériel où le mal s'est
complu; emblème destiné par la Providence à partager
le sort de l'astre qu'il représente et représentera jusqu'au
bout, même et surtout dans sa disparition.

CHAPITRE III (*)

Clé des manifestations spirituelles directes produisant le bien, et des manifestations spirites indirectes produisant le mal.

Etablissons bien ici, d'après les données éparses dans notre clé, la constitution spirituelle et céleste de notre globe et nous en tirerons des conclusions importantes pour expliquer, les communications spirituelles qui nous occupent en ce moment, et les manifestations dites spirituelles.

Toute âme dirigeant une planète est une âme d'astre, unité spirituelle immense, noyau spirituel ou céleste, directeur d'une quantité innombrable d'âmes, unités primaires humaines, fusionnées et conservant leur individualité propre, malgré la fusion amoureuse qui les lie toutes ensemble.

Rappelons-nous que les âmes humaines fusionnent pour monter; elles se divisent, quand elles se dégradent et descendent. De là, les âmes simples fusionnées des âmes planétaires, fortes par la fusion, faibles par la division. L'image matérielle de ce fait se trouve reproduit dans la

(*) Ce chapitre est la reproduction textuelle du chap. XIII de la 8ᵉ Partie de la *Clé de la vie.*

formation et dans la chute d'un fruit, dans une société sans lien, dans un assemblage mal joint.

De même que l'âme humaine, toute étincelle divine qu'elle est, peut, moralement, être divisée quand elle anime un être humain incohérent, ainsi, une âme d'astre, une âme planétaire peut se trouver divisée, si elle anime un grand corps de nature mauvaise.

Les quatre satellites égarés qui, incrustés, ont formé la terre, étaient animés par des âmes perverses ou, tout au moins, peu sympathiques. Le bon germe s'est incorporé violemment ces âmes, et cherche à opérer leur fusion avec lui. Cette fusion n'est pas consommée encore. Elle se fait, néanmoins, peu à peu, et chaque jour, des âmes primaires, appartenant aux âmes des satellites, se détachent de ces dernières, pour fusionner avec le bon germe spirituel. Ce fait est reflété, matériellement, par la fusion partielle et journalière opérée sur les quatre grands corps qui composent l'agglomération planétaire terrestre.

L'époque actuelle est solennelle pour la terre. Une évolution nouvelle se prépare évidemment pour son humanité et pour elle. Elle a reçu, à cet effet, des renforts considérables, du soleil son auteur, des esprits supérieurs de la hiérarchie solaire, et de la volonté, même, de Dieu, en la personne des grands messagers fluidiques lumineux, chargés de préparer les voies à un nouveau Messie. Le Messie spirituel est annoncé par toutes les voix, par tous les moyens à la portée de l'âme de la terre. Les efforts, dans ce sens, de cette dernière, sont manifestes. Le matérialisme aveugle s'obstine vainement à les nier, à les combattre, à les tourner en ridicule. « En voyant, ils ne

« voient point, en entendant, ils n'entendent et ne com-
« prennent point. »

Qu'opposent-ils à ces prodiges? la banalité, la simplicité de ces faits. Eh! tels qu'ils sont, ils sont assez visibles
pour les yeux qui voient. Que les autres apprennent à
regarder. Ceux qui ne voient pas se proclament aveugles.

Voudraient-ils, par hasard, que Dieu envoyât sa lumière,
matériellement apportée, par des êtres fantastiques, sur
des chars de feu? A chacun selon ses mérites !

Bon nombre d'hommes ont vu, cependant, et ont entendu. Les quatre parties du monde sont, sur ce point,
édifiées. Ce travail de l'atmosphère vivante de la planète
correspond à celui de son centre intelligent. Tout marche
vers une crise planétaire prochaine; mais, à Dieu, seul,
d'en fixer l'heure.

Parmi tous ces efforts surnaturels, pour les marquer
d'un nom spécial, qui se manifestent, par leurs effets,
dans l'atmosphère, on distingue facilement ceux du bon
germe et ceux des quatre âmes des anciens satellites de la
planète inconnue.

L'âme céleste et dévouée qui nous dirige s'empresse,
en ce moment, de se mettre en rapport avec toute unité
humaine en affinité avec elle. Les âmes de cette trempe
ne manquent pas, envoyées de longue main sur la planète, en prévision de l'époque actuelle. Des unités primaires fluidiques, de sa nature céleste, sont détachées par
le bon germe en tous endroits, sur la surface du globe,
pour concourir à l'œuvre de la résurrection spirituelle qui
s'avance, et se mettre, pour cela, en rapport avec les âmes
humaines de nature à rendre possibles ces contacts.

On reconnaît les manifestations émanées de cette source

à la droiture des esprits chargés de les faire, à la pureté des doctrines qu'ils professent, à la décence de leur allure, à la simplicité de leurs interprètes, au savoir lumineux qui les caractérise, à l'onction de leurs paroles, à leur réserve, à leur susceptibilité quand le milieu où portent leurs communications s'écarte de la bonne voie, à leur silence, à leur départ définitif, quand, incorrigible, ce milieu sacrifie les enseignements utiles à la satisfaction d'une vaine curiosité. Si les communications provenues de ce côté ne donnent pas toute la vérité, c'est qu'elles ne peuvent, qu'elles ne doivent pas la dire, par respect pour le dogme et le jeu du libre arbitre et pour se conformer à la loi du travail omniversel de végétation lumineuse, objet et mobile de tout ce mouvement.

Les âmes des quatre satellites, les quatre Satans qui enchaînent la planète sous la domination du mal, ne sont pas prêts à céder sans combat à l'influence croissante du bien. Leur puissance est grande, encore, sur ce globe, et, de longue main renforcée, a donné lieu, il y a dix-huit siècles, à ces paroles prophétiques de Jésus-Christ : « Pensez-vous qu'il y ait encore beaucoup de foi sur la terre lorsque j'y reviendrai ? » Or, il est près de revenir en la personne de l'Esprit qu'il a annoncé.

Eperdues, les âmes des quatre satellites ont redoublé d'efforts pour neutraliser l'action du bien. De là, ces multitudes d'esprits affublés de mille noms bizarres : esprits prétendus errants, esprits frappeurs, plaisants, railleurs, moqueurs, mystificateurs, esprits terribles, disant la vérité, parfois, même en matières graves, sans égard pour le dogme du libre arbitre, assez pour séduire, convaincus, cependant, à tout instant, de mensonge et d'ignorance

vraie ou jouée; esprits, aux réponses incohérentes, dans
le même lieu, avec les mêmes personnes; dans des lieux
divers, avec des médiums différents; esprits, aux pro-
vocations impies, aux discours blasphémateurs et sacri-
léges, honte des manifestations spirituelles; esprits, ayant
pour mission de provoquer, de la part d'honnêtes aveugles,
un mépris général, inconsidéré, pour tous les phénomènes de cette nature, qui les empêche d'entendre et de
voir, toute autre part, où ils pourraient être réellement
éclairés.

Tous ces esprits, bons ou mauvais, en mission auprès
des hommes, peuvent exécuter et exécutent, en effet, une
foule d'actes que l'humanité n'aurait pas, jusque-là, soup-
çonnés possibles. Ces actes sont connus; on peut les voir
partout; qu'on veuille bien prendre la peine de les suivre,
d'en lire le récit véridique, de les étudier. Ce que nous
allons dire en fera comprendre la théorie, en donnera la
clé.

Toutes ces manifestations sont primées par d'autres
communications de provenance supérieure, indiquées
plus haut, par celles des grands messagers lumineux,
envoyés et établis, en nombre, dans notre atmosphère, à
l'effet de préparer et de faciliter la mission du représentant
divin, la volonté immuable de Dieu. Ces dernières communications s'opèrent d'une manière directe, par le fait de
l'alimentation, dans l'atmosphère, des messagers divins,
et sont transmises à leurs précurseurs au moyen des hominicules lumineux célestes élaborés par eux, ou par
toute autre voie, au gré des tout-puissants représentants de
Dieu. Doués, par essence, de la faculté de se montrer sous la
forme et l'apparence qu'ils jugent convenables, auteurs

réels, par eux-mêmes ou par des intermédiaires, de phénomènes divers, calculés pour frapper et entraîner les esprits, ils s'enveloppent toujours, pour nos yeux, d'un léger nuage, comme tout ce qui apparaît sur notre planète de la part de Dieu.

Tout ce travail matériel et fluidique concourt, comme nous l'avons dit, à l'exécution d'un acte immense, à l'œuvre de la grande végétation spirituelle omniverselle à laquelle se dispose à participer notre globe, par la résurrection spirituelle de son humanité : grand fait qui ressort et se dégage de l'ébranlement matériel, atmosphérique et spirituel, opéré, de nos jours, parmi nous, et le domine.

L'Esprit, qui a promis et annoncé son arrivée par son intermédiaire matériel, a donné à ce dernier, parlant directement à lui-même, ses communications supérieures spontanées. Nos lecteurs peuvent, maintenant, par quelques exemples, en apprécier la nature. On les trouvera complétement distinctes, comme nous nous sommes efforcés de le faire comprendre, des écrits provoqués, sollicités des esprits, des réponses obtenues des voyants de toute nature; de toutes les manifestations, en un mot, provenant de l'âme de la planète.

Mauvaises ou douteuses, bonnes même, ces dernières communications sont loin, certes, on en conviendra sans peine, de présenter un corps complet de doctrine, une loi quelconque. Tout au plus apportent-elles, dans quelques cas fort rares, un concours utile à un fait général et supérieur. Or, les paroles et les communications de l'Esprit de vérité tranchent de la manière la plus évidente sur tout ce mouvement spirituel. Où trouver, en aucun temps, sur la terre, un ensemble aussi vrai, aussi vaste, aussi concordant, aussi homogène, aussi simple, aussi logique, aussi neuf, que le code des lois de la vie des mondes, transmis à l'humanité, dans la *Clé de la vie*, par l'Esprit qui doit venir? Ce livre est ouvert à toutes les intelligences. On le lira, nous osons l'espérer, dans l'intérêt de tous ; et nous avons la confiance qu'il sera sainement jugé par tout homme simple, éclairé, débarrassé du bandeau des préjugés, de l'erreur, et de tout lien grossier, matériel et satanique.

Après avoir apprécié, dans leur ensemble, les manifestations des esprits, signalé la valeur des enseignements spirituels et célestes de l'Esprit de vérité, entrons dans quelques détails capables de faire ressortir, de tout ceci, la théorie et la clé des manifestations dites spirituelles.

Un homme pur, simple, dévoué, peut être en rapport avec le bon germe ; mais, la fusion spirituelle des quatre satellites avec l'âme qui se les incrusta est déjà commencée, sinon, très-avancée. Le bon germe a quelque peine à mettre de côté toutes leurs influences ; surtout, s'il n'y est pas aidé par une coopération puissante dans le sens de la lumière et du bien. De là, l'inefficacité de communications, lueurs pures par leur nature, mais, déguisées, mais, incomplètes et sans liens entre elles, dans des circonstances diverses, avec différentes personnes, avec le même médium.

Est-on en rapport avec les âmes des quatre satellites, mal vivant quadruple, quadruple Satan des premiers âges de la terre et de nos jours? On n'en obtient, pour l'amorce d'un peu de vérité, que mensonge, moquerie, incohérence et malice. Est-ce avec le bon germe, l'âme véritable de notre globe? Il faut une âme pure et bien trempée, une incrustation de pareilles âmes, pour en obtenir, au moyen des bons esprits détachés à cet effet, quelques vérités confuses, immanquablement empreintes d'incertitude, par suite du contact inévitable des quatre âmes perverses des satellites, et pour une cause plus grave, encore : en vue du dogme du libre arbitre. Des communications sûres, complètes, lumineuses et vraies, sur une planète comme la nôtre, ne peuvent provenir que d'esprits supérieurs à l'âme planétaire, et être reçues que du dehors, directement, par les voies lumineuses, sans influence de la part du centre fluidique du globe, ou être transmises par les grands messagers logés dans l'atmosphère, comme il a été dit à l'endroit des Messies et des grands messagers divins.

Mais, dira-t-on, un esprit évoqué affirme, par le crayon, la vérité de ses paroles ; il en donne des preuves par des confidences dont il est, seul, capable, par des signes matériels authentiques, irréfragables, par son écriture, par son style, par sa signature. On pouvait, jusqu'à présent, malgré mille déboires, se payer de ces raisons ; mais, avec la connaissance, transmise d'en haut, de la constitution matérielle et céleste de notre planète, du code de la vie omniverselle, il n'y a plus de raison pour se payer d'incohérence, de vagues affirmations, contraires aux lois de la vie d'un grand corps, et fermer obstinément l'oreille à la vérité pivotale, céleste. A moins d'une valeur et d'une condition exceptionnelle, d'un rang supérieur en hiérarchie spirituelle, chez l'intermédiaire par qui nous parviennent les communications, et nous avons étudié ce cas à l'aide des lumières nouvelles, toutes les manifestations dites spirituelles nous arrivent par l'intervention de l'âme de notre planète. Le contraire serait la subversion.

Toute âme humaine, en effet, après avoir quitté son corps, prend, digérée ou classée par l'âme de sa planète, la voie ascendante, la voie attendante ou la voie descendante. Ascendante ou descendante, elle est immédiatement placée sur un autre globe de sa nature, dans un autre tourbillon ou dans un autre univers, par l'intermédiaire connu de l'âme de notre planète, des voies lumineuses et des soleils, à des distances impossibles à spécifier. Attendante, elle s'épure dans les mondes spirituels de la planète, dans son sang, dans les eaux; va, de là, dans l'atmosphère et suit bientôt la marche ascendante des autres. Elle est incapable, d'ailleurs, de toute vie active dans l'atmosphère, comme nous l'avons fait comprendre dans la Clé de la vie des mondes.

L'âme de notre planète a reçu, classé, alimenté les âmes de son humanité. S'étant trouvée, durant leur séjour sur son globe, en rapport constant avec elles, par son corps et par son atmosphère, elle les connaît à fond, sait tous les détails de leur personnalité, peut reproduire, sans hésiter, leurs traits physiques, les traits de leur caractère, n'oubliant, à leur égard, aucune circonstance, capable même de se mettre instantanément, quand ces âmes sont loin, en rapport avec elles par le canal des soleils et des planètes, grands corps liés, tous, entre eux, comme on sait et, respectivement, à leurs mobiliers.

Or, ne l'oublions pas, l'homme de l'un ou de l'autre sexe, réduit à un corps divisé et à une âme classée en dehors de la planète où est resté ce corps, n'existe plus effectivement; l'âme, seule, en subsiste dans la vie; mais, elle, est provisoirement, une autre personne, ne se reconnaissant, en plein, qu'aux mondes spirituels, quand elle arrive à la vie véritable. Reçoit-on de cette âme des confidences, en apparence, sincères et vraies? C'est l'âme de la planète, douée, au moyen des voies lumineuses, des contacts infinis spirituels et célestes, omnisciente relativement à sa vie et à celle de son mobilier présent et passé, qui transmet, par l'un des esprits de son unité, ces réponses, mesurées toujours, en valeur, sur la valeur réelle de l'âme qui les provoque. Ce qui le prouve, en dehors de la loi, c'est que, si l'on demande des preuves de sa présence, à un esprit, incarné et vivant, encore, sur notre globe; on obtient, en ce genre, tout ce qu'on veut, à l'insu de cet esprit. Qui peut opérer ces effets? L'âme seule de la planète.

Nous avons vécu sur d'autres planètes, avant d'arriver sur la nôtre. En avons-nous le moindre souvenir? Ce serait contraire à la loi de Dieu, ne souffrant d'exception, sur cet article, qu'en faveur des précurseurs, des prophètes et des Messies. Pourquoi, placés ailleurs, des humains d'un rang ordinaire auraient-ils le privilége de faire taire cette loi? Nous avons développé la loi, d'après l'Esprit. Or, si la loi de Dieu fléchit, une fois, sur ce point, la moralité disparaît avec elle; l'unité n'existe plus dans l'omnivers; Dieu est menacé.

Des communications respectables, cependant, sembleraient prouver la présence réelle de bons esprits évoqués. Nous avons dit plus haut d'où proviennent ces bonnes communications. L'Esprit de vérité, d'autre part, a donné la loi, et l'a confirmée; l'ensemble de la Clé de la vie répond assez de l'authenticité de l'Esprit.

L'âme de la planète est l'intermédiaire spirituel général

de toutes les âmes classées sur cette planète, et de toutes les communications spirituelles venues du dehors.

En raison de la constitution bigarrée de notre âme planétaire et de la condition des hommes qui habitent son corps, on peut y obtenir, en ce moment solennel, surtout, des communications bonnes ou mauvaises de tout degré, comme nous l'avons dit. Laissons de côté les mauvaises, ne nous occupons que des bonnes. Nous savons, nous avons démontré combien il est difficile que ces communications soient pures et sans mélange de mal.

Les mondes spirituels et les mondes célestes, avons-nous dit, souvent, sont doués des contacts infinis et sont, tous, partout où se trouve une unité de leur nature. Que l'on pèse bien la valeur de ces paroles et on verra qu'elles impliquent et désignent d'une manière parfaite le rayonnement des esprits, rendant raison, en même temps, de la présence de ces esprits sur notre planète, présence morale due à l'exécution des lois de la vie omniverselle et à l'intervention fluidique de l'âme de la terre, au moyen des esprits, détachés momentanément de son unité.

A travers la voirie compacte, aucune relation ne saurait s'établir. Il n'y a d'autre voie, pour cela, que les cordons arômaux lumineux, phosphorescents, électriques, aimantés, soniques, divins. Or, le cordon arômal de la planète aboutit à son centre intelligent. Tout ce qui suit ce cordon traverse le centre intelligent, l'autel de la raison du globe. Une volonté supérieure à l'âme planétaire peut seule, y passer d'autorité, à l'abri de tout contact. Ces dispositions expliquent tout. Une image terrestre nous fera, peut-être, mieux comprendre encore.

Supposons le globe en harmonie et lié dans toutes ses

parties par des réseaux électriques. Supposons un centre électrique rayonnant, établi dans chacune des quatre parties du monde et, ces centres, en rapport entre eux. Supposons encore, comme cela ne peut manquer d'avoir lieu, un jour, chaque division, chaque subdivision, chaque individu de ces quatre grandes régions en rapport avec leur centre commun, par les mêmes voies instantanées. Veut-on, de l'Europe, communiquer avec un ami placé en Asie? On s'adresse, par les moyens à sa portée, au bureau central de la partie du globe où l'on se trouve, au bureau d'Europe, dans le cas dont nous parlons. Celui-ci se met en rapport avec le bureau central de l'Asie, ce dernier avec l'ami en question, doué par suite de la constitution sociale et télégraphique du globe, des contacts infinis, relativement à ce globe, comme on l'est soi-même. On converse ainsi avec son ami, moralement présent, par les voies électriques, par l'intermédiaire de tous les bureaux centraux et autres, employés aux transmissions télégraphiques et capables de les modifier, s'ils ne sont pas bien dirigés eux-mêmes; mais ils respectent l'autorité.

Telles sont les relations dans les mondes, telles, les lois des communications spirituelles et célestes.

Ne craignons pas, pour bien établir la vérité, sur un sujet si clair en apparence, et si embrouillé pour certains esprits, de revenir un instant par une redite indispensable, sur les communications spirituelles en général.

Il y a des esprits incarnés sur les planètes opaques, il y en a sur les mondes transparents, sur les mondes lumineux; il y en a aux mondes spirituels et aux mondes célestes, et, ainsi, sans fin. Il y a des degrés dans ces mondes.

Il y a des âmes célestes en mission ; il y a, en mission, des âmes spirituelles, des âmes d'astre de divers degrés, des âmes célestes, des Messies, fils aînés de Dieu, des grands messagers divins, fils aînés de Dieu plus élevés encore. Quelle distance entre ces êtres et une simple âme humaine de nos mondes ! Une hiérarchie de mérite et de pureté est établie dans le corps du grand homme fluidique infini, accessible à tous, mais, à des degrés divers. Si, parfois, un souverain ne dédaigne pas d'adresser la parole à un simple soldat élevé par son grand cœur, doué d'une âme d'élite, pourquoi un Esprit céleste, l'Esprit lui-même, ne pourrait-il pas être en contact avec un habitant de nos mondes, doué, pour les fins de Dieu, d'une âme marquée au coin des affinités célestes? Or, avons-nous, tous, des âmes célestes ?

Mais, demandera-t-on, enfin, pourquoi le bon germe, lui-même, cache-t-il la vérité, en ne signalant pas la loi des communications prodiguées à ses adeptes qui, en apparence, les méritent? Pourquoi, dirons-nous, à notre tour, le Messie ne descendit-il pas de sa croix, à la demande provocatrice des Juifs et des soldats romains? Que l'on se pénètre bien du grand dogme du libre arbitre. Là, est la clé.

De bonne foi, sommes-nous dignes de recevoir, tous, directement, sans distinction, la vérité, la science de Dieu, la lumière divine? Suffirait-il, par hasard, sans autre effort, d'une question distraite ou curieuse pour obtenir de Dieu la plus grande preuve de confiance? Non. Dieu met un plus haut prix à ses incomparables confidences. Là sincérité, l'amour, le dévouement, la pureté : voilà les moyens de les obtenir, sans les solliciter. C'est en vain, d'ailleurs, que l'aveugle fait appel à la lumière du jour, s'il ne s'est fait, auparavant, ouvrir les yeux. Or, examinons-nous.

Si, pour cela, nous voulons bien rentrer en nous-mêmes, peut-être reconnaîtrons-nous que les manifestations spirituelles, incomplètes, telles qu'on les a fait connaître, d'après l'Esprit de vérité, sont encore bien supérieurs à nos mérites. Eh! en cherchant par de sincères efforts à nous en rendre dignes, qui sait, si nous ne parviendrons pas à cueillir des fruits plus précieux?

Dieu donne infailliblement la main à qui voit sa lumière. Mais, il n'envoie sa vérité que par ses représentants directs, dans ses moments suprêmes et à son heure, comme on l'a dit. Le moment suprême est venu. L'heure approche. L'Esprit s'est annoncé. Il n'est pas loin.

TROISIÈME PARTIE

CHAPITRE PREMIER.

Preuves de l'unité morale et religieuse résultant de l'enseignement des manifestations directes de la volonté de Dieu.

Si nous considérons l'ensemble des sociétés humaines constituées sous l'empire de la grande loi morale émanée du christianisme, tronc commun des diverses croyances religieuses professées par les peuples de l'Europe et du nouveau monde ; nous n'aurons pas de peine à reconnaître que ces peuples obéissent encore aux préceptes de la morale enfantine ou morale évangélique plus ou moins altérée.

La loi d'analogie universelle nous démontre que cette règle de conduite, procédant du principe autoritaire absolu, ne saurait être applicable qu'à la phase de la vie sociale et humanitaire correspondante à l'enfance de l'homme individuel.

12.

Basée sur la foi dogmatique indiscutable, cette morale n'a jamais eu et ne peut avoir pour sanction que des pénalités ou des récompenses d'outre-tombe, irrationnelles et en opposition flagrante avec l'exacte et pure notion du juste et de l'injuste, dont toute conscience humaine, lorsqu'elle n'est point obscurcie, porte l'empreinte indélébile et profonde.

Un tel régime ne peut être imposé qu'à des masses ignorantes, saturées de préjugés absurdes résultat naturel des pratiques d'une superstition grossière.

Leur vie intellectuelle, restée à l'état inerte et latent, est incapable, comme l'aveugle-né, de percevoir le moindre rayon de lumière et ne peut, par cela même, distinguer l'erreur de la vérité, le bien du mal.

Cependant, chaque âge de l'humanité comme chaque âge d'une société humaine ou agglomération nationale, réclame impérieusement, nécessairement une loi morale appropriée à son tempérament ainsi qu'à sa nature, qui serve de principe et de point d'attache au lien social appelé à cimenter les éléments multiples et divers dont se compose un grand corps unitaire hiérarchiquement et puissamment organisé. En d'autres termes, la loi morale doit être considérée comme la pierre angulaire de l'existence de toute société humaine ; sa suppression, même temporaire, amènerait infailliblement et, à courte échéance, la dissolution du corps social formé sous son influence.

Tant que son application est en parfaite harmonie avec l'âge ou phase d'existence de la société dont la direction lui a été confiée, non seulement il importe de la

préserver de toute atteinte trop brusque et trop profonde,
mais encore de diriger son développement normal et
régulier dans les voies du progrès général et du perfectionnement indéfini.

Toutefois, il est un fait prédominant et sur lequel nous
devons appeler toute l'attention de nos lecteurs. Au
cœur même des sociétés humaines qui obéissent à la
morale enfantine, nous voyons surgir certaines collectivités d'individus chez qui la vie intellectuelle se développe d'une manière beaucoup plus active et plus intense.
Nous voulons parler des hommes qui cultivent les
sciences et les arts et qui, par cela même, sont infiniment plus aptes que les masses à percevoir les premiers
rayons de la grande lumière que nous apportons.

Ces hommes d'élite, savants, artistes, écrivains, publicistes, penseurs, philosophes, inventeurs, en un mot,
tous ces précurseurs de l'humanité qui marchent en
avant, ont, en général, cessé de croire aux dogmes de
l'enfance humanitaire, ils n'admettent plus, comme base
de leurs croyances et de leur foi que le témoignage de la
raison pure et de l'expérience. Ceux qui suivent, c'est-à-
dire qui viennent immédiatement après eux, sans
déserter complétement l'ensemble de leurs croyances
religieuses, ont néanmoins abjuré celles dont l'absurdité
était par trop flagrante et ont, depuis longtemps déjà,
secoué le joug de la superstition.

Les premiers, désormais affranchis de toute dépen-
dance spirituelle, n'ont plus voulu se soumettre à aucune
espèce de hiérarchie religieuse ou confessionnelle.

Ces émancipés de la science et de la raison, qui, jadis

prenaient le nom de philosophes et dont les plus illustres furent les auteurs de l'*Encyclopédie du XVIIIe siècle*, ont pris, de nos jours, la dénomination plus large et plus explicites de *libres penseurs*.

Pour nous, ces affranchis de la domination dogmatique sont, au moral, des *adolescents pubères* du grand corps collectif *humanité*; ils ont dépouillé les oripeaux de la *morale enfantine*, pour revêtir quelques-uns des véritables attributs de l'émancipation morale et intellectuelle. Ils ont tous une telle horreur de l'absurde, du surnaturel et du merveilleux, qu'ils ne croient plus qu'au témoignage de leurs sens, contrôlé par leur raison et leur entendement.

C'est là l'unique lumière qui, jusqu'ici, leur ait inspiré quelque confiance.

Les seconds appartiennent encore aux diverses ramifications de la grande réforme religieuse ou protestantisme.

En secouant le joug de Rome, ils ont éliminé des pratiques religieuses la plupart des rites ou cérémonies du culte, pour ne s'en tenir qu'à ce qu'ils ont cru être l'esprit de la doctrine évangélique. C'est bien évidemment un commencement d'émancipation morale; mais la marche en avant qui la caractérise est tellement lente et si imperceptible qu'on serait presque tenté de la prendre pour de l'immobilité.

Cette stabilité n'est cependant qu'apparente et momentanée; nous verrons infailliblement les diverses sectes du protestantisme se remettre en route dès qu'un nouveau chef spirituel, éclairé par les premiers rayons de la *nouvelle loi*, viendra se mettre à leur tête pour les guider dans les voies signalées par l'Esprit de vérité.

Oui ! nous le proclamons ici hautement et avec la plus inébranlable conviction : tous ceux qui auront su s'affranchir de la vieille foi aveugle, pour embrasser le dogme lumineux de la raison vivante, seront mûrs pour l'âge de la puberté morale et ressusciteront en chair et en os, car ils *seront les vivants ;*

Tous ceux, au contraire, qui n'auront pas su dépouiller les langes de la morale enfantine et qui resteront ensevelis dans les plis du funèbre linceul dont s'enveloppe le dogmatisme absurde et insensé, ne ressusciteront jamais : ils resteront parmi *les morts.*

Tel est, en effet, le véritable sens des paroles de Jésus parlant du jugement dernier.

« Ceux-là seuls ressusciteront en chair et en os qui mettront en pratique les *enseignements vivants* contenus, non dans la lettre, mais dans l'esprit de l'Evangile. »

C'est ici le cas de signaler l'un des exemples les plus saisissants de l'application de la loi des mathématiques vivantes de l'analogie universelle qui régit la nature entière.

Sous l'empire de la loi indirecte, c'est-à-dire d'incohérence, d'antagonisme et de division, rien n'est classé ni ordonné, tout est, au contraire, mêlé et enchevêtré ; les hommes, que rien ne solidarise et ne relie, vivent dans le pêle-mêle le plus complet et la plus inextricable confusion ; il n'y a que la virtualité de la loi de vie qui puisse faire la lumière et introduire l'ordre et le classe-

ment dans cet immense chaos matériel, moral et intellectuel, et opérer efficacement le triage du *bon* et du *mauvais*,
en effectuant la soustraction des vivants et des morts.

Le plus pur positivisme et le plus austère rationalisme pourraient-ils répudier la sanction d'une telle loi,
basée sur l'exactitude même des mathématiques vivantes.

Mais, nous dira-t-on, nous ne voyons ici en jeu que
les deux premières opérations des quatre règles?

Cela est vrai; cependant, comme nous tenons à dissiper tous les doutes, nous répondrons qu'au point de
vue social et humanitaire, chaque opération ne fonctionne
qu'aux temps et aux âges opportuns.

Nous allons dire pourquoi et comment.

N'est-il pas admissible, disons mieux, n'est-il pas logique que, dans un avenir plus ou moins rapproché ou
reculé (la question de temps importe peu), n'est-il pas
logique, disons-nous, que, par suite du développement
de cette grande végétation morale et intellectuelle, loi
fatale du progrès universel, et vie positive du corps social, et partant de l'humanité entière, les hommes qui
accepteront et pratiqueront les lumineux enseignements
de la *Science vivante de Dieu*, se multipliant à l'infini,
finiront par les répandre dans toutes les contrées et chez
tous les peuples du globe.

Nous l'affirmons hautement, car ceci est la vérité: non-
seulement tous les hommes tombés en catalepsie morale,
ressuscités au contact de la nouvelle lumière, embras-
seront avec enthousiasme la doctrine de la loi de vie
et pratiqueront, sur une immense échelle, tous les devoirs de la véritable solidarité humanitaire, mais encore
tous ceux qui, par un effort de leur raison, auront su

se soustraire aux absurdes préjugés du fanatisme en_
fantin.

C'est alors qu'au moyen de l'opération de la greffe
morale de la raison, scientifiquement et unitairement
appliquée, s'effectuera la solidarisation de tous le
membres constituant par leur ensemble l'enfant-géant
collectif de Dieu, humanité. Nous n'avons pas la prétention de soutenir que l'*addition*, la *soustraction* et la
multiplication pourront s'effectuer simultanément, en
tout et partout; nous en dirons autant de la *division* qui
a surtout pour objet le classement et la juste répartition
des fruits matériels, intellectuels et moraux, résultant du
jeu régulier des institutions sociales. Par suite de l'incohérence et de l'antagonisme des intérêts généraux et particuliers et de l'inharmonie des relations humaines, le
classement et l'équitable répartition des fruits sociaux
est actuellement irréalisable.

Que peut-il, en effet, résulter d'un tel ordre de choses?
L'égoïsme, la cupidité, la duplicité, le mensonge, le dol
et la ruse, tous les vices enfin qui poussent l'homme à
exploiter son semblable et à s'enrichir à ses dépens, au
mépris le plus souvent des plus élémentaires principes
de la justice et de l'équité, s'étalent au grand jour.

Mais, lorsque l'humanité, après avoir accompli les
diverses évolutions de la grande végétation sociale constituant les trois premières phases de son existence terrestre, sera parvenue à l'âge où devra s'effectuer la *division*, quatrième opération de la loi des mathématiques
vivantes de l'analogie universelle, elle s'exécutera fatalement d'une manière conforme aux principes imprescriptibles du droit et de la justice absolus.

L'âge ou phase que nous allons atteindre, sera caractérisé par la seconde opération, la *soustraction* spécialement affectée par le genre de travaux qui lui incomberont à épurer les matériaux de diverses natures, accumulés à pied-d'œuvre par la première opération, *l'addition*.

La *soustraction* préparera les voies et moyens de la troisième opération la *multiplication*, laquelle aura pour mission déterminée d'opérer, dans toutes les classes de la société et chez tous les peuples constituant l'humanité, la diffusion de la morale de raison, fruit mûr de la Science vivante de Dieu, dont les lumineux enseignements dissiperont les ténèbres dogmatiques.

Maintenant, si nous nous demandons quelles seront les conséquences immédiates de cet immense rayonnement moral et intellectuel, nous n'aurons pas de peine à comprendre que la fusion des croyances religieuses sera le résultat final de ce vaste embrasement, grand soleil moral de l'amour unitaire vivant, de Dieu et du prochain, véritable fruit mûr de la fraternité et de la solidarité des hommes. Le Christ n'a-t-il pas dit qu'il n'y aurait plus qu'un seul troupeau et qu'un seul pasteur?

Ces hautes et sublimes vertus sociales, considérées jusqu'ici comme d'irréalisables utopies, s'incarneront dans les faits, et formeront les assises désormais inébranlables de l'humanité régénérée.

L'amour de Dieu et du prochain, sanctionné par des croyances absolument rationnelles et scientifiques, rapprochera tous les hommes, les confondra dans la plus étroite union et constituera définitivement sur la planète la famille vivante universelle et unitaire.

Mais, si nous interrogeons 'a grande loi d'analogie divine, elle nous expliquera que l'humanité n'ayant point encore pu franchir l'âge ou phase de l'enfance, elle n'est pas plus accessible à *l'amour procréateur moral* que l'enfant qui, en ce temps de personnalité égoïste, ne sait aimer que lui-même et sa famille native. N'étant point encore en possession des facultés physiques et morales, au moyen desquelles se manifeste l'amour procréateur, il est incapable de le comprendre et de s'en faire la moindre idée.

Les influences du mal vivant sont encore trop puissantes et trop répandues pour ne pas réagir d'une manière extrêmement funeste sur le fonctionnement régulier de la loi directe de Dieu toujours entravée, neutralisée et souvent entièrement annihilée. Or, comme l'amour de Dieu et du prochain est un des premiers attributs de cette loi et l'une des premières conditions de son fonctionnement, il ne faut point s'étonner que cet amour soit encore un mythe et partant une manifestation morale absolument incomprise et inconnue.

Mais l'âge de la *soustraction* approche pour l'humanité ; cette époque analogue au printemps est en effet la saison propice où pour faire une bonne récolte morale l'on arrache et l'on supprime les plantes nuisibles et improductives.

N'est-ce point ainsi, du reste, qu'au printemps matériel, procède le cultivateur soigneux et prévoyant, pour s'assurer d'avance une bonne et abondante récolte.

C'est en opérant l'extraction, c'est-à-dire en effectuant la *soustraction* des herbes et des plantes parasites, en détruisant, par tous les moyens en son pouvoir, les animaux nuisibles et les insectes ravageurs qu'il favorisera la croissance et la belle venue des végétaux dont il a répandu la semence, et qu'il rentrera dans ses greniers sa récolte une fois mûre.

Nous ne saurions trop le répéter, la loi de Dieu qui n'est autre que la loi de vie fonctionnant dans l'homme, dans les mondes et l'universalité des êtres, est *Une* par essence ; son application dans un ordre d'existences quelconque conduit fatalement à *l'Unité* de leurs manifestations ; pour l'appliquer et la mettre en pratique, nonseulement il faut la connaître et en étudier les admirables attributs, mais encore rechercher et réaliser les conditions nécessaires au jeu régulier de son fonctionnement.

Lorsque la morale unitaire, expression vivante de cette sublime loi, aura passé dans les faits, lorsque nous serons parvenus à *soustraire* ou pour mieux dire à extirper du cerveau de l'humanité, les croyances de la foi dogmatique, fruits ténébreux du mal vivant fluidique, qui, tout en asservissant les consciences, faussait, au foyer même de l'intellect humain, la véritable notion du juste et de l'injuste et falsifiait du même coup les lumineux enseignements de *la Science vivante de Dieu*, nous arriverons progressivement et infailliblement à nous débarrasser de *l'erreur incohérente.* Une fois le terrain complétement déblayé, nous pourrons alors jeter les impérissables fondements et travailler, tout à notre aise, à l'immortelle édification de la grande *Synthèse unitaire de l'amour moral vivant*, seul, unique et véritable principe de la fraternité humanitaire et de l'unité religieuse du genre humain ; c'est de l'application méthodique et rationelle de ce principe fécond que sortira l'émancipation intellectuelle, sociale et politique, de toutes les sociétés humaines, appelées à constituer *la grande République* une, indivisible et universelle.

CHAPITRE II.

Unité intellectuelle et scientifique.

La science humaine, personne ne l'ignore aujourd'hui, est parvenue à des résultats extrêmement remarquables.

L'une de ses principales branches, les mathématiques, la science exacte par excellence, nous a dotés de presque toutes les grandes découvertes anciennes et modernes.

C'est aux mathématiques appliquées à la physique, à la chimie, à la mécanique, à la minéralogie, à la géologie, à l'artronomie, etc., que nous sommes redevables des progrès réellement prodigieux qui ont élargi dans d'aussi vastes proportions le domaine de ces sciences.

Ces conquêtes scientifiques peuvent, dès à présent, nous donner une idée de la richesse et de l'étendue des connaissances de toute nature auxquelles atteindra l'humanité, lorsque sera constituée la sublime science des mathématiques vivantes de l'analogie universelle.

Nous resterons très-certainement bien au-dessous de la vérité en affirmant qu'elle décuplera la marche du progrès général, en inoculant à la science humaine qui, sur un grand nombre de points n'est encore aujourd'hui qu'à l'état négatif ou théorique, l'étincelle fécondante de la véritable vie intellectuelle et morale.

Les mathématiques, que nous pouvons considérer comme une science absolument exacte et positive, mais seulement au point de vue du progrès matériel, n'ont point encore pu s'appliquer à la solution des théorèmes de la métaphysique rationelle ou philosophie positive, base de la véritable science politique et sociale.

Tant que la science humaine ne sera point initiée au jeu normal et régulier de la loi des quatre règles des mathématiques vivantes de l'analogie universelle, l'humanité ne pourra jamais complétement s'affranchir de l'incohérence maladive qui mine sourdement le corps social tout entier et dont souffrent, tant au moral qu'au physique, la plupart des individualités dont il se compose ; incohérence maladive répandue dans l'air que nous respirons sous la forme d'insaisissables miasmes, et qui réagit d'une manière si funeste sur une grande partie de nos animaux domestiques et de nos végétaux cultivés.

Tant que la science humaine, disons-nous, ne sera point éclairée dans sa marche progressive, par cette grande lumière que nous avons eu mission d'apporter au monde, elle restera fractionnée, circonscrite, limitée, et sera frappée d'une sorte d'impuissance et de stérilité. Elle ne pourra pas franchir, sans éprouver de grandes difficultés, la phase si critique de l'adolescence et passer, sans encombre, en pleine phase de puberté et de vitalité intellectuelle, source féconde du véritable progrès en toutes choses. Il est donc d'une suprème importance que les investigations de la science soient éclairées et dirigées par ce grand faisceau lumineux, dont les mathématiques vivantes de l'analogie universelle seront l'inépuisable foyer et dont nos mathématiques théoriques ou abstraites ne sont actuellement que le pâle reflet.

Les véritables moyens de comparaison nous manquent pour dépeindre d'une manière satisfaisante et convenable la luxuriante et sublime beauté des fruits nouveaux que tient en réserve, pour l'humanité régénérée, la *Science universelle unitaire* constamment fécondée par les applications de cette admirable loi des quatre règles des mathématiques vivantes fonctionnant à tous les degrés de l'échelle des êtres.

Mais, va-t-on, nous demander : quel sera donc l'agent vivifiant dont la principale influence est appelée à féconder la science humaine et à lui faire produire ces fruits merveilleux qui feront les délices intellectuelles de l'humanité future.

Cet agent vivifiant de l'intelligence est universel, Dieu l'a répandu à profusion dans le grand réservoir fluidique de l'atmosphère, dans le corps de l'homme ainsi que dans tous les êtres dont se composent les trois règnes inférieurs de la nature, le règne minéral, le règne végétal et le règne animal.

C'est cet agent qui nous fait vivre et nous communique une dose d'intelligence plus ou moins développée, selon que les âmes destinées à la recevoir se trouvent plus ou moins réveillées par l'instruction et l'éducation.

L'instruction prépare le germe au sein de l'intellect et le rend apte à être fécondé par la science des mathématiques vivantes de l'analogie universelle.

Mais, pour atteindre promptement et efficacement un

aussi noble but, il importe que l'instruction, à tous les degrés, soit répandue partout et mise à la portée de toutes les intelligences et partant, il faut qu'elle devienne non-seulement gratuite, mais obligatoire.

Si les hommes qui s'opposent aujourd'hui, de tout leur pouvoir, à la gratuité et à l'obligation de l'instruction, avaient bien conscience de ce qu'ils font, s'ils pouvaient se faire une idée tant soit peu exacte de la responsabilité qu'ils encourent devant Dieu et devant la société, ah ! certes! ils se hâteraient de prendre l'initiative pour la répandre dans toutes les classes ; car il ne faut pas se le dissimuler, Dieu ne peut pas amnistier des hommes qui ne voudraient l'instruction que pour eux-mêmes et l'ignorance pour le plus grand nombre. C'est au moyen de ce coupable système pratiqué dans tous les temps, sur une vaste échelle, que les classes privilégiées ont maintenu leur domination séculaire et exploité le peuple à leur profit. C'est dans ce but, hautement avoué, que les hommes qui ont intérêt à l'éternisation de ces abus, ajournent indéfiniment la consécration législative de l'instruction gratuite et obligatoire.

Et, cependant, n'est-il pas évident pour tout homme doué du plus simple bon sens, que Dieu qui a répandu partout et pour tous, l'air, la lumière, la chaleur, tous les éléments de l'alimentation matérielle dont abondent les trois règnes inférieurs de la nature, a voulu que tous ses enfants, sans aucune distinction, fussent également instruits et éclairés, et qu'ayant des droits égaux à la répartition de la lumière intellectuelle qui fait le fond de l'alimentation de l'âme, ils puissent tous y participer, sans aucune exception.

N'est-il pas juste et équitable, au premier chef, que tous les hommes qui sont doués des mêmes organes et partant des mêmes facultés intellectuelles et morales, sauf, bien entendu, la diversité des aptitudes, soient mis à même de comprendre les enseignements de la science qui n'est autre chose que l'explication des lois de la nature et des manifestations de la puissance infinie de Dieu, âme de l'omnivers vivant?

Le cadre forcément restreint de ce petit livre ne nous permet pas de développer ici les phénomènes de la vie intellectuelle. Ceux de nos lecteurs qui voudront les étudier et en approfondir le jeu pourront consulter nos ouvrages : *Clé de la vie* et *Vie universelle.*

Au point où elles en sont, les sciences humaines, sont, il est vrai, parvenues à démontrer, mais d'une manière plus ou moins hypothétique, que les véhicules de la vie, en toutes choses, sont les fluides les plus subtils et les plus impondérables, fluides généralement connus sous les noms génériques de chaleur, lumière, électricité, magnétisme. Ces agents qui nous paraissent insubstantiels, mais que nos sens perçoivent néanmoins d'une manière parfois fort énergique, ne sont, il est vrai, que les véhicules de la vie dont les nombreux phénomènes se manifestent par les sensations diverses tant internes qu'externes perçues par nos facultés intellectuelles; tandis que la vie elle-même, dans tous les mondes dont se compose le grand homme infini est constituée par la collectivité des âmes humaines de divers degrés. Par voie de conséquence, la véritable vie intelligente, plus ou moins harmonieuse, d'où procède la santé de l'homme et des innombrables hominicules appartenant aux trois règnes inférieurs de la nature, ne doit pas être considérée comme une essence fluidique; car nous venons de le dire, les fluides ne sont que le véhicule, ou, pour mieux dire, l'enveloppe de la force immatérielle qui fait circuler le sang dans les veines de l'homme et de l'animal, et la sève dans l'organisme du végétal, force qui les anime tous à divers degrés, selon le rang qu'ils occupent dans la hiérarchie des êtres.

Nous avons démontré, dans un chapitre précédent, l'existence de l'unité vivante omniverselle absolue, de l'unité vivante relative de notre ordre; et enfin, de l'unité vivante infinitésimale. Ces trois unités vivantes, douées chacune de leur *quantum* d'intelligence, constituent réellement et positivement la vie de l'universalité des êtres, dans les trois principes, matériel, spirituel fluidique et fluidique lumineux céleste. Les voiries des neuf natures dont se composent ces trois principes ne ne sont, en réalité, que l'instrument organique plus ou moins parfait de la vie agissante et fonctionnante selon que les natures fluidiques se rapprochent de plus en plus de leur unité vivante ou principe pivotal.

Un exemple va nous permettre de faire mieux comprendre cette démonstration.

La terre végétale représente les voiries compactes des mondes matériels; les humanités à corps compactes, qui vivent sur cette terre végétale, en tirent la majeure partie de leurs éléments d'alimentation; elles la vivifient par leurs travaux et la fécondent sans cesse de concert avec l'atmosphère et le soleil, afin de réveiller la vie endormie dans son sein, pour en approvisionner le règne végétal.

La vie, à l'état latent, contenue dans les couches cultivées de la terre, se convertit en fruits végétaux et animaux et s'élève de cette sorte, dans la hiérarchie des êtres vivants. C'est ainsi que des humanités infinitésimales fluidiques se forment et naissent pour venir fusionner dans l'homme, leur *déicule*, ou, pour mieux dire, dans l'humanité collective de notre ordre.

Il en est de même des humanités fluidiques lumineuses qui vivent sur la voirie fluidique de leur nature, infiniment plus élevée que les voiries matérielles de nos mondes compactes. Elles atteignent un si haut degré de perfection intelligente, qu'il leur est permis de fusionner avec Dieu, l'unité omniverselle absolue.

Au moyen de la loi des mathématiques vivantes de l'analogie universelle, nous pouvons donc démontrer, que ce qui constitue la vie, en toutes choses, ce sont les trois unités plus ou moins vivantes, et plus ou moins intelligentes à savoir :

L'unité absolue de Dieu même, l'unité absolue de l'âme humaine, relativement à sa nature, et enfin l'unité absolue de l'*animule* hominiculaire, vivant celle-ci d'une vie plus ou moins active, dans toutes les substances de la nature.

Ces trois unités vivantes dont la direction suprème appartient à Dieu seul, sont essentiellement solidaires les unes des autres et s'engrènent pour constituer par l'unité même de leur résultante la vie universelle et absolue.

L'homme est conscient et personnel, l'hominicule l'est pareillement, relativement à sa nature propre et proportionnellement à l'importance du rôle qui lui est départi, dans la sphère extrème où il se meut, au sein de l'immense concert des mondes, et cependant, combien d'hommes ignorant l'existence de la loi d'analogie universelle, soutiennent impertubablement que Dieu ne saurait être conscient et personnel, lui, le type le plus grand, le plus sublime, le plus parfait de la personnalité consciente, puisqu'il dirige et gouverne les mondes, par l'intermédiaire des âmes humaines faites à son image. Ces âmes, ses auxiliaires, dirigent elles-mêmes selon les inspirations de leur libre arbitre, les mondicules peuplés d'hominicules dont l'ensemble constitue le petit omnivers vivant, ainsi que ceux qui, en dehors de lui, sont les agents plus ou moins intelligents des êtres appartenant aux trois règnes inférieurs de la nature.

Mais à certaines époques solennelles des humanités, ses enfants géants collectifs, lorsqu'il veut les élever d'une vie inférieure à une vie supérieure, Dieu, par l'entremise d'âmes humaines de la plus haute hiérarchie, intermédiaires fluidiques de son amour infini, transmet à ces humanités ses enseignements vivants et intelligents, pour les féconder et les doter de la force et des lumières qui leur permettront de triompher des obstacles pouvant arrêter ou retarder leur marche ascensionnelle.

Si, en effet, ces humanités, livrées à leurs propres forces, ne pouvaient disposer que du bagage intellectuel de leur enfance morale et recevoir les enseignements nécessaires à leur passage en puberté; elles seraient incapables de neutraliser les funestes influences des êtres fluidiques inharmonieux, agents du mal vivant; elles seraient fatalement rejetées hors de la bonne voie, sans pouvoir jamais appliquer et mettre en pratique les grands principes de l'association et de la fusion des intérêts, véritable base de l'économie politique et sociale. Car, il ne faut pas se le dissimuler, ce n'est que lorsque ce vaste et capital problème sera définitivement et complétement résolu que les sociétés humaines se trouveront réellement en possession des moyens qui peuvent les conduire à une harmonie aussi parfaite qu'il est possible de la réaliser sur un monde aussi compacte et d'aussi mauvaise nature que le nôtre.

Par suite de leurs affinités réciproques, tous les êtres s'étuyant les uns sur les autres peuvent être considérés comme en contact permanent et partant solidaires, soit en bien, soit en mal, donc, il importe d'enseigner la Loi de vie à l'humanité tout entière, laquelle est *une* comme le mal est *un*. Cet enseignement doit avoir pour but de le démasquer, ainsi que nous l'avons fait pour les esprits des quatre satellites dont les animules incohérentes et inharmonieuses sont les véhicules délétères et empestés de sa diffusion.

Sans exercer la moindre pression sur les décisions de notre libre arbitre, l'âme astrale s'efforce de nous amener à la vie lumineuse, condition préalable absolument nécessaire pour que le corps social tout entier puisse parvenir à l'harmonie de la santé physique et morale. Si donc, au lieu de travailler contrairement à ses désirs et à ses aspirations, en puisant uniquement notre instruction dans les enseignements de la science humaine proprement dite, nous apportons à l'âme céleste le concours de tous nos moyens et de toutes nos facultés, pour l'aider à répandre et à propager les connaissances transcendantes de la Science vivante universelle, nous apprendrons bien vite à distinguer clairement, et pour ainsi dire avec certitude, les hommes inharmonieux influencés par les âmes perverses des quatre satellites dont les constants efforts tendent à éteindre, en tout et par tout, la vie et sa lumière.

Nous pourrons ainsi séquestrer ces hommes et ces femmes dont les âmes plus ou moins contaminées et dissolues laissent échapper partout, autour d'elles, des hominicules fluidiques empoisonnés, germes invisibles et subtils de presque toutes les maladies qui affectent l'homme, les animaux et les végétaux.

Il n'est pas douteux que lorsque nous serons une fois en possession des moyens de reconnaître avec certitude les principes et les agents de la vie harmonieuse et de les distinguer des principes et des agents du mal vivant, nous parviendrons, sans trop de difficultés à doter d'une santé, aussi solide que florissante, tous les êtres, qui, dans le milieu incohérent et vicié, où nous vivons, sont presque constamment exposés aux atteintes des affections morbides.

Une application de ce principe, au moyen des quatre règles des mathématiques, vivantes de l'analogie universelle, sur l'homme dont la santé est chancelante, nous fera mieux saisir cette démonstration.

Toutes les fonctions de notre organisme s'exécutent conformément à la loi des quatre règles.

Ainsi, lorsque nous prenons un repas, nous effectuons, sans nous en douter, la première opération, *l'addition*; car l'ensemble des divers aliments ingérés dans l'estomac n'est autre que le *total* de toutes les bouchées que nous avons successivement avalées.

L'addition faite, la digestion commence. Cette deuxième

opération a spécialement pour but de séparer, de celles qui ne le sont pas, les parties assimilables du bol alimentaire, c'est-à-dire propres à la nutrition. C'est, comme on le voit, une véritable *soustraction* qui s'opère : Les parties assimilables, sous la forme liquide, reçues par les vaisseaux chylifères, pénètrent alors dans la masse du sang, grand réservoir des forces vitales qu'elles viennent accroître et *multiplier*; c'est donc la troisième opération, la *multiplication* qui s'accomplit.

Enfin, le sang enrichi de ces nouvelles forces, répartit et distribue dans l'immense trajet de son incessante circulation, la part destinée à chaque organe du corps, c'est le rôle important réservé à la quatrième opération ; la *division*.

S'il se glisse une erreur dans l'accomplissement de l'une de ces quatre opérations ; il se manifeste fatalement une incohérence maladive dans tout ou partie de l'économie. La cause déterminante de cette erreur ne peut être attribuée qu'à l'influence ou plutôt à l'intervention des hominicules inharmonieux de l'extérieur ou de l'intérieur qui viennent jeter le trouble et le désordre dans les fonctions organiques agissant sous l'impulsion des forces vitales. Par suite de cette perturbation, le problème vital se trouve faussé, de telle sorte, que le résultat des forces mises en jeu n'étant plus réparti d'une manière équitable et proportionnelle aux besoins de chaque partie de l'organisme, il y a inévitablement superflu d'un côté et disette de l'autre; l'équilibre se trouve rompu et l'incohérence maladive se manifeste. Pour redresser cette erreur fonctionnelle et résoudre le problème qui, selon les cas et les circonstances, peut être plus ou moins complexe, il faut nécessairement connaître les quatre règles médicales basées sur la loi d'analogie universelle.

Cette loi nous enseigne effectivement que *l'addition* représente la vieille médecine du tâtonnement aveugle, sans méthode et, pour ainsi dire, sans principes, procédant d'une manière empirique et ne pouvant la plupart du temps, découvrir la véritable cause de l'erreur pour la redresser et rétablir l'équilibre. Mais dès que l'on sait discerner et tirer une conséquence d'un raisonnement, l'on arrive bien vite à comprendre qu'avec le concours des deux opérations *l'addition* et la *soustraction*, l'on parvient à soustraire le mal vivant inharmonieux et à corriger, au moyen de cette opération, un grand nombre d'erreurs maladives. Toutefois, il ne faut pas oublier que les plus complexes et surtout les plus subtiles de ces *erreurs* siègent de péférence dans les voiries fluidiques *spirituelles* et *célestes*. (Le cerveau et le système nerveux.)

Au point de vue médical, fixons, dès à présent, notre attention sur les deux plus importantes opérations des quatre règles des mathématiques vivantes : la *multiplication* et la *division*.

La première de ces deux opérations, la *multiplication* représente la médecine homœopathique, dont les médicaments bien qu'administrés à doses infinitésimales ont cependant la puissance de réveiller la vie endormie et parfois cataleptisée par la funeste influence du mal vivant. Cette médecine à principes fixes et méthodiques peut résoudre les erreurs maladives, qui, par leur subtilité, auraient échappé à l'action des médicaments allopathiques représentés par l'*addition* et la *soustraction*.

Mais il est encore des erreurs maladives infiniment plus subtiles qui se glissent jusques dans les *natures célestes*, troublent et altèrent d'une manière profonde l'esprit et l'intelligence de l'homme et qui échappent, presque toujours, aux moyens de guérison indiqués par les trois premières opérations : l'addition, la soustraction et la multiplication. On ne peut attaquer avec succès ces incohérences maladives d'une nature essentiellement fluidique que par le magnétisme et l'électricité, médecine intelligente du classement et de la *division*.

L'une des principales causes des nombreuses incohérences maladives qui nous assiégent provient de l'inoculation d'hominicules fluidiques d'une extrême malignité, émanant de la périphérie corporelle des hommes de mauvaise nature. Par contre, nous devons nécessairement admettre que des hommes de bonne nature, éclairés par les enseignements de la science nouvelle, puissent par la seule force de leur volonté transmettre à leurs semblables malades des hominicules salubres qui rétabliront leur santé, en cataleptisant les hominicules délétères, cause originelle de leurs maladies.

Au reste, les hommes atteints d'affections plus ou moins graves, dont ils ont été guéris, nous offrent de nombreux exemples à l'appui de la thèse que nous soutenons. La guérison des uns n'a pu être obtenue que par la médecine dépurative ou soustractive ; d'autres n'ont pu être ramenés à la santé que par la médecine multiplicative ou homœopathique, enfin d'autres encore, ayant expérimenté les trois médications correspondantes aux trois premières opérations des quatre règles n'en ont éprouvé qu'un soulagement passager ; quelques-uns qui n'ont pas été soulagés ont été radicalement guéris par un traitement électrique ou magnétique intelligemment appliqué.

Nous devons toutefois constater que les moyens de guérir représentés par la multiplication et la division, sont encore à l'état d'enfance, mais lorsqu'ils seront mis en pratique avec la sûreté résultant d'une expérience éclairée, les cures obtenues par leur application seront aussi infaillibles que radicales.

Les considérations qui précèdent tendent donc à établir que la médecine de l'avenir, pour être réellement efficace, devra nécessairement connaître à fond les quatre règles médicales vivantes pour être à même d'en faire l'application, simultanément ou successivement, selon les cas et les circonstances.

Au fur et à mesure que l'humanité s'affranchira de l'ignorance, cette forme la plus redoutable et la plus répandue du mal vivant, elle pourra s'instruire, s'éclairer et apprendre à connaître les causes et les effets des grandes lois de la nature ; elle prendra progressivement possession du *bien intelligent véridique,* qui n'est autre chose que le véritable tact moral et intellectuel ; et elle finira par comprendre d'une manière parfaitement lucide et positive les conséquences fécondes de cette vérité élémentaire : *Qui peut le plus peut le moins.*

Or, si l'électricité et le magnétisme, bien appliqués, guérissent les maladies dont la curabilité échappe aux autres modes de médication, c'est que leur puissance médicatrice est supérieure et peut, par cela même, avantageusement remplacer les autres moyens de guérison, ce qui revient à dire que l'on ne traitera plus les maladies

que par l'électricité et le magnétisme, deux opérations
fluidiques encore à l'état rudimentaire, mais que de
nouvelles inventions perfectionneront au suprême degré
et élèveront bien vite à la hauteur d'un art sublime.

Cette idée que nous ne faisons qu'effleurer ici sera
très-largement développée dans un livre que nous pu-
blierons bientôt et qui aura pour titre : *La Médecine
universelle ou la Santé de l'âme et du corps.*

---

*La science moderne, en effet, dans l'intention louable
d'échapper aux incertitudes de l'hypothèse, dissolvant de
toute science synthétique d'humaine création, s'est réfugiée dans l'analyse, et n'accorde son adhésion qu'aux
faits palpables et tombant réellement dans le domaine de
l'expérience. Mais, là encore, il lui faut partir de l'hypothèse. Délaissant les origines divines qui sont la vie, elle
s'est élancée d'un point de départ matériel, de l'atôme
qui est la mort, pour arriver, par des déductions d'une
logique parfaite, à l'aide de calculs habiles maniés et
présentés avec un art admirable, à des conclusions sur-
prenantes, inadmissibles, à des conclusions matérielles
où la vie n'est pour rien, à des résultats stériles, à la
mort. Nous ferons toucher du doigt, cependant, la vie
en toutes choses, la vie dont la source est en Dieu et la
loi dans les mains divines. Posant ainsi la véritable base
du savoir vrai, nous montrerons, du même coup, le
vague et l'incertitude de la science humaine isolée de

---

* Extrait de la *Vie universelle*, pages 42 à 52.

Dieu, laissant au lecteur intelligent le soin d'apprécier l'importance capitale du point de départ divin, de la clé fluidique vivante dont nous armons cette science.

La vie de la matière et des fluides, c'est l'infiniment petit imperceptible, matériel et fluidique, vivant par la même loi de la vie que l'infiniment grand. La vie universelle expliquera le jeu de cette vie et de cette loi. Nous nous bornerons en ce moment à répéter la nomenclature des fluides, des natures fluidiques qui composent réellement l'atmosphère ou se trouvent dans les eaux. Nous placerons vis-à-vis de cette nomenclature celle qui y correspond dans la science, afin qu'on puisse facilement se reconnaître et comparer. Puis, nous dirons les agents de la vie dans les natures de la planète.

La partie la plus grossière des fluides vivants se trouve dans les eaux dont les mers sont le vrai type. Il y a donc le fluide métallo-ferrugineux et le fluide phosphorescent aimanté qui est le superfin de l'autre. Le passage de ces fluides d'une nature à l'autre est un triage digestif, œuvre de la vie. Des eaux, ils passent dans l'atmosphère en raison de leur épuration, et grâce à la dilatation solaire. Le sel marin en est la partie brute, la réserve qui s'élabore.

Les fluides vitaux les moins subtils, métallo-ferrugineux, saisis dans les eaux ou dégagés d'autres substances où ils vivaient d'une vie passive, portent dans la science le nom de *gaz hydrogène*. Le fluide phosphorescent aimanté est l'*oxygène* prétendu combiné avec l'hydrogène.

La science reconnaît d'autre part, dans l'atmosphère, deux gaz principaux, l'*azote* celui de la mort, et l'*oxygène* celui de la vie. Le gaz azote forme les soixante-dix-neuf centièmes de la voûte atmosphérique, et l'oxygène, les vingt-un autres centièmes, plus, une minime partie constante de carbone dans les couches inférieures de l'air.

Pour nous, l'atmosphère est composée en masse d'une base fluidique inerte, qui est le chantier de la vie comme l'eau dans l'océan et la terre en général sur la croûte terrestre. Il y a dans cette masse fluidique inerte et morte, vivant de leur vie propre, les fluides métallo-ferrugineux et phosphorescents-aimantés supérieurs vitaux et les fluides vivants aussi des trois natures célestes. Ces derniers sont le fluide phosphorescent électrique aimanté, contenant les deux supérieurs : le fluide sonique et le fluide divin ; fluides du son, de la lumière et de l'intelligence, de la vie par excellence.

Le fluide sonique et le fluide divin, dont la vie universelle expliquera l'action, sont insaisissables, et échappent à tout effort humain pour les analyser et en constater matériellement la présence. Leur enveloppe grossière seule, le fluide phosphorescent-électrique-aimanté tombe sous les sens, ainsi que la base fluidique atmosphérique inerte, le gaz azote dont nous avons parlé. La partie grossière du fluide phosphorescent-électrique-aimanté qu'on peut saisir, est ce qu'on nomme le gaz oxygène ; on considère ce gaz comme le principe de la vie, parce que nulle vie n'est possible sans lui ; mais on ne se doute pas qu'il n'est de la vie que le plus grossier véhicule de la vie véritable, insaisissable, des purs fluides vivants de Dieu.

Tous les fluides grossiers se trouvent en résidus ou composés dans la confusion du chaos terrestre et dans les corps dits organisés qu'ils ont formés et animés. Ignorant ou repoussant le point de départ de vie divine, la science les extrait et les analyse matériellement, à sa manière. Le temps n'est pas venu encore pour nous de le faire à la nôtre. Ce n'est pas un livre spécial à ces matières que nous écrivons ici, nous en dirons néanmoins quelques mots.

La base fluidique atmosphérique, à laquelle nous donnerons un nom générique dans la vie universelle est donc le gaz azote de la science, reconnu comme le véhicule de l'oxygène et de quelques minimes parties d'un gaz délétère engendré par la vie et dont nous ne nous occuperons pas encore, quoique nous lui assignions un rôle que nous dirons dans la nature. Le gaz azote est antipathique à la vie, quoiqu'il la contienne invisible et insaisissable, comme l'eau contient les fluides vitaux superfins, ou la vie en principe, comme la terre contient l'essence de nos aliments matériels. Cette base fluidique inerte est constante en proportions et n'est pour nous que le réceptacle de la vie, venue de l'atmosphère du soleil, au moyen d'un canal respiratoire fluidique et par l'aspiration planétaire, sous forme de fluides vitaux et célestes. Ainsi est tenue constamment au complet notre provision fluidique terrestre, bientôt épuisée sans ces dispositions dont l'imprévoyance humaine ne s'occupe guère.

Le fluide phosphorescent ou oxygène se trouve répandu partout, mais, à des degrés de pureté différents, selon le rang des substances où il pénètre pour l'accomplissement de son rôle de dissolvant dans le service inférieur de la vie générale. Lorsque la planète reçoit de

l'atmosphère du soleil sa provision fluidique, la partie
la plus grossière du fluide phosphorescent passe
au corps matériel du globe, à la région matérielle centrale, pour se répandre de là partout où l'appelle son
service ; et la partie supérieure, aux eaux et à l'atmosphère pour se distribuer de là dans toute la nature animée où nous le retrouverons dans ses fonctions.

Nous distinguerons encore, dans les fluides phosphorescents célestes deux nuances inférieures échelonnées
et spécialement propres, l'une à la vie supérieure du
règne végétal, et l'autre à la vie supérieure du règne
animal. La première sera désignée dans notre livre par
le nom de fluide *armal-végétal* et la seconde, mêlée à
une partie inférieure du fluide sonique aura nom fluide
armal-animal.

Chacun de ces fluides se porte spécialement et spontanément où l'appellent ses fonctions et sans se tromper
jamais ; car, il ne faut pas l'oublier, tous ces fluides
sont vivants et doués, les uns de l'intelligence et du
dévouement amoureux céleste.

Disons maintenant quels sont les acteurs de cette vie
et de cette intelligence dans la terre, dans les eaux et
dans l'air, dans les trois natures de la planète et dans
son mobilier des quatre règnes.

Nous avons, au commencement de ce chapitre, tracé
un tableau général du grand omnivers infini, de l'univers des univers, placé sous la règle immédiate de Dieu
et dont les mondes vivants des trois natures principales
constituent la vie. Ces mondes sont dirigés par des êtres
intelligents qui sont des âmes humaines supérieures
fusionnées en amour, et élaborés par d'autres êtres

intelligents, âmes humaines encore, incarnées dans des corps, dans des enveloppes de la nature de ces mondes ; enveloppes matérielles aux mondes matériels, fluidiques spirituelles aux mondes spirituels, fluidiques lumineuses célestes aux mondes célestes, de quintessence divine quand ces âmes sont au service de la volonté immédiate de Dieu, de ses divines facultés.

Le plan de Dieu pour la vie des trois natures d'un monde quelconque et de son mobilier est le même que pour la vie des trois natures principales de son grand omnivers infini. Or, comme, vis-à-vis de Dieu, un monde quelconque, n'importe ses dimensions, est une molécule vivante infiniment petite, insaisissable, les molécules vivantes, qui sont la vie dans les trois natu-res de la planète et de son mobilier doivent nécessaire-ment être pour nous des molécules insaisissables, vivan-tes, infiniment petites, dirigées, animées et élaborées par des êtres infiniment petits, insaisissables à nos sens matériels. Ainsi que les trois natures du mobilier plané-taire vivant, la terre, l'eau et l'air sont remplis de ces êtres infiniment petits, intelligents, matériels dans la terre, fluidiques vitaux dans l'eau, fluidiques lumineux dans l'air, conformes à ceux du corps, du sang et du cer-veau de l'homme, et de plus en plus intelligents en raison de l'élévation des natures où ils servent.

Voilà ! voilà la vie, la vraie vie, qui agrège et anime les minéraux, fait germer, croître et travailler les végé-taux, les couvrant de feuilles, de fleurs et de fruits ; qui forme, anime et dirige les animaux ; engendre, fait vivre, agir et penser l'homme sous la direction de son âme, constitue le principe vital des eaux, anime les fluides du son, de la lumière et de l'intelligence partout, suivant la même loi dans les fluides et dans la matière du globe, dans les fluides et la matière du grand omnivers.

Nous avons signalé la stérilité des conclusions de la science humaine. Comment s'empêcher de le faire quand cette science voudrait attribuer la vie, que nous voyons de nos yeux intelligente dans le minéral et dans le végétal autant que dans l'animal et dans l'homme, à des actions, des réactions, des combinaisons aveugles de la matière ? Personne plus que nous, et nous aimons à le répéter, ne s'incline avec respect devant les efforts persévérants, devant les résultats providentiels des travaux de la science mère des progrès matériels et des lumières intelligentes auxiliaires, qui nous permettront de constater la vérité, établie cette fois non plus sur des mystères et des miracles, mais sur le savoir et le bon sens éclairé de l'humanité pubère, qui nous donneront les moyens d'appliquer un jour, de cette vérité, les fécondes et bienfaisantes doctrines. Mais, peut-on se montrer satisfait de résultats et de conclusions qui tendent à expliquer par des lois mortes, des lois de matière, la vie sur la terre et au firmament, la vie du corps humain fonctionnant devant nous et en nous, et, grâce à cet aveuglement, si peu connue encore, malgré que nulle branches des connaissances humaines n'ait eu autant de grands esprits parmi ses adeptes que la science hippocratique ? Et ils ont été jusqu'ici impuissants, ces hommes si considérables, à formuler une loi fixe, constante et, par conséquent, vraie, pour rétablir la vie dans son équilibre quand elle est ébranlée, pour la préserver de son antagoniste inconnu, le mal, quand elle en est menacée.

Comment, lorsqu'on connaît comme nous les lois, les éléments et les voies de la vie, accepter comme vrais et complétement étudiés des faits qui aboutissent à anéantir la vérité, ou conduisent tout au plus à une impasse comme celle des substances *isomères*, pour ne citer qu'un exemple entre mille ? Or, voici le fait. Un seul suffira.

La science analyse des substances radicalement différentes entre elles et les reconnaît comme composées des mêmes éléments en proportions identiques, malgré que ces substances ne se ressemblent ni pour le goût, ni pour l'odorat, ni pour l'effet, ni même souvent pour le toucher et pour la vue. Il y a évidemment dans cette analyse une lacune. Demandez à la science de remplir cette lacune. Elle se déclare incompétente et se croise les bras.

Eh bien ! nous la remplirons, nous, cette lacune. Nous la remplirons victorieusement par la science vivante, au profit de tous et sans honte pour les vaincus ; car le vainqueur sera Dieu.

On nous dit : L'essence de citron, l'essence de rose, l'essence de térébenthine sont composées à volume égal des mêmes quantités de substances identiques : l'essence de citron, hydrogène et carbone ; l'essence de rose, hydrogène et carbone ; l'essence de térébenthine, hydrogène et carbone. Mais, de l'arôme spécial à chacune de ces substances, de leurs propriétés particulières si différentes, néant.

Que vous semble de ce fait ? La science humaine ne se montre-t-elle pas là, privée d'un véritable sens, de la vue spirituelle ; sens capital s'il en fût, puisque c'est celui de l'esprit, qui fait voir à ceux qui ont le don de

s'en servir autre chose partout que ce qui est saisissable,
autre chose dans les substances en question que de
l'hydrogène et du carbone? Cet aveuglement moral ne
rappelle-t-il pas celui de l'aveugle-né pour qui tous les
tableaux ne sont que des surfaces inégalement polies et
rugueuses entourées de bordures sculptées, et qui nie les
couleurs ; celui d'un sourd de naissance jugeant par ses
yeux l'effet d'un concert, et n'y découvrant que des hommes soufflant sans raison dans des instruments de cuivre,
et d'autres frappant sur des instruments de bois?

Nous dirons à la science humaine : Prenez du carbone
et de l'hydrogène, vous qui déclarez ne trouver rien de
plus dans l'essence de citron, dans l'essence de rose,
dans l'essence de térébenthine, et tâchez de composer
l'une, une seule de ces substances naturelles. Impossible. Et cependant la nature opère cela chaque jour sans
effort, avec une prodigalité, avec une persévérance admirable. Savez-vous pourquoi? C'est qu'il y a par surcroît
dans la nature ce qui s'échappe de vos creusets et de
vos alambics, qui se subtilise entre vos mains, en dépit
de vos efforts pour le saisir : la vie, la vie vitale et céleste,
savoureuse, odorante, lumineuse et intelligente, les fluides et les petits êtres intelligents vitaux et célestes, vivants
et titrés des caractères du parfum et des arômes du
citronnier, du rosier, des arbres gras : c'est que la
nature travaille avec des matériaux vivants, et l'homme
livré à lui-même avec des matériaux morts.

La chimie organique analyse le corps humain privé
de la vie. Qu'y trouve-t-elle? Diverses substances que
nous nous garderons d'énumérer ici, bien que nous en
ayons le secret. Mais, quelle différence la science mar-

que-t-elle entre les éléments de deux quelconques de ces corps matériels inertes ? Aucune. Et, pourtant, l'un a servi d'enveloppe, d'instrument matériel, d'alambic nourricier à l'âme du meilleur, du plus aimant, du plus doux, du plus honnête des hommes ; l'autre, au plus vil scélérat, au plus dur des maîtres, au plus infame, au plus effronté coquin. Dira-t-on que, vivants, ces hommes étaient animés des mêmes fluides, usaient des mêmes éléments ? Non, certes, cela n'était pas. Les fluides vitaux et célestes du premier, de la nature de son âme, étaient parfaits de pureté et d'intelligence, viciés, et de la pire espèce, ceux du second. Comment constater cela ? La preuve ? La vie de l'un et de l'autre de ces hommes, comme la preuve évidente que la science est impuissante à saisir les éléments réels, les éléments de vie de l'essence du citron, de la rose et de la térébenthine, c'est que l'essence de citron, l'essence de rose, parfument et vivifient, et l'essence de térébenthine empeste et empoisonne.

Eh ! sans cette vie, répandue, comme dans tout l'univers, à travers la matière du globe, dans ses eaux et dans ses fluides, avec une profusion toute divine, comment expliquer le travail intelligent de la nature ? Comment comprendre ces fleurs odorantes si variées, ces fruits délicieux qui nous alimentent et nous réjouissent de leur saveur, ces viandes délicates qui soutiennent notre organisme, entretenant et renouvelant en nous tous les éléments de la vie ? Comment se rendre compte, en dehors de la vie intelligente et lumineuse, des lumières artificielles qui éclairent, la nuit, nos jeux et nos travaux ? Comment expliquer cette lumière électrique, de la nature dé celle du soleil, si la croûte terrestre d'où en sortent les éléments inépuisables comme tout ce qui vient de Dieu, ne contenait pas pour la produire et l'alimenter, des masses incalculables de petites planètes, de petits soleils moléculaires vivants et brillants, habités par des êtres fluidiques infiniment petits, vivants, intelligents et lumineux?

———————

CHAPITRE III.

Unité politique et sociale.

Le sujet que nous allons traiter étant essentiellement neuf, nous croyons devoir entrer ici dans quelques considérations qui en feront mieux saisir le sens et la portée, en mettant en lumière la véritable cause des incohérences maladives dont souffrent le corps humain et le corps social.

Les humanités qui peuplent les mondes de l'omnivers vivant travaillent incessamment, sous l'impulsion de la loi directe de Dieu, à constituer et à entretenir l'harmonie à laquelle sont parvenus la plupart de ces mondes. Cette harmonie résulte d'une loi éternelle et préétablie, et, en vertu de l'attribut primordial divin : *Unité de plan et de système,* elle englobe dans la sphère de son action bienfaisante, les êtres organisés des quatre règnes dont se compose leur mobilier.

Les humanités encore à l'état d'enfance ignorent absolument l'existence de cette loi sublime; elles ne commencent à la pressentir qu'à l'approche de leur puberté morale. Ce n'est que pendant le cours de cette phase de leur existence qu'elles parviennent à la connaître d'une manière imparfaite encore; elles ne peuvent toutefois

14.

en faire l'application complète et intégrale que lorsqu'elles
sont parvenues à l'âge de leur maturité.

Mais pourquoi, nous dira-t-on, cette loi, partout la
même, qui s'exécute sans aucune intermittence dans tous
les corps organisés, ne peut-elle fonctionner dans le
corps social et l'humanité qu'à l'époque de leur puberté
morale?

Parce que le *sentiment* de l'amour de Dieu et du prochain, cette chimère des âges inférieurs de l'humanité,
ne se réveille et ne se manifeste réellement qu'à cet
âge, chez les hommes et les femmes dont se compose le
corps social.

Profondément pénétrés de cet attachement moral collectif qui les rapproche et les unit étroitement, les hommes s'aiment alors comme de véritables frères en Dieu.
Connaissant désormais sa divine loi, ils recherchent avec
ardeur les meilleurs moyens de l'appliquer dans tous
leurs rapports sociaux, pour parvenir à constituer la
grande famille humanitaire.

C'est sous la puissante influence de cet ardent amour
de tous pour chacun et de chacun pour tous constamment entretenu et fécondé par l'application de la loi
directe de Dieu que se forme et grandit l'homme géant-
collectif *Humanité* et que, parvenu à l'âge mûr, il orga-
nise sur la surface de son globe le règne de l'harmonie
sociale, qui n'est que le règne de Dieu sur la terre. Ce
n'est qu'alors que l'humanité planétaire peut sortir de
l'état fractionné et incohérent, pour entrer dans le concert de l'harmonie universelle des mondes.

Qui ne sait, en effet, que l'enfant avant d'avoir atteint
sa puberté ne peut avoir le sentiment de l'amour pro-

créateur pour féconder sa compagne et communiquer la vie à un être humain, son semblable, et former sa famille ? Qui ne sait que l'arbre ou la plante ne peut travailler à la formation d'un germe susceptible de fécondation, sans le concours de la chaleur solaire que nous ramène le printemps, symbole de la puberté humanitaire.

Nous pouvons en dire autant des hommes de progrès; s'ils ne sont fécondés par le grand amour de Dieu et du prochain, ils seront incapables de préparer le germe de l'organisation sociale; ils pourront peut-être bien en avoir l'idée, mais, en présence d'éléments inassimilables et inertes, cette idée ne saurait s'incarner ni revêtir la moindre forme.

La loi de Dieu, nous l'avons déjà démontré, est *une*, universelle, immuable, c'est pourquoi la véritable religion de l'avenir résidera tout entière dans l'amour de Dieu et du prochain, manifesté par les applications de sa science vivante unitaire. Or, quel est le rôle de l'amour mis en possession d'un corps vivant et organisé, individuel ou collectif, parvenu à l'âge voulu ? Il prépare des germes, il les féconde, leur communique le principe vital et perpétue ainsi par cette merveilleuse opération des corps analogues ou semblables.

Donc, vouloir appliquer le plus beau système d'organisation sociale, *sans le concours et la coopération de l'amour moral collectif du prochain*, qui lie, unit, incruste et fait fusionner tous les hommes, c'est s'exposer, de gaieté de cœur, à jeter parmi eux des germes de discorde et de division, plus intenses et plus profondes que celles qui pouvaient les séparer avant cette tentative avortée d'organisation ; ce serait, en un mot, vouloir manger le fruit à peine sorti de l'ovaire de la fleur.

Pourquoi? parce qu'avant cette tentative, ils étaient sollicités par l'intérêt personnel et réciproque ou amour relatif qui précède toujours la préparation d'un germe ; mais, ce serait une grave erreur de croire que de telles conditions soient suffisantes pour déterminer une fécondation qui ne peut être que le résultat de l'intervention plus ou moins directe de la volonté de Dieu.

La loi d'analogie universelle nous en fournit encore ici la preuve convaincante ; bien qu'empruntée à un exemple vulgaire, cette preuve n'en sera pas moins irréfutable.

Un poirier sauvage pourra-t-il préparer un germe fruitier comme un poirier greffé ? Evidemment non. Le fruit produit par le premier sera chétif, pierreux, âpre et grossier, tandis que le fruit produit par le second sera volumineux, succulent, suave et parfumé.

Pourquoi cette différence aussi tranchée ?

Parce que la greffe a transmis à l'arbre qui l'a reçue un organisme particulier, infiniment plus parfait, et partant plus apte à raffiner les sucs destinés à l'alimentation du fruit, et, en outre, parce que les fibres végétales qui constituent l'écorce, le bois et le feuillage étant d'une nature supérieure, l'arbre greffé est infiniment plus accessible à l'influence amoureuse et vivifiante des rayons solaires.

S'il nous était permis de décrire ici le monde des infiniment petits, nous pourrions rendre cette analogie beaucoup plus intelligible, mais malheureusement notre cadre nous impose des limites qu'il nous est impossible de franchir.

La noble et glorieuse tâche de travailler à la recherche de la meilleure solution possible du problème social incombe naturellement aux hommes de progrès de toutes les nuances, à la condition expresse d'imprimer à leurs investigations une direction unitaire ayant un but précis et déterminé, à savoir : la formation du germe d'où sortira l'organisation sociale dont la mission sera de concilier tous les intérêts. Mais il importe tout d'abord de le constater, la formule moralement vivante qui servira de base et de principe à l'application pratique de l'association intégrale des intérêts est encore inconnue pour nous. Nous avons néanmoins la persuasion que cette formule se dégagera, d'elle-même, de l'ensemble des travaux fécondés par l'inspiration divine des hommes qui ayant conscience de tous leurs droits sauront accomplir tous leurs devoirs, uniquement en vue de la réalisation plus ou moins prochaine du grand dogme humanitaire : *liberté, fraternité, solidarité, unité.*

Lorsque les peuples auront traduit en faits toutes les améliorations que devait enfanter le règne de l'individualisme, et que le progrès général semblera se heurter à une barrière infranchissable, c'est alors que pourra être inaugurée l'ère des tentatives plus ou moins fructueuses de solidarité sociale, dont les institutions ne rencontreront plus de sérieux obstacles, les voies et moyens ayant été préparés de longue main.

Le mal vivant, dont la funeste influence rendait la plupart des hommes et des femmes impropres à l'harmonie, étant dès lors écarté, dans une assez large mesure, les cœurs deviendront plus facilement accessibles au grand amour du prochain, conséquence heureuse autant qu'inévitable de la fusion des intérêts, de la concordance des passions, de la similitude des tendances et de l'effacement de toutes les traces de rivalité de classes et de personnes.

Nous allons dès maintenant aborder un sujet des plus épineux et des plus délicats ; bien que nous puissions être exposés à froisser certaines susceptibilités et à heurter quelques intérêts, nous ne pouvons passer sous silence es graves questions qui s'y rattachent.

Les lois politiques, sociales et religieuses, telles qu'elles existent aujourd'hui, sont-elles réellement capables de diriger notre marche dans la voie du progrès général et de nous rapprocher du but de nos destinées ?

Pour le penseur et le philosophe qui voient de haut, une telle affirmation ne saurait être soutenable.

Tout ce chaos, tout ce fatras plus ou moins obscur, plus ou moins confus et contradictoire de prescriptions légales, n'a été imaginé et formulé que pour diriger et réglementer les agissements hétéroclites et illogiques de l'enfance humanitaire.

Les preuves d'une telle proposition sont abondantes et faciles.

Quelles ont été les origines de la législation qui fait le fond de notre droit civil ?

Le droit romain proprement dit.

Cette législation, il est vrai, a été plus ou moins replâtrée selon les temps et les circonstances, mais ses principes n'ont presque pas varié, ils sont restés les mêmes, c'est-à-dire absolument réfractaires à l'influence

du grand principe chrétien de la fraternité et de la solidarité humaines, proclamé par la Révolution française,
qui, à défaut d'un milieu propice et convenablement
préparé, n'a pas eu la puissance de l'incarner dans les
faits. De telle sorte que, dix-neuf siècles après l'avénement du Christ, le divin révélateur de la loi d'amour
fraternel, la doctrine juridique qui régissait la société
païenne de l'antique Rome régit encore aujourd'hui
notre société moderne qui se dit et se croit chrétienne.

A qui incombe la responsabilité d'un fait historique
dont la permanence devrait révolter la conscience humaine?

Les esprits indépendants et éclairés, intimement pénétrés de la sublimité et de la vérité du grand dogme
chrétien de la fraternité humaine, qui ont su conserver
intact et pur le sentiment de la justice et de l'équité et
n'ont pas craint de fouler aux pieds les préjugés gothi-
ques du moyen âge, ont dû nécessairement faire remonter cette responsabilité jusqu'aux castes privilégiées,
dépositaires traditionnelles du pouvoir et de l'autorité,
oligarchie et théocratie coalisées afin de perpétuer, par
tous les moyens en leur pouvoir, leur domination séculaire sur des masses plongées dans l'ignorance et abruties par la superstition.

Voulons-nous sincèrement et énergiquement marcher
en avant et nous tenir à la hauteur de la grande végétation progressive de la loi directe de Dieu? Il faut alors
absolument faire abstraction des contes bleus, des fables
et des fictions dont se nourrissait notre intelligence
enfantine, il faut, dès à présent, nous identifier avec les
faits et gestes de la vie réelle et positive qui satisfait la

raison, agrandit l'âme et élève le cœur au niveau des circonstances et des événements. Est-il admissible, est-il sensé que l'on puisse encore enseigner à des jeunes gens de 16 à 18 ans, entrés en pleine puberté, ce que l'on apprend à des enfants de 10 à 12 ans?

Quel est donc celui qui, après avoir joui des brillantes couleurs et des suaves parfums de la fleur dont les pétales fanées se crispent et se dessèchent pour tomber et s'anéantir dans la voirie terrestre, ne désire pas jouir de la succulence du fruit qui lui succédera, une fois parvenu à sa complète maturité?

Aveugle qui chercherait à se le dissimuler, n'assistons-nous pas à la chute du vieux monde symbolisé par cette fleur tombée, dont toutes les institutions se fissurent, se disloquent et craquent de toutes parts? Dès maintenant, prenons nos mesures, mettons-nous en garde contre les événements, soyons prévoyants et n'attendons pas qu'il soit complétement en ruines pour préparer et jeter les premières assises du monde nouveau.

Sachons donc, sans plus tarder, déblayer le terrain, supprimer les lois caduques et surannées qui hurlent avec les idées modernes; abolissons les institutions vicieuses et vermoulues qui barrent la route au progrès; mais, pour atteindre plus promptement et plus sûrement ce but grandiose et fécond, pressenti par tous les esprits sérieux et clairvoyants, il faut avant tout se concerter et s'entendre pour reconquérir l'indépendance morale et les libertés sociales et politiques, sans lesquelles toutes les tentatives de réforme resteraient absolument stériles.

Une fois en possession de cet instrument d'une irrésistible efficacité, et qu'il nous soit permis de faire au corps social des applications de la *Science vivante de Dieu*, sans laquelle l'humanité ne saurait se développer graduellement dans la voie directe des améliorations successives, nous pourrons alors nommer des mandataires ayant l'intelligence de leur époque, dont la mission sera de confectionner des lois nouvelles et de créer des institutions en complète harmonie avec les besoins et les tendances de l'humanité, dès lors parvenue à l'âge de *puberté.*

Ces mandataires, investis des pleins pouvoirs du Peuple souverain, décréteront les lois formant la base de la constitution appelée à régir les intérêts et les rapports sociaux de l'*âge pubère.*

En principe, comme être individuel et comme être collectif, l'homme a droit, à chaque phase de son existence, à la part de subsistance la plus propre à satisfaire chacune de ses trois natures, matérielle, morale et intellectuelle. Cette loi qui est omniverselle, absolument ignorée de l'enfance humanitaire, une fois formulée et parfaitement comprise des masses populaires, devra nécessairement être appliquée aux institutions de la nouvelle organisation sociale.

Le vieux monde, le monde de l'enfance morale, ne pouvait édicter que des lois frappées au coin de l'individualisme, ne protégeant la plupart du temps que des intérêts égoïstes, exclusifs et profondément personnels et n'engendrant, par cela même, que le trouble, les divisions, les luttes, les conflits, les antagonismes, en un mot les incohérences maladives de toute espèce.

Au contraire, dans le monde nouveau dont l'avénement approche, c'est-à dire sous le régime de la forme sociale qui résultera du passage de la société moderne de l'enfance à la puberté, les lois auront nécessairement pour principe et pour base le triple dogme de la liberté, de la fraternité et de la solidarité, non plus seulement à l'état de devise philosophique ou de lettre morte, mais bien à l'état d'application pratique produisant la solidarité des intérêts et réglant les rapports individuels et sociaux.

Les premiers résultats de cette capitale évolution n'auront certainement point encore la puissance de constituer, d'une manière complète et intégrale, la grande famille humanitaire; mais en ouvrant aux peuples la phase de leur puberté morale, ils prépareront les voies par lesquelles ils s'achemineront infailliblement vers la constitution progressive de l'harmonie sociale, but final de l'humanité planétaire.

Nous allons, dès maintenant, formuler ici, à grands traits, le programme des véritables institutions démocratiques, dont l'application nous permettra de sortir de l'état fractionné dans lequel nous vivons, et qui a été jusqu'ici l'unique source des mille maux que nous endurons.

Mais, pour atteindre un tel but, il faut résolument couper court aux suggestions de l'égoïsme, et faire appel aux nobles inspirations de l'amour dévoué de tous pour chacun et de chacun pour tous; c'est sur cette base féconde de l'unité gouvernementale la plus parfaite dont l'éternel fonctionnement de l'harmonie des univers et des mondes nous offre le type immuable, que nous aurons à jeter les premières assises de la société pubère si nous tenons à faire partie de ce sublime et divin concert.

Notre chère et belle France est, sans contredit, la première nation prédestinée ; son peuple a été choisi pour être placé à la tête des autres peuples de notre planète, pour les initier aux grands enseignements de l'idée libératrice. Les nations qui ont marché sur ses traces et suivi ses glorieux exemples ont pu, sinon renverser, du moins ébranler jusques dans leurs fondements les barrières séculaires élevées par le despotisme et la tyrannie pour les parquer comme de vils troupeaux, les soustraire aux lumières de l'instruction, pour mieux perpétuer leur asservissement. Mais ces nations commencent à comprendre que le règne de la loi indirecte, qui puise toute sa force dans la compression érigée en système, a fait son temps et doit faire place à des institutions plus libérales et plus en harmonie avec les idées d'émancipation qui caractérisent notre époque.

Eclairées par une sorte d'intuition profonde, les masses populaires pressentent que l'heure de la délivrance approche et ne saurait tarder de sonner au grand cadran de la destinée des nations.

Qui ne voit, en effet, que le vieux monde se disloque, se décompose et tombe pour ainsi dire en pourriture ? L'étrange spectacle qui se déroule sous nos yeux, dans l'arène politique, n'est-il pas un signe des temps ? La perversité des mœurs, la perversion de la langue qui ne sait plus exprimer le véritable sens des mots, la notion profondément altérée du juste et de l'injuste, du vrai et du faux, du beau et du laid, du bon et du mauvais, et pour tout dire en un mot, l'obscurcissement progressif

des consciences, surtout dans certaines régions élevées
du corps social, sont des symptômes trop accusés du
mal qui le mine, pour que l'on puisse douter plus longtemps de son extrême gravité.

Sous peine de périr avec le vieux monde, il nous importe au suprême degré de jeter les premiers fondements
du monde nouveau, et d'organiser enfin les institutions
marquées au coin de la vraie justice et de la solidarité
fraternelle des peuples.

Lorsqu'un peuple, voire même les nations d'une planète, ont pu atteindre un tel résultat, il n'est plus permis de douter qu'ils sont enfin parvenus à l'âge de leur
puberté morale et qu'ils ont droit à leur complète émancipation. Mais armés pour la plupart pour la destruction,
ils ne peuvent jeter les premiers fondements du monde
nouveau, et accomplir le grand œuvre qui devra caractériser leur passage à la puberté sans avoir désarmé tout
d'abord, et, sans avoir compris et adopté les sublimes et
véridiques enseignements de la loi directe et unitaire de
Dieu. Ce n'est que dans l'accomplissement intégral des
préceptes infaillibles de cette loi qu'ils puiseront les
principes du véritable gouvernement démocratique répu-
blicain, un, progressif et indivisible ; gouvernement ré-
générateur du pays par le pays, jouissant de la plénitude
de son libre arbitre, et disposant de lui-même, en toute
liberté.

Tous les administrateurs, fonctionnaires et employés
de tous ordres, en d'autres termes, tous les mandataires
ou dépositaires de l'autorité publique, devront être nom-
més par le suffrage universel, sincèrement et conscien-
cieusement exprimé, ou par le concours des plus méri-

tants et des plus capables. Ce n'est qu'en procédant ainsi qu'il sera possible d'éliminer les créatures du favoritisme et du privilége, lesquelles, contrairement aux prescriptions de la loi directe, dénaturent et pervertissent le véritable caractère des fonctions publiques.

L'unité gouvernementale du premier degré, c'est la commune. Pour se gouverner elle-même, en toute liberté, chaque commune doit tout d'abord constituer son unité. En principe, cette unité se composera de tous les habitants majeurs des *deux sexes*, lesquels, comme les nombres fractionnairess de l'arithmétique, concourront à la formation de l'unité de premier degré.

L'unité communale, ainsi constituée formera de concert, avec un certain nombre d'unités du même ordre, ses voisines, l'unité cantonale ou de second degré.

Ces deux premières unités librement organisées, sous la direction de leurs mandataires, constitueront l'unité départementale ou de troisième degré, qui, tout en conservant son individualité propre et sa liberté d'action pour se gouverner elle-même, ainsi et comme elle l'entendra, composera par son adjonction à l'ensemble des unités de son ordre, la grande unité nationale, dirigeante de quatrième degré, siége du gouvernement central.

Toutes les unités nationales, associées dans un même esprit de concorde, qui voudront se conformer et spontanément obéir aux prescriptions de la loi directe unitaire sympathique, formeront par leur libre association et leur étroite alliance la grande fédération des peuples de l'Europe dont le lumineux rayonnement amènera par son irrésistible puissance d'assimilation la constitution de l'immense unité vivante planétaire, ou grande famille harmonieuse du globe terrestre.

Tels seront les fruits merveilleux de l'application graduelle et du fonctionnement progressif de la loi directe vivante de Dieu, ce germe fécondateur de l'amour moral scientifique, véritable base de l'association intégrale et solidaire de tous les hommes, de tous les peuples et de tous les intérêts matériels, moraux et intellectuels, source intarissable et vivifiante de l'harmonie sociale sur la terre, comme l'harmonie des fonctions organiques est la source de la santé de l'homme, de l'animal et du végétal.

Ce grand but une fois atteint, le corps social tout entier, c'est-à-dire l'enfant-géant collectif de Dieu, Humanité, s'élèvera sans secousse à la plénitude de l'âge de maturité ; c'est alors qu'investie des suprêmes attributs de cette élévation, elle pourra faire partie de l'incommensurable unité, vie éternelle des mondes et qu'elle sera susceptible de se mettre en rapport avec l'unité *infinie* de Dieu, autant du moins que cela peut être permis à un monde matériel tel que le nôtre.

Notre grand maître, le Christ, que nous devons considérer comme la première incarnation de la volonté de Dieu, ne nous a-t-il pas donné en quelques mots le sommaire de la loi d'amour quand il a dit :

« Aimez-vous les uns les autres comme les enfants d'un même père. »

« Ne faites pas à autrui ce que vous ne voudriez pas qu'il vous fût fait. »

« J'aurais encore bien des choses à vous dire, mais vous n'êtes pas encore assez grands pour les comprendre. Je vous enverrai l'Esprit de Vérité qui vous enseignera toute la vérité, selon votre âge. »

Les temps sont venus où cette belle et sublime promesse va s'accomplir.

Après ces considérations dont l'importance ne saurait échapper à la saine apréciation de tout lecteur intelligent, nous allons exposer dès maintenant la théorie du meilleur mode d'application du suffrage universel-véridique.

Chaque commune de France devra, tout d'abord, élire par le suffrage universel direct, son conseil municipal ainsi que son maire et son adjoint.

Les conseillers municipaux procéderont eux-mêmes à l'élection des membres du conseil général, à raison d'un représentant pour chaque canton et à celle du préfet de leur département.

Cette élection accomplie, les membres élus des conseils municipaux, concurremment avec les membres du conseil général réunis en comices, procéderont à l'élection des représentants du peuple à la Chambre législative.

Ceux-ci éliront un Président de la République, chef du pouvoir exécutif, responsable devant la Chambre des actes de son administration.

Les hauts fonctionnaires de l'État toucheront un appointement proportionnel à l'importance de leurs fonctions. Cet appointement qui sera l'équitable rémunération de leur travail et de la responsabilité qu'ils peuvent encourir, dans certaines circonstances prévues et déterminées, restera nécessairement à la charge du trésor public.

En procédant aux élections de divers degrés, selon les formes que nous venons d'indiquer, les masses ignorantes qui peuplent encore les campagnes, pourront voter en parfaite connaissance de cause. Dans les communes rurales, tout le monde se connaît ; on peut donc, à coup sûr, choisir pour conseillers municipaux et pour conseillers généraux les hommes que la notoriété publique désigne comme les plus intègres, les plus dignes et les plus capables.

Les candidats à la représentation nationale, étant eux-mêmes parfaitement connus des conseillers municipaux et généraux auxquels incombe leur élection, seront pareillement choisis parmi les hommes dont les aptitudes, les capacités et l'honorabilité ne feront doute pour personne et qui déclareront adhérer sincèrement, loyalement et sans aucune arrière-pensée au programme adopté par la majorité des électeurs.

En procédant de cette façon on assurerait tout d'abord la pleine et entière indépendance du suffrage universel, et il deviendrait, par cela même, la véritable expression de l'opinion de la grande majorité des électeurs.

Le gouvernement, issu du suffrage ainsi organisé, serait donc en réalité le gouvernement du pays par le pays.

En un mot, toutes les communes faisant partie intégrante du corps de la nation doivent élire directement ou par délégation, leurs mandataires de tous ordres depuis le président de la République, jusqu'au plus infime des fonctionnaires. De cette manière, on supprime du même coup le favoritisme, les priviléges et leurs abus, résultat inévitable et fatal de tout gouvernement personnel.

Un jour viendra où l'on ne pourra que bien difficilement comprendre qu'un homme ait pu gérer, à sa guise et

selon son caprice, les intérêts de toute nature d'un grand
pays comme la France et que cet homme ait pu faire
la paix ou déclarer la guerre, sans même consulter la
nation.

Un tel régime qui se nomme le règne de l'absolutisme
ou du despotisme peut bien s'implanter et fleurir chez
un peuple ignorant et arriéré, c'est-à-dire en pleine
phase d'enfance, mais chez un peuple sur le point d'atteindre sa majorité et sa puberté morale, un tel régime,
ne saurait être toléré et ne peut être imposé que par la
force brutale des baïonnettes et du canon. Heureusement,
la durée de cette domination tyrannique est aussi éphé-
mère que son principe est irrationnel et fragile.

La triste et lamentable expérience que nous venons
d'en faire a laissé de trop profondes traces au cœur
même du pays, pour que nous puissions l'oublier
jamais.

Il est des gens qui s'imaginent pouvoir tarir la source
de toutes les révolutions, en proposant quelques réformes
superficielles et sans aucune espèce de portée, réformes
qui ne font que déplacer le mal sans même l'atténuer.

Est-il rationnel de vouloir guérir au moyen de quelques légers palliatifs, un malade atteint depuis un grand
nombre d'années d'une affection grave et profonde qui
intéresse les sources même de la vie ?

Pense-t-on sérieusement que les causes premières de
cette maladie chronique du corps social, c'est-à-dire les
injustices, les iniquités, les exploitations éhontées dont
s'engraissent un petit nombre de puissants et d'habiles,
au détriment du plus grand nombre, doivent se perpétuer indéfiniment ?

15.

Il serait puéril, pour ne pas dire insensé, de le supposer. Bien aveugle qui ne voit pas que malgré les mille entraves accumulées par les rétrogrades pour enrayer les progrès de l'instruction, la lumière se fait peu à peu au sein des masses.

Il est écrit que ces masses s'éclaireront et qu'un jour viendra fatalement où elles auront conscience de tous leurs droits et de tous leurs devoirs. Lorsque cette heure aura sonné, la revendication ne se fera pas attendre. Oh! alors, malheur, trois fois malheur aux détenteurs du pouvoir qui auront eu des yeux pour ne point voir et des oreilles pour ne point entendre, brisés par l'orage populaire, ils disparaîtront comme un fétu de paille balayé par la tempête.

Qui pourrait calculer l'immensité des catastrophes sociales auxquelles nous exposent, par leur aveuglement, les hommes du passé, assez stupides pour s'imaginer que l'on peut impunément arrêter la marche de l'humanité?

Ils ignorent encore, ces hommes, que l'humanité est un immense corps vivant qui végète comme un chêne robuste et colossal et qu'il n'est pas de puissance humaine qui puisse, nous ne dirons pas arrêter, mais seulement ralentir les gigantesques torrents de séve qui circulent dans ses branches.

Et cependant, il serait si facile de sortir de la voie périlleuse où les hommes du passé veulent nous maintenir de vive force, en scellant pour jamais l'ère des compressions et des violences brutales et en inaugurant l'ère de l'attrait sympathique de la loi directe; en introduisant dans les institutions sociales s'épanouissant en pleine liberté, les garanties réciproques qui découlent de la mise en pratique du dogme social de la solidarité humanitaire.

Tous les hommes de bonne foi, doués d'une certaine dose de clairvoyance, ne sauraient plus désormais se faire d'illusions ; qu'ils veulent bien concentrer leur attention sur les phénomènes politiques et sociaux qui, depuis une dizaine d'années, se manifestent chez les nations de l'Europe et qui, depuis la dernière guerre entre la France et l'Allemagne, se sont accentués de la manière la plus étrange et la plus insolite ; ils ne pourront nier que nous marchons, à pas de géants, vers une transformation sociale, prélude certain de l'agonie du vieux monde.

Déjà, quelques esprits privilégiés, doués d'une intuition profonde et d'une grande perspicacité, pressentent l'avénement d'un monde nouveau dont ils aperçoivent l'aube naissante.

Toutefois, dans l'ensemble des phénomènes sociaux que nous n'avons fait qu'indiquer, ne pouvant les énumérer ici, vu l'exiguïté de notre cadre, phénomènes que nous devons considérer comme de véritables signes des temps, nous ne pouvons nous dispenser de signaler à l'attention de nos lecteurs les faits politiques suscités par les hommes du passé, pour enrayer la marche du progrès ; mais, contrairement à leurs espérances, leurs agissements n'ont fait qu'accélérer cette marche irrésistible. Dieu, par le fonctionnement de sa loi indirecte faisant ainsi servir le mal à sa propre destruction.

Pénétrons-nous bien de cette idée ; à savoir : que la *Loi du progrès* étant universelle et permanente, tôt ou tard il faut qu'elle s'accomplisse.

Or, si cet accomplissement ne peut s'effectuer par l'application de la loi directe, dont le propre est d'accroître considérablement la vitesse de sa marche ; il s'opère infailliblement par l'application de la loi indirecte, qui par une voie détournée et partant plus longue, mène fatalement au même but.

Maintenant, précisons :

Quel a été de tout temps le plus grand fléau, seule cause, unique source de tous ceux sous l'étreinte desquels gémit l'humanité ?

L'ignorance.

Qu'est-ce, en effet, que l'ignorance pour l'intelligence humaine ?

C'est la nuit sombre, c'est le règne des ténèbres, c'est l'inertie de l'intelligence, la vraie mort morale.

Supposons pour un instant que le soleil qui nous éclaire, nous réchauffe et nous fait vivre, disparaisse soudain et que, pendant six mois, la terre et ses quatre règnes restent plongés dans la plus profonde obscurité; lorsque le soleil reparaîtra sur l'horizon, tout aura péri sur sa surface, tout sera glacé par la mort, et la vie ne se manifestera plus que dans les horribles larves du sépulcre.

Eh bien ! l'ignorance, c'est l'absence du soleil moral, de la lumière qui doit éclairer, réchauffer et faire vivre le monde des âmes, des intelligences, monde qui, bien qu'impalpable, impondérable et intangible, est tout aussi réel que celui que nous voyons, que nous touchons, au milieu duquel nous subsistons.

Depuis la plus haute antiquité jusqu'à nos jours, que voyons-nous sur la terre ?

La science et l'instruction confinées dans deux castes, infimes par le nombre, mais détenant, pour ainsi dire exclusivement le savoir, la fortune et le pouvoir, les trois forces constituant la puissance et servant de point d'appui à la domination ; tandis que le grand nombre, ce que l'on appelle les masses, croupit dans l'ignorance, la pauvreté et la superstition, ce néfaste trépied de la faiblesse et de l'asservissement.

Oui ! c'est à la faveur de l'ignorance, que de tout temps, les peuples de la terre ont été exploités et asservis par les despotes et leurs satellites, par les hommes de la théocratie et de l'aristocratie coalisés.

Mais, depuis que la grande révolution française a brisé les chaînes séculaires de la servitude des classes inférieures et que le principe chrétien de la fraternité humanitaire fécondé par la raison et la philosophie s'est infiltré dans l'esprit des masses, la lumière a pénétré peu à peu dans les intelligences ; elles ont compris que tous les hommes étaient égaux devant Dieu, représenté dans la société par la loi, et que, si *tous* pouvaient prétendre aux mêmes droits, *tous* aussi devaient être soumis aux mêmes devoirs.

Depuis lors, les castes privilégiées, dépouillées d'une partie de leurs immunités, ont lutté avec une opiniâtreté qui ne s'est point encore lassée pour ressaisir leurs prérogatives. Mensonges, impostures, intimidations, menaces, terrorisme, force brutale, emprisonnements, séquestrations violentes, proscriptions, elles ont mis tout en œuvre pour atteindre leur but.

Nous assistons aujourd'hui aux dernières convulsions de cette lutte gigantesque et sans merci du vieux monde

contre le nouveau, mais, nous n'avons pas la moindre
appréhension sur l'issue de la lutte ; malgré les efforts
insensés de l'armée des rétrogrades qui, ne pouvant
plus supprimer l'instruction tentent de la pervertir, la
lumière grandit de jour en jour, elle s'étend de proche
en proche ; bientôt, les rayons incandescents du grand
soleil moral qui apparaît sur l'horizon, inonderont toutes
les intelligences, et grâce à cette immense clarté, elles
ne tarderont pas à distinguer, à des signes certains, la
vérité de ce qui est l'erreur. Dès que cette heure fatale
aura sonné au grand cadran des destinées, les audacieuses
tentatives des hommes du passé seront vaines, et s'ils
ont encore la témérité de les renouveler, ils seront les
premières victimes de leur persistance insensée et de
leur aveugle entêtement.

CONSIDÉRATIONS RÉTROSPECTIVES

SUR DIVERS POINTS DE LA DOCTRINE

Nous l'avons démontré dans les chapitres qui précèdent, il y a deux sortes de manifestations : les unes directes ou spirituelles et les autres indirectes ou *spirites*.

Les premières résultent de l'inspiration fécondante unitaire émanant de Dieu et sont transmises par l'intermédiaire des âmes humaines supérieures, agents du bien, respectant l'indépendance et les décisions du libre arbitre ;

Les secondes résultent de l'inspiration incohérente et inharmonique du mal vivant et sont transmises par l'intermédiaire des esprits des quatre satellites ou hommes fluidiques spirituels, ses véritables agents, violant cette indépendance et ces décisions.

C'est dans cette double manifestation en sens inverse, qu'il faut chercher le nœud de la grande question psychologique de l'origine du bien et du mal, considérée jusqu'à ce jour comme insoluble et qu'il importe de résoudre pour dissiper toùs les doutes, et faire la lumière dans l'esprit de ceux qui cherchent la vérité en toutes choses.

Tout aussi bien, si ce n'est mieux que les *spirites*, nous savons qu'il y a des esprits qui se manifestent, mais le point qui nous divise, c'est de savoir d'où ils viennent.

Les spirites croient ou s'imaginent que ces esprits sont les âmes des parents, des amis ou de tous autres personnages ayant vécu sur la terre, par eux évoqués et venant à leur appel.

Quant à nous, nous croyons, d'après les enseignements de la loi d'analogie universelle, que ces esprits appartiennent aux âmes collectives des quatre satellites incrustés, lesquelles constituent la partie mauvaise de l'âme astrale de la planète, depuis l'époque de sa formation.

La même loi nous enseigne encore que les âmes de tous les êtres humains qui se sont transformés, depuis lors, ont été, pour ainsi dire, instantanément classées sur d'autres mondes que le nôtre, d'après leur valeur intrinsèque ou leurs mérites et démérites. Par suite de leur réincarnation sur ces mondes, elles sont devenues d'autres personnalités. Privées de tout moyen de communication et de relations avec les vivants d'ici bas, elles ne peuvent donc pas se rendre aux appels de ceux qui les évoquent, pas plus que nous ne pourrions nous-même nous rendre sur les mondes où nous avons antérieurement vécu, dans le cas où nos parents, ou nos amis, laissés par nous sur ces mondes, prendraient fantaisie de nous y évoquer.

Or, les manifestations étant un fait positif et qu'aucune personne de bonne foi ne saurait nier, on est en droit de se demander quelle en est la véritable cause; elles ne peuvent être que le fait des esprits des quatre satellites, agents du mal vivant, qui violent ainsi le libre arbitre, pour parodier les manifestations directes des âmes humaines supérieures, agents du bien.

Il est un point important dont il faut tenir compte; Dieu a donné aux hommes compactes, matériels, comme aux hommes fluidiques spirituels le libre arbitre ou liberté de bien faire ou de mal faire. Usant de cette faculté inhérente à leur nature, et mus par un grand dévouement, les esprits des quatre satellites sont venus des mondes spirituels, à l'état de pureté parfaite, pour animer les petites planètes composées d'éléments grossiers, dont l'incrustation a formé la terre; mais ne s'étant pas trouvés assez fortement trempés dans l'amour dévoué de la mission qu'ils avaient sollicitée, de purs qu'ils étaient, en quittant les mondes spirituels, leur véritable patrie, ils se sont dégradés, et sont devenus, par cela même des esprits impurs et malfaisants.

Ces hommes fluidiques, tout en conservant leur individualité personnelle, étaient si bien confondus dans le même amour, la même volonté et le même dévouement qu'ils furent jugés dignes de former une âme d'astre, susceptible d'animer une planète satellitaire; mais le grand rôle dont ils furent investis, joint au contact dissolvant de la matière impure qu'ils étaient chargés d'élaborer, fit naître en eux le sentiment de l'orgueil; ce sentiment prit bientôt de telles proportions, qu'ils finirent par se croire les égaux de Dieu même et voulurent s'insurger contre lui et secouer le joug de sa loi.

Telle est la véritable explication de la légende biblique des anges et des archanges déchus ; telle est aussi la très-réelle origine du mal vivant sur la planète incrustative Terre ; car, depuis le jour de leur déchéance, les hommes fluidiques, composant les âmes des quatre satellites, se sont constitués les ennemis du bien, et combattent par tous les moyens en leur pouvoir, les œuvres du progrès et de la perfection en toutes choses.

Avant son incrustation, avec les trois satellites : Europe, Afrique et Amérique, le satellite Asie était habité par une humanité réveillée depuis des milliers d'années. Il avait reçu son premier messie ; les enseignements de la morale qu'il avait apportée avaient élevé sa civilisation à un degré tellement avancé que la voie pour recevoir le second se trouvait assez bien préparée. Cet état d'avancement fait naturellement supposer que la mauvaise influence des esprits de son âme satellitaire avait été en très-grande partie neutralisée, par la diffusion des lumières apportées par son premier messie. Mais, dès que l'Asie fut incrustée aux trois autres satellites faisant partie de l'agrégation terrestre, les esprits constituant par leur ensemble les âmes astrales de ces derniers se liguèrent bientôt avec ceux composant l'âme collective de la planète asiatique pour combattre et annihiler les progrès réalisés. Les pasteurs de la morale du premier messie, cédant à leurs funestes et perfides inspirations pour arriver à la domination des peuples qui leur étaient soumis, but final de toutes les théocraties, portèrent une main sacrilége sur les principes fondamentaux de sa doctrine, falsifièrent ses préceptes et réussirent à immobiliser complétement cette florissante et antique civilisation.

En l'année 1857, lorsque nous publiâmes notre premier ouvrage : *Clé de la vie*, dans le chapitre traitant de l'incrustation terrestre, nous avons parlé de la civilisation de l'humanité asiatique et du premier messie venu sur ce satellite isolé.

Depuis lors, M. Louis Jacolliot qui, pendant plusieurs années, a résidé dans nos possessions françaises de l'Inde et qui, par ses études et sa connaissance approfondie du sanscrit et des autres dialectes de la grande Péninsule indoue, a pu s'initier à l'histoire de l'antiquité asiatique, a publié plusieurs ouvrages fort remarquables, entre autres la *Bible dans l'Inde*, confirmant de point en point, le mince aperçu que nous en donnions à cette époque.

Tout cela nous démontre que, depuis le commencements du monde primitif, les manifestations indirectes du mal vivant se sont produites au cœur même des grandes civilisations du satellite Asie, dans l'Inde et la Chine, et qu'après l'incrustation planétaire, elles se sont successivement répandues en Perse, en Assyrie, en Égypte, en Grèce et autres pays de la haute antiquité, changeant de noms et de formes et se pliant, au gré des missionnaires qui en transportaient les rites et le cérémonial, au tempérament, aux mœurs, et au caractère des peuples dont les théocrates voulaient exploiter la crédulité, tout en s'engraissant de leurs labeurs et de leurs richesses.

Telle est la véritable source des différents systèmes

philosophiques de ces époques reculées, auxquelles il faut faire remonter la chaîne non interrompue des traditions mystiques et des pratiques occultes des religions de l'antiquité; c'est de là que sont issus le magisme et les mystères de la kabale; c'est encore là qu'il faut chercher l'origine des esprits médiateurs entre l'homme et la divinité.

Nous venons de dire que les peuples de la planète satellitaire *Asie*, dont la civilisation se perd dans la nuit des temps avaient reçu leur premier messie et qu'ils attendaient même le second. D'après les vieux manuscrits connus sous le nom de Védas, decouverts dans l'Inde, la morale de Christna, le premier messie asiatique, était complétement conforme à celle apportée par le Christ pour l'humanité du nouveau globe incrustatif, Terre.

Les premiers apôtres de Christna gardèrent assez longtemps la morale du maître, à l'abri de toute altération ; mais après de longs siècles de civilisation, les castes sacerdotales, qui leur avaient succédé, se laissant aller à leurs insatiables désirs de domination pour mieux exploiter, à leur guise, les peuples ralliés à cette doctrine, la fractionnèrent en plusieurs branches, falsifièrent ses préceptes, modifièrent ses pratiques, bouleversèrent les cérémonies du culte, inventèrent de nouveaux dogmes, imaginèrent de nouvelles idoles, se livrèrent à un prosélytisme effréné, pour conquérir aux nouvelles sectes des adeptes remplis de zèle et de ferveur.

Ils semèrent ainsi parmi leurs nombreux adeptes, tous, ignorants, superstitieux et fanatiques, des germes profonds de discorde et de haine qui grandirent et se développèrent sous le souffle empoisonné de leurs prédications.

Alors éclatèrent d'interminables guerres de religion dont les luttes épouvantables couvrirent de ruines le sol de l'Inde et anéantirent des nationalités tout entières.

Tels sont les hauts faits des dominateurs de la théocratie antique, inspirés par les suppôts du mal vivant, les esprits satellitaires.

Lorsque la morale du premier messie asiatique et les connaissances scientifiques qui lui faisaient cortége, parvinrent en Egypte, elle était tellement défigurée et si profondément altérée que les premiers apôtres de Christna auraient eu bien de la peine à la reconnaître. Elle avait complétement perdu le caractère d'unité qui est un des principaux attributs de la morale divine. Une altération aussi profonde des préceptes de cette morale n'étonnera personne lorsque l'on saura que l'intervention des esprits des quatre satellites y avait fait ajouter tout ce qui était à leur convenance.

Un semblable état de chose ne semble-t-il pas se produire de nos jours ? quand nous voyons la prétendue morale spirite donner la main à certaines prescriptions du catholicisme moderne ou ultramontanisme, pour défigurer et falsifier la véritable morale du christianisme.

Ce qui se passait à une certaine époque de l'antiquité la plus reculée paraît avoir une très-grande analogie avec les faits dont nous sommes aujourd'hui les témoins.

Lorsque Moïse parut à la cour du roi Pharaon, tout allait à la dérive sur la scène du monde : morale, religion, politique, science, philosophie, s'effondraient de toutes parts ; on aurait dit que l'humanité tout entière allait sombrer et s'abîmer pour jamais.

Les esprits des quatre satellites, croyant avoir atteint le but de leurs désirs, se réjouissaient déjà et célébraient, en silence leur triomphe destructeur.

Mais pour qui connaît la loi des quatre phases de la vie humanitaire, un semblable résultat n'est point à redouter. Ne sait-on pas qu'à la fin de chaque phase cesse l'existence morale du vieux monde humanitaire qui la caractérise. Ce vieux monde resté sourd aux idées de la nouvelle phase lesquelles ont la puissance de faire naître à une nouvelle vie.

En présence de cette immense dislocation, le bon germe céleste, âme astrale de la planète incrustative, embrasée du feu sacré du plus ardent amour et du plus grand dévouement pour sa mission, se mit en rapport direct avec Dieu et inspira Moïse, l'homme de l'époque le plus digne, par sa haute position à la cour de Pharaon et, en même temps, le plus capable et le plus éclairé par son initiation aux sciences et aux mystères des prêtres égyptiens. Choisi par le *bon germe*, il promulgua le Décalogue, au milieu des éclairs et des tonnerres du mont Sinaï.

Le peuple hébreux, le seul parmi les peuples de l'antiquité qui crût à l'existence du *Dieu un*, reconnut Moïse comme son envoyé et accepta le *Décalogue*.

Expression et quintessence de la morale du messie asiatique, profondément altérée par son passage à travers les siècles, les Tables de la loi apportées au peuple hébreu préparèrent la voie à la venue de notre messie, le

Christ, dont la doctrine était appelée à cimenter *l'incrus-tation morale* des quatre satellites.

Or, ce qui distingue d'une manière fondamentale cette doctrine du Décalogue, c'est que celui-ci ne dit pas un mot des récompenses ultra-mondaines ou de la vie future, tandis que celle-là prescrit de ne point s'attacher aux honneurs et aux récompenses de ce monde.

« *Ne craignez point ceux qui tuent le corps et ne* « *peuvent tuer l'âme.* »

Ce qui veut dire que la loi du Christ est toute *spiri-tuelle*, mais enfantine, tandis que celle de Moïse est toute *matérielle*.

Si l'humanité du satellite Asie se fût développée toute seule et par ses propres forces, à l'heure voulue, elle aurait pu recevoir son second messie ; mais cette pla-nète étant de trop petite dimension et ne possédant pas les riches éléments d'une grande planète native, cette éventualité n'entrait pas dans le plan de Dieu.

Quoi qu'il en soit, c'est ici le cas de faire remarquer que si, jusqu'à présent, les peuples de l'Asie ont re-poussé nos échanges commerciaux, notre civilisation et la morale évangélique, comme les juifs qui croient encore à la venue du premier messie, tout en ayant l'intuition de la venue du second, c'est qu'ils savent très-bien que la morale de notre messie se rapproche beaucoup de celle du messie qu'ils ont reçu avant l'in-crustation planétaire.

Mais il n'est pas douteux que les peuples du grand continent asiatique, ainsi que les juifs, qui en étaient une branche ancienne, accepteront sans aucune difficulté, au temps voulu, les enseignements moraux et scientifiques du second messie, enseignements dont la puissance de persuasion sera tellement irrésistible qu'elle finira par confondre, dans un même corps de doctrine unitaire, toutes les morales religieuses et philosophiques actuellement divergentes, disparates et divisées en un très-grand nombre de sectes.

Nous devons considérer comme un fait réellement providentiel, la récente construction du canal de Suez destiné à relier l'Asie aux autres continents et à faciliter les communications dont la fréquence activera la fusion matérielle, morale et scientifique des quatre principales races du genre humain.

L'âge de notre globe ne date, en réalité, que du jour de la grande greffe cosmique, qui a soudé les quatre satellites. Nous considérons *l'embryonnat*, première phase de la vie morale de notre humanité, comme une sorte d'incubation du germe d'unité déposé dans le Décalogue, germe dont la fécondation ne pouvait s'effectuer que par l'avénement d'une âme humaine supérieure, émanant directement de la volonté de Dieu ; il fallut que cette greffe morale s'accomplît en Palestine, en Syrie, véritable joint de l'incrustation matérielle des quatre satellites, Asie, Europe, Afrique et Amérique, dont la soudure ou ligne de jonction se trouve recouverte par les eaux de l'Océan.

Les esprits des quatre satellites, inspirateurs des puissants réactionnaires de l'époque, qui crucifièrent Jésus de Nazareth, étaient bien loin de se douter que le sang de cette grande victime allait cimenter pour jamais l'incrustation morale de la planète, et préparer le triomphe définitif de l'affranchissement de l'humanité terrestre par la proclamation du dogme profondément libérateur de la fraternité humanitaire.

Tout cela nous prouve une fois de plus que Dieu, sans jamais y participer, se sert souvent des funestes manifestations du mal vivant pour parvenir à ses fins ; il agissait ainsi, surtout aux premiers âges de l'humanité, où tout s'accomplissait, pour ainsi dire, sous l'empire de la *loi indirecte*. Qui ne voit que les esprits des quatre satellites, ligués avec les hommes qui leur ressemblent, ne lâchent jamais leur proie et poursuivent avec une opiniâtre tenacité la réalisation de leurs coupables entreprises ? Leur unique préoccupation est de falsifier, par tous les moyens en leur pouvoir, la sublime morale du Christ, comme ils avaient falsifié la morale du messie asiatique, et, postérieurement à celle-ci, la morale de Moïse, le législateur des juifs, renfermée toute entière dans les préceptes du Décalogue.

Ne sommes-nous pas tous les jours témoins de la manière dont les prétendus ministres du Christ travestissent le véritable sens de sa doctrine, en l'expliquant au point de vue *de la lettre qui tue*, au lieu d'en mettre en lumière *l'esprit qui vivifie ?* Aussi, sont-ils parvenus à monopoliser, pour ainsi dire, exclusivement à leur profit, les grands enseignements de cette morale et à la présenter de telle façon qu'ils puissent impunément exploiter leurs ouailles, abruties par l'ignorance et la superstition et se rendre ainsi les maîtres du monde.

Si le Christ et ses premiers apôtres revenaient à l'époque où nous vivons, pourraient-ils admettre que les principes et les préceptes du christianisme ont reçu leur véritable application ?

Ces préceptes qui étaient l'expression vivante du dévouement, du désintéressement, du pardon, de l'amour
fraternel et de la charité, ne sont-ils pas devenus entre
leurs mains, le symbole de la cupidité, de l'intolérance,
de la rancune, de l'orgueil et de l'ambitieux désir de
commander en tout et partout.

Qui ne voit qu'aujourd'hui la foi ardente et naïve des
premiers apôtres du christianisme et de leurs adeptes a
presque entièrement disparu? Aveugle qui s'obstinerait
à ne pas reconnaître que les hommes à double face qui
se font un masque de leurs croyances et de leurs pratiques religieuses s'opposent de tout leur pouvoir à la
diffusion des idées de progrès, d'émancipation morale et
intellectuelle et de fraternité humanitaire proclamées par
le Christ et sanctionnées par son supplice sur le Golgotha?

Aussi qu'est-il arrivé? La foi chrétienne, complétement
immobilisée par les hommes qui s'en étaient attribué le
monopole, et s'en sont servi comme d'un éteignoir des
intelligences, a été délaissée pour faire place aux nouvelles théories de la philosophie moderne et des sciences
expérimentales, consacrant d'une manière définitive et
sans appel l'indépendance absolue de la raison et du
libre arbitre. Telle est la raison d'être des libres penseurs,
des positivistes, des matérialistes, des rationalistes et
autres philosophes qui combattent tous les jours par la
plume et par la parole, les envahissements des doctrines
rétrogrades de l'obscurantisme, but avoué des néoca-
tholiques ultramontains désormais ralliés à la secte néfaste des fils de Loyola.

Mais il ne faut point se le dissimuler, les hommes qui se

sont si courageusement attelés au char du progrès, seuls,
livrés à eux-mêmes et sans corps de doctrine ne peuvent
préparer que le *germe sauvage* des nouvelles croyances
raisonnées.

Pour que ces croyances puissent produire des fruits réellement utiles et bienfaisants pour l'humanité, il importe
qu'une seconde fécondation révélatrice vienne les greffer
sur les vrais principes de la Science unitaire vivante,
désormais à l'abri des fraudes et des falsifications des
accapareurs de doctrines.

La Science vivante ne sera le partage d'aucune caste
ni d'aucune secte ; elle rayonnera sur toutes les intelligences, elle réchauffera de son feu d'amour consolateur
toutes les âmes humaines qui rechercheront ses lumières
et sauront la comprendre, comme le soleil échauffe,
éclaire et vivifie de ses rayons l'humanité tout entière, ainsi que les trois règnes inférieurs de la nature.

Les vieilles croyances dogmatiques ayant fait leur
temps, il n'y plus que les enseignements de la
Science vivante universelle qui puissent faire passer
l'humanité à sa phase de puberté morale, absolument
nécessaire pour faire naître et développer en elle le
sentiment de l'amour du prochain considéré jusqu'à ce
jour comme une pure chimère.

Le bon sens et la saine raison appuyés sur l'expérience,
ne nous démontrent-ils pas, chaque jour, que lorsqu'une
semence répandue sur un sol propice a produit, pendant un certain laps de temps, de bonnes et abondantes
récoltes, elle finit par s'abâtardir; que fait alors l'agriculteur expérimenté qui s'aperçoit d'un tel résultat? il
met de côté cette semence dont la vitalité est épuisée,

pour en choisir une autre plus apte à produire de meilleures récoltes.

Le souverain agriculteur des mondes en fait autant pour ses domaines. Dès qu'il s'aperçoit qu'une semence morale a fait son temps et devient improductive et stérile, il s'en procure une autre pour la répandre sur un terrain mieux préparé et convenablement fertilisé par un enseignement préalable.

Nous allons dès maintenant aborder un autre ordre d'idées et donner l'explication des trois plus grands mystères scientifiques se résumant en un seul : *la Vie morale-intelligente-organisatrice*. Ce sujet préoccupe de plus en plus un grand nombre de savants qui envisagent ces questions comme étant de la plus haute importance. Dans les pages qui vont suivre, nous allons étudier la *Force vitale-omniverselle* à un autre point de vue que celui sous lequel nous l'avons fait dans le cours de cet ouvrage et de ceux qui l'ont précédé.

La *Force vitale-intelligente-omniverselle* qui se manifeste sous les dénominations diverses de forces occultes, psychiques, électriques, magnétiques, thérapeutiques, etc., préside encore aux multiples phénomènes des communications *spirituelles* et *spirites*, directes ou indirectes. Ces phénomènes connus dès la plus haute antiquité, sous différents noms et différentes formes, ont été décrits de nos jours par M. W. Crookes, membre de la Société royale de Londres et par M. Louis Jacolliot, dans son livre intitulé : le *Spiritisme dans le monde*. Ce dernier se borne purement et simplement à constater leur indiscutable réalité, sans chercher le moins du monde à en pénétrer les causes et partant à les expliquer.

Nous ne discuterons pas les opinions des savants qui se sont préoccupés de ces sortes de questions, nous émettrons simplement notre avis basé sur la loi d'analogie universelle.

Pour nous, la cause première et la source originelle de la force vitale-intelligente-omniverselle, invisible pour nos yeux matériels, mais parfaitement perceptible pour notre vue spirituelle, réside tout entière dans l'existence des *hominicules-fluidiques-lumineux*. Ils sont l'unique et véritable agent spirituel, vivant et intelligent des rapports qui s'établissent entre les hommes, et entre ceux-ci et les êtres multiples et divers dont se composent les trois règnes inférieurs de la nature, exactement et de la même manière que les âmes humaines parvenues aux grades les plus élevés de la perfection fluidique-lumineuse, sont le véritable agent vivant et intelligent des rapports sans nombre, établis de toute éternité, entre le grand moteur omniversel, Dieu, et les univers et les mondes constituant ses incommensurables domaines.

Il est un fait constant et avéré et qu'il n'est plus permis de révoquer en doute, c'est que, par un puissant effort de sa volonté, un *médium* peut provoquer une foule de phénomènes, ayant une apparence surnaturelle.

Ces sortes de manifestations, longuement décrites dans toutes les publications spirites, sont le produit des agissements combinés des esprits satellitaires ou hommes fluidiques et des hominicules fluidiques-intelligents, mis les uns et les autres en rapport direct avec le *médium* dont la nature se trouve douée, pour eux, d'un grand attrait sympathique.

16.

Sous la pression de la volonté de ce dernier, les esprits satellitaires agissent sur leurs congénères infinitésimaux hominiculaires, répandus partout en quantités tellement innombrables qu'un contact permanent ne cesse d'exister entre eux; ils les réveillent de leur état passif ou léthargique; tirés de leur torpeur ou état inerte, les hominicules se mettent aussitôt en mouvement, ils se rassemblent, se rapprochent encore, s'il est possible, et se groupent par myriades en masses compactes et serrées, comme les colonnes d'une armée puissante et parfaitement disciplinée, dont les forces concentrées et bien dirigées sur un point déterminé, peuvent, quoique invisibles et intangibles se révéler à nos yeux par les plus prodigieux résultats.

Telle est la cause réelle et encore inexpliquée des apparitions ou spectres mouvants; de la musique instrumentale, sans instruments ou sans musiciens; des tables et guéridons tournant et parlant, au moyen du langage typtologique, de la translation, à travers l'espace, de corps lourds et pesants, sans force matérielle appréciable pour les transporter; de la végétation instantanée, de l'écriture médianimique inconsciente et, en général, de tous les autres phénomènes et manifestations spirites.

Nous l'avons dit, tous les phénomènes ordinaires de la vie des êtres animés sont le résultat du travail des hominicules vivants, s'exerçant dans la sphère des créations matérielles; notre vue étant habituée au spectacle de ces phénomènes, ils s'exécutent sans attirer notre attention, bien que cependant, la cause dont ils émanent soit encore un mystère pour tous ceux qui n'ont point appris à la connaître dans nos livres. Ils restent donc pour nous de simples faits naturels dépouillés de toute espèce d'artifice et sans affecter la moindre apparence anormale ou merveilleuse. Mais il en est tout autrement, lorsque ces phénomènes se compliquent de l'intervention de trois forces spirituelles fluidiques combinées, douées, par cela même d'une grande puissance occulte, lorsquelles agissent dans le même sens, à savoir :

1° La volonté active du *médium ;*

2° La volonté passive des esprits ou hommes fluidiques ;

3° Et la volonté pareillement passive des hominicules fluidiques intelligents pénétrant la matière.

La première volonté agit tout d'abord sur la seconde, qui s'y prête de par la loi de son libre arbitre.

Celle-ci, de passive devenant active, agit ensuite sur la troisième, qui, à son tour, passe du rôle passif au rôle actif, pour agir sur la matière inerte à laquelle elle imprime le mouvement, seul résultat visible et appréciable du phénomène objectif de la volonté du *médium.*

Certaines personnes sont douées d'une faculté particulière qui leur permet de se mettre en rapport direct avec les hominicules fluidiques lumineux de l'atmosphère, sur lesquels elles exercent une grande attraction naturelle.

Toutefois, cette faculté ne se révèle dans toute sa plénitude, que lorsque ces personnes se trouvent en état de somnambulisme naturel ou artificiel, c'est-à-dire provoqué par le sommeil magnétique.

Une fois placées dans les conditions voulues pour user de cette faculté, elles peuvent voir à travers les corps opaques les plus durs et les plus denses, à des distances parfois très-considérables et lire, au besoin, la pensée dans les replis les plus cachés du cerveau des individus avec lesquels elles sont mises en rapport.

Cette vue absolument et essentiellement *spirituelle* ne s'exerce que par l'intermédiaire des hominicules fluidiques-lumineux intelligents, étant entre eux en contact permanent, et pénétrant en même temps tous les corps de quelle nature qu'ils soient.

Il est encore des âmes humaines incarnées sur les mondes compactes, tel que le nôtre, douées d'une organisation exceptionnelle et privilégiée, ayant le pouvoir de se mettre en rapport avec les esprits des quatre satellites et de produire, par leur entremise, des manifestations indirectes réfractaires à la loi naturelle.

Comme sur les mondes spirituels et célestes, au moyen d'un langage qui n'est complet que dans les mondes de cette nature, il existe des individus doués de l'étrange faculté de communiquer *mentalement* d'un pôle à l'autre, mais ils ne peuvent en *user* que dans certains moments, pour se mettre en rapport avec l'agent vital-intelligent de l'atmosphère qui leur sert de point de contact et d'intermédiaire pour communiquer avec les esprits des quatre satellites.

C'est dans ces moments exceptionnels, que ces âmes presque entièrement dépossédées de leur libre arbitre, sont, pour ainsi dire, à la disposition de ces esprits, qui, par leur entremise, peuvent émettre une force fluidique d'une très-grande énergie et produire ainsi les phénomènes les plus extraordinaires et tenant réellement du prodige, tels que ceux attribués aux procédés magiques des fakirs de l'Inde par les voyageurs les plus dignes de foi, parmi lesquels M. Louis Jacolliot qui s'en est tout spécialement occupé et les a observés de très-près.

Les divers effets du fluide magnétique sont incontestablement dus à l'action des hominicules fluidiques intelligents, mais sa plus ou moins grande efficacité dépend surtout de la source d'où il émane.

Le fluide magnétique des minéraux est simplement attractif, celui des végétaux est tout à la fois attractif et intuitif, celui des animaux est en même temps, attractif, intuitif, et instinctif, mais le fluide magnétique émanant de l'homme et de la femme marchant en tête des trois autres règnes, est attractif, intuitif, instinctif et intellectuel. C'est pourquoi l'homme dévoué et bien intentionné qui veut appliquer ses émanations magnétiques au soulagement de l'humanité souffrante, ou pour se mettre en rapport avec le *bon germe fluidique céleste*, âme de la planète, peut devenir un puissant auxiliaire pour la guérison des maladies; comme aussi pour obtenir d'heureuses inspirations pouvant mettre sur la voie de certaines inventions et découvertes susceptibles d'élargir considérablement le domaine des sciences et des arts.

L'homme bien initié aux grandes lumières dont abonde la Science vivante universelle, sachant qu'il possède en lui une armée innombrable d'ouvriers fluidiques hominiculaires, toujours à sa disposition, qu'il peut mettre en œuvre par un simple acte de sa volonté, deviendra bien vite apte à rendre de très-grands services à ses semblables; mais, pour atteindre cet enviable résultat, il faut être mu par l'amour du prochain et le désir incessant de faire le bien.

Il est encore un certain nombre d'hommes qui, par intuition ou prédisposition organique, opèrent déjà la guérison d'un grand nombre de maladies, par la simple efficacité de leur magnétisme ; mais ceux qui peuvent parvenir à magnétiser *spirituellement*, ont une puissance immense et peuvent obtenir parfois des cures tellement extraordinaires qu'on serait tenté de les prendre pour des miracles.

Les lecteurs qui tiendront à avoir de plus amples explications sur la puissance magnétique dont quelques hommes sont doués en se mettant en rapport avec l'agent vivant unitaire fluidique universel, les trouveront exposées dans le chapitre V de la troisième partie de notre ouvrage : *Vie Universelle.*

C'est ici le cas d'annoncer que la médecine magnétique sera la véritable thérapeutique de l'avenir, bien supérieure à toutes celles dont on a fait usage jusqu'à ce jour.

Dans la plénitude de son réveil, l'âme humaine, siégeant au centre du cerveau, meut et dirige tous les ressorts de l'organisme, par l'intermédiaire du système nerveux, faisant fonction de télégraphe électrique, pour transmettre la moindre manifestation de sa volonté de vie intelligente intérieure et extérieure.

L'âme siégeant, comme nous venons de le dire, au centre même du cerveau ne peut être présente, en même temps, sur tous les points de l'organisme, son véritable domaine ; elle est avertie de ce qui s'y passe par les cinq sens, desservis par les innombrables messagers hominiculaires fluidiques lumineux, continuellement à sa disposition, qui portent et rapportent, par un effet instantané de sa propre volonté ses messages intérieurs et extérieurs.

C'est ainsi, du reste, qu'agit Dieu, au moyen de son système nerveux fluidique aromal infini, reliant tous les mondes incessamment et perpétuellement parcouru par ses innombrables messagers, âmes humaines fluidiques lumineuses, ayant fusionné avec sa grande âme omniverselle.

Il n'y a que le télégraphe électrique qui puisse nous donner une idée à peu près exacte et parfaitement intelligible du fonctionnement de l'organisme que nous venons de décrire. Analogues aux filets nerveux, les fils de fer servent de point d'appui matériel conducteur, le fluide électrique, analogue lui-même au fluide nerveux, remplit le rôle de véhicule; mais le rôle principal incombe naturellement aux hominicules fluidiques intelligents chargés d'exprimer la pensée du message au moyen des signes conventionnels résultant de l'action du fluide électrique.

Nous venons d'étudier le fonctionnement de la vie intelligente hominiculaire, chez l'homme à l'état de veille, nous allons maintenant jeter un coup d'œil sur la manière dont elle se comporte lorsqu'il est à l'état de sommeil et que l'âme humaine est en léthargie.

De même que les ombres donnent du relief au tableau et que la nuit fait mieux ressortir l'éclatante lumière du jour, de même le sommeil léthargique de l'âme, qui est une sorte de mort relative et temporaire nous permet de saisir d'une manière plus complète le mécanisme de la vie intelligente hominiculaire, lorsque l'homme est en plein épanouissement de santé harmonieuse.

L'âme endormie, que se passe-t-il lorsque nous rêvons ?

Une innombrable fourmillière d'hominicules fluidiques vitaux qui ne participent pas au sommeil de l'âme, restent éveillés et sont par cela même, livrés à leur propre volonté. Ces êtres infinitésimaux, échappant alors à la direction de l'âme, vivent, il est vrai, d'une vie intelligente et lumineuse, mais absolument incohérente; notre mémoire garde bien le souvenir de leurs ébats ; mais ce souvenir est presque toujours confus et ne se rattache à aucune idée précise et bien déterminée. C'est une bande de jeunes écoliers étourdis et tapageurs, se livrant, loin de l'œil vigilant du maître, aux jeux désordonnés de leurs récréations, criant, sautant, courant et gambadant.

Les rêves sont de deux sortes : extérieurs et intérieurs. Pendant les rêves extérieurs, les hominicules fluidiques semblent s'échapper de leur prison pour faire une excursion en dehors de nos facultés intellectuelles et ne laissent, par conséquent, aucune trace dans nos souvenirs, mais la mémoire garde presque toujours l'empreinte des rêves intérieurs par cette raison que, dans ce cas là, les hominicules restent en contact, par quelques points, avec nos facultés mentales. Dans tous les cas, les uns et les autres entraînent inévitablement la perte d'une certaine quantité de forces vitales, perte qui se traduit au réveil, par une sensation de lassitude et de faiblesse, indice certain que le sommeil a été plus ou moins troublé, et n'a pas été complétement réparateur. Quand il y a absence de rêves, la provision considérable de vie intelligente hominiculaire que nous puisons, en respirant dans l'atmosphère, vient combler les pertes faites pendant la veille, ce dont nous nous apercevons bien vite à notre réveil ; le bien-être que nous éprouvons alors est le résultat naturel de la recrudescence de nos forces.

Ce n'est donc pas tout à fait sans raison que l'on dit : « Qui dort dîne » ; nous faisons, en réalité, quand notre sommeil est calme, un véritable repas fluidique, en aspirant dans l'air un aliment beaucoup plus raffiné et partant bien supérieur à ceux que nous puisons dans notre nourriture matérielle, dont les hominicules ne deviennent fluidiques, qu'après avoir passé par les organes de la digestion.

Abordons maintenant un autre ordre de considérations.

Si nos lecteurs ont bien compris toute l'étendue et toute l'importance de la loi unitaire vivante qui préside au fonctionnement des âmes humaines, vraie sève vitale des mondes, et des animules hominiculaires, vraie sève vitale aussi des humanités et des trois règnes inférieurs ; ils pourront se faire une idée assez exacte des moyens qu'emploie le grand moteur omniversel pour manifester sa volonté intérieure et extérieure, pour gouverner et administrer ses mondes, selon leur âge, leur avancement et leur perfection relative. Car, si le grand moteur omniversel est infini, sous tous les rapports, et à tous les points de vue, dans l'espace et le temps, est infini pareillement le nombre de ses intermédiaires, supérieurs ou inférieurs, directs ou indirects, perpétuellement au service de sa toute puissante volonté.

Ce ne sera, dans tous les cas, qu'à l'avénement de notre second messie spirituel, dont la lumineuse doctrine aura le pouvoir de nous initier au jeu des merveilleux ressorts d'un organisme aussi élevé, qu'il nous sera possible de comprendre, mais toutefois encore, d'une manière très-imparfaite, les mouvements complexes, multiples et divers de cet incommensurable mécanisme.

Or, pour nous, cet avénement est désormais un fait accompli, et la lumineuse doctrine qui en est comme le fruit mûr, est exposée tout entière dans nos livres.

Nous devons, dès à présent, signaler une redoutable éventualité dont peut être menacé notre globe terrestre, dans le cas où son humanité, restant réfractaire aux enseignements de l'Esprit de Vérité, ne pourrait pas victorieusement franchir la phase extrêmement critique de sa puberté morale.

D'après la loi qui préside aux immenses développements de la grande végétation des mondes, il peut arriver que les humanités de certaines planètes en retard ne puissent pas parvenir à un état d'harmonie conforme aux conditions inséparables de l'établissement du règne de Dieu. Or, comme tous les mondes doivent fatalement atteindre tôt ou tard cet état d'harmonie imposé à leurs humanités par la loi des destinées, le grand moteur omniversel se détermine alors à leur appliquer, une ou plusieurs fois la grande greffe cosmique ou incrustation.

C'est ainsi du reste, que procède tout bon jardinier, ayant souci de faire produire à un arbre des fruits plus savoureux et de meilleure qualité.

Il n'y a donc pas à s'étonner que Dieu, la souveraine intelligence, en fasse autant pour ses mondes, à l'état sauvage, ou qui persistent à y rester.

Or donc, si notre humanité venait à s'immobiliser sur la route du progrès et subissait trop longtemps l'in-

fluence des esprit rétrogrades, agents du mal vivant, il
ne serait pas impossible qu'une seconde incrustation de
notre planète avec la planète Mars, faisant partie de notre
tourbillon, et dont l'humanité n'est pas trop plus avancée
que la nôtre, s'effectuât dans un temps plus ou moins
éloigné.

Le lecteur bienveillant voudra bien nous pardonner
quelques redites que nous considérons comme absolument
nécessaires pour certaines intelligences, dans un sujet
si neuf.

Nous avons dit que le grand moteur omniversel, qui
se nomme Dieu dans notre langue, est un être infini, personnel et conscient ; il éclaire, vivifie et gouverne tous
ses mondes matériels, spirituels et célestes par l'intermédiaire et le concours d'âmes humaines assez pures et
assez parfaites pour fusionner avec ses facultés divines,
dont elles sont une émanation permanente et perpé-
tuelle.

Ces âmes parvenues aux grades les plus élevés, sont ses
grands messagers *extérieurs* et *intérieurs*.

Les *premiers*, spécialement chargés de l'administration des mondes solaires et planétaires, ont pour mission
de pratiquer sur ceux à qui elle est nécessaire, la grande
greffe cosmique incrustative, et d'entretenir sur ceux qui
y sont parvenus, l'harmonie sociale dont ils jouissent,
pour former concert avec la grande harmonie universelle.

Les *seconds*, investis du titre glorieux de *messie*, ont
pour mission de porter aux mondes les enseignements
divins propres à l'âge et à l'état d'avancement de chacun d'eux.

Tous les soleils et toutes les planètes dispensés de l'incrustation par la nature plus élevée de leurs éléments matériels et fluidiques et pouvant, par leurs propres forces, parvenir à l'état d'harmonie, doivent recevoir *trois messies;* mais ce nombre peut être depassé pour les soleils et les planètes destinés à la greffe cosmique ; dans tous les cas, ils n'en reçoivent plus que trois à partir de leur dernière incrustation jusqu'à leur transformation ascensionnelle harmonique.

Le premier qui se manifeste sous la forme humaine, matérielle, compacte, apporte les enseignements propres à l'âge de *l'Enfance morale.*

Le second, de nature fluidique, mais se manifestant par l'intermédiaire d'un homme de nature matérielle, choisi parmi les meilleurs, apporte les enseignements *spirituels* propres à l'âge de la *Puberté morale.*

Et le troisième, de nature également fluidique, grande âme des hautes régions célestes, se manifestant aussi par l'intermédiaire d'un homme de nature matérielle, apporte les enseignements de l'âge mûr, propres à conduire la collectivité humanitaire à l'harmonie sociale et à constituer l'homme géant des grandes générations solaires et planétaires, admis désormais à faire partie intégrante de la famille omniverselle infinie de Dieu. Définitivement entré dans la grande unité vivante, il échappe à tout jamais à la funeste et délétère influence du mal vivant.

Dans la grande végétation des mondes, il peut se produire des éventualités auxquelles un certain nombre d'entre eux restent fatalement soumis et dont il importe de bien nous pénétrer. Les vieux réjugés et les vieilles croyances, dont nous sommes imbus, nous font repousser les idées nouvelles qui nous paraissent absurdes et partant inadmissibles. Il nous faut donc faire preuve d'une grande ténacité d'esprit, pour nous assimiler les enseignements de la loi unitaire vivante. Une fois que notre intelligence les aura bien saisis, nous resterons profondément convaincus qu'ils sont l'expression de la vérité absolue et que le contraire est impossible.

Les soleils natifs et les planètes natives sont, par leur nature même, dispensés de la greffe incrustative; ils possèdent en eux-mêmes toute la puissance et toute la force nécessaires pour arriver d'emblée à l'harmonie et faire leur ascension aux époques voulues.

Mais il n'en est point ainsi pour les planètes satellitaires, véritables sauvageons des mondes, chargés de repasser les résidus grossiers des carcasses d'astres, tombées dans la grande voirie des tourbillons, quand ils ont accompli leur transformation ascensionnelle. Ces sortes de planètes ne peuvent pas entrer dans la voie ascendante de la grande végétation des mondes et y produire des fruits dignes de l'alimentation divine, sans avoir, au préalable, passé par la douloureuse et gigantesque opération de la greffe cosmique.

Ce qu'il faut mettre en lumière et bien faire comprendre, c'est le côté moral de cette importante question. Ce qui s'est passé sur notre planète servira d'exemple pour faire mieux saisir ce qui va suivre.

D'après la loi de la grande végétation des mondes, il peut arriver que deux, trois, six, dix, vingt petites planètes soient incrustées ensemble, pour en former une grande qui acquerra, par suite de cette opération un ameublement aussi riche que varié, puisque chaque planète appelée à faire partie de l'agrégation, apporte avec elle le mobilier qui lui est propre. Au nombre de ces planètes de diverses grandeurs, il est permis de supposer que les humanités, dont quelques-unes sont peuplées, ont atteint un certain degré de civilisation relative, ayant déjà reçu leur premier messie, étant peut-être à la veille de recevoir le second, ou les ayant même reçus tous les deux. Avant leur incrustation, elles étaient petites, divisées et par cela même, impuissantes à réaliser de notables progrès. L'incrustation accomplie, elles constituent désormais une grande unité planétaire, car leur puissance morale s'accroît dans la même proportion que leurs forces matérielles ou physiques. Or, quelques-unes de ces planètes ayant eu le privilége de recevoir, leur premier, peut-être leur second messie lorsqu'elles étaient isolées, les enseignements lumineux qu'ils avaient apportés se répandent sur la surface de la nouvelle planète incrustative et viennent préparer les voies à l'avénement du premier messie qu'elle devra recevoir à son tour.

Tous ces faits se sont précisément réalisés sur notre globe terrestre.

La morale de Christna, le messie asiatique, durant son passage à travers les siècles, avait été profondément altérée et falsifiée par les chefs religieux qui avaient eu mission de la répandre et de l'appliquer; mais ses véritables principes recueillis par Moïse et résumés dans le Décalogue ou tables de la loi, constituèrent la morale de *l'embryonnat* et servirent de base à la législation des Hébreux qui prépara la voie à la morale de notre premier messie, le Christ, lequel annonça lui-même la venue de l'Esprit de Vérité, inspirateur de la morale du second avénement.

Les messies, en apportant leurs enseignements aux humanités prennent le soin de les mettre à la portée du degré intellectuel auquel elles sont parvenues, mais ces enseignements découlent toujours de la même source unitaire, centre lumineux des facultés intellectuelles divines. Ces enseignements répandus parmi les nations peuvent être considérés comme la véritable végétation intelligente, spirituelle et céleste, éclairant la marche des humanités sur la grande voie du progrès et de la perfection indéfinie, et, en même temps, comme l'expression vivante de la volonté intérieure de Dieu.

Sans la venue successive des trois messies, émanation réelle et positive de cette volonté, dont les enseignements sont appropriés aux âges de son humanité, il serait impossible de réaliser sur une planète, la véritable association progressive, intégrale et unitaire sans laquelle l'harmonie sociale, but final de cette humanité, ne serait plus qu'une décevante utopie.

Comme aussi, sans l'existence d'un moteur omniversel unitaire, le plus inextricable chaos remplacerait l'harmonie des univers et des mondes, et, sans l'humanité, les trois règnes inférieurs de la nature resteraient indéfiniment à l'état sauvage. A un moment donné, les végétaux de toute espèce finiraient par se pénétrer, s'entrecroiser et s'enchevêtrer de telle façon que les bêtes fauves auraient grand peine à circuler. Le spectacle de ce qui se passe au milieu des forêts vierges de l'Afrique centrale et de l'Amérique s'étendrait bien vite sur toute la surface du globe. L'immobilité du chaos remplacerait le mouvement, ce qui équivaudrait à une mort relative.

Le grand moteur omniversel, ou grand homme infini fluidique réunissant en lui-même le masculin et le féminin et possédant tous les attributs qui en font un être infiniment parfait, en toutes choses, constitue la grande unité binaire. Il concentre en lui la quintessence de l'aimant divin et du fluide métallo-ferrugineux. Le contact permanent de ces deux fluides, à l'état de pureté absolue, et au plus haut degré de leur expansion, lui permet de faire constamment l'amour. Par l'intermédiaire de ses grands messagers intérieurs et extérieurs émanant directement et incessamment de ses facultés divines, il communique les effluves de cet amour suprême à tous les mondes, ainsi qu'à l'universalité des êtres, dont ils sont meublés et peuplés. Sous la toute-puissante influence de cet amour lumineux, intelligent, ils peuvent, avec le temps et un énergique et persévérant effort de leur volonté, se débarrasser des atteintes du mal vivant qui les retient encore à l'état fractionné, en proie aux incohérences maladives.

C'est également ce fluide aimanté masculin de l'homme, mis en contact avec le fluide métallo-ferrugineux de la femme, qui fait fusionner les deux sexes pour créer les petites familles individuelles, et, par voie de conséquence, les grandes familles des grandes générations collectives. Si le rapprochement des sexes, s'effectue à certaines époques de l'âge humanitaire et dans une société aux mœurs dissolues, si l'amour n'a pour mobile que les appétits sensuels et les affinités brutales de la chair, comme cela se pratique dans les humanités primitives, on voit alors se produire la confusion et la polygamie.

Lorsque les humanités ou les sociétés humaines ont traversé les âges correspondant à l'embryonnat et à l'enfance morale et qu'elles sont parvenues aux phases de l'adolescence et de la puberté, le divorce, réglementé par la loi, doit mettre un terme aux unions mal assorties.

Ainsi que nous venons de le voir, Dieu, notre père céleste, est binaire ; il possède, au degré le plus élevé, l'essence même des deux sexes. En outre, il concentre en lui tous les attributs qui en font un être parfait. Toujours il est jeune, pubère et en pleine maturité de santé harmonieuse et ravissante, sans être tenu de se transformer jamais ; tandis que l'homme et la femme individuels, et les hommes géants collectifs des grandes générations, ne peuvent, sans échapper à cette éventualité, passer d'un monde à un autre, pour recommencer une nouvelle carrière. Sur les mondes matériels compactes où se manifestent encore les incohérences maladives, la mort, œuvre du mal vivant, peut toutefois, les surprendre, avant qu'ils aient parcouru les quatre âges de la vie, toujours accomplis dans les mondes supérieurs en complète harmonie.

Le fond de réserve de Dieu, infini comme sa grande âme, où il puise incessamment les matériaux de toute nature nécessaires à l'édification de ses mondes, est le chaos ou néant relatif. On peut se le représenter comme un incommensurable réservoir, sans limites définies, où viennent s'engloutir les immenses carcasses de ses mondes transformés, informes et gigantesques débris,

17.

sur lesquels sont disséminés les germes humains en catalepsie de pierre, ainsi que les germes des trois règnes inférieurs, destinés, après leur réveil, à peupler et à meubler les mondes nouveaux que, sans s'arrêter jamais, il créé par la toute-puissante expansion de sa vitalité amoureuse et intelligente.

Lorsque les humanités sont parvenues à réaliser, sur les mondes qu'elles habitent, la pratique de l'association intégrale unitaire, condition préalable et nécessaire de l'harmonie sociale, par l'incrustation et l'agrégation morale de leurs unités individuelles, elles forment une unité d'une grandeur proportionnelle à celle de ces mondes.

Dès que ces humanités ou certaines collectivités de leurs membres ont pu, par un puissant effort de leur libre arbitre, s'affranchir de l'égoïsme ou amour exclusif de la personnalité, et qu'elles sont devenues accessibles au sentiment de l'amour collectif des uns pour les autres, elles sont aptes à comprendre les doctrines des précurseurs de la *seconde volonté divine*, manifestée par les enseignements du second messie. Ces enseignements prépareront la voie de la véritable association matérielle et morale qui fera fusionner les familles natives ; c'est de cette fusion que naîtra l'harmonie sociale, milieu nécessaire à la constitution de l'homme géant collectif unitaire, n'ayant plus qu'une seule volonté et par cela même, en parfait état de maturité pour fusionner avec la grande unité omniverselle.

Depuis de longs siècles déjà, l'humanité de Jupiter grande et belle planète de notre tourbillon solaire, a pu réaliser sur son globe les splendeurs de la plus complète harmonie sociale; elle est née, par conséquent à la vraie vie de l'homme géant collectif unitaire des grandes générations.

Il est un nombre incalculable de soleils de tourbillons, ou de troisième ordre qui, comme le nôtre, l'un des plus petits, éclairent et vivifient leur famille planétaire.

Si les moyens scientifiques dont nous disposons nous permettent de mesurer la grandeur de notre soleil et de ses planètes ainsi que les distances qui les séparent, il nous est matériellement impossible d'apprécier celles des planètes et des soleils des autres tourbillons.

Les grandeurs et les distances des soleils d'univers, et des astres composant leurs familles solaires, sont encore bien moins à notre portée.

Tous ces astres lumineux, dont les dimensions et les distances sont tellement immenses qu'aucune langue humaine ne peut en donner une idée, sont habités par des humanités ou hommes géants collectifs des grandes générations, à la mesure de leur grandeur et de la richesse de leur atmosphère, constamment et perpétuellement alimentée d'amour lumineux intelligent, par le soleil infini absolu, le grand moteur omniversel, Dieu, dont la grandeur et la splendeur sans aucune espèce de limites ne peuvent être mises en parallèle avec rien de ce qui existe; de telle sorte qu'au dedans de lui, se dresse l'insondable et insoluble problème de l'ultra infiniment grand, et de l'ultra infiniment petit, absolument inaccessible aux moyens bornés de l'intelligence humaine.

Les enseignements et les lumières scientifiques apportés par le troisième messie expliqueront, sans doute, bien des choses, encore inintelligibles, non-seulement pour les hommes de notre époque, mais encore pour ceux de l'âge pubère.

Tel est l'idéal aussi grandiose que sublime auquel aspireront un grand nombre d'âmes d'élite, lorsqu'elles connaîtront nos livres.

Peut-être alors se feront-elles facilement une idée de l'instruction que nous devons acquérir, et du degré de perfection morale que nous devons atteindre pour arriver au but indiqué. Car possèderions-nous les richesses les plus enviées, jointes aux satisfactions les plus complètes, auxquelles on peut prétendre sur notre monde fractionné, que les aspirations de nos âmes resteront toujours inassouvies.

Sachons enfin commander à notre libre arbitre et ouvrir notre intelligence à la pure et vivifiante lumière du grand soleil moral qui se lève à l'horizon ; renversons les obstacles qui retardent encore notre marche sur la grande route du progrès, solidarisons nos efforts pour introduire dans nos institutions, les applications pratiques du grand dogme humanitaire :

Liberté, fraternité, solidarité, unité, et, nous aurons fait un grand pas vers la réalisation de l'harmonie sociale unitaire, but final de toutes les humanités vers lequel doivent tendre toutes nos aspirations.

Quoi qu'il arrive, nous sortirons tôt ou tard de la funeste voie où nous sommes engagés ; les peines morales et les souffrances physiques ne sauraient s'éterniser ici bas ; penser autrement, ce serait faire injure à la souveraine bonté et à l'infaillible justice de Dieu, notre père céleste.

Nous l'avons surabondamment démontré dans nos li-

vres ; il y a toujours eu et toujours il y aura des mondes inféodés au mal et dont les humanités ont vécu, vivent,
et vivront à l'état incohérent et fractionné, mais, avec le
temps, poussées par l'aiguillon des épreuves physiques
et morales, véritable feu désagrégeant de l'épuration ;
elles finissent toujours par en sortir.

COMMUNICATION

Notre tâche est accomplie; nous serions, sans aucun doute, agréable à nos lecteurs de leur accorder tout le temps nécessaire pour méditer à leur aise les grandes et sublimes vérités dont est rempli ce petit livre.

Cependant, nous ne pouvons résister à l'attrait de mettre sous leurs yeux deux morceaux remarquables, à plus d'un titre, dus à la plume de l'illustre et regretté savant qui dirigea, pendant plusieurs années, avec autant de distinction que de talent, le Musée royal de l'Industrie, à Bruxelles. Jobard, qui nous honora de la plus sincère et de la plus ardente amitié, fut un des premiers et des plus fervents adeptes de la Science vivante-universelle.

Nous avons l'intime persuasion que nos lecteurs nous sauront gré de cette intéressante et importante communication.

LA CLÉ DES RELATIONS SOCIALES

Tirée de la CLÉ DE LA VIE, par LOUIS MICHEL

La découverte du monde hominiculaire universel a cela
de merveilleux, qu'elle explique logiquement tous les
phénomènes physiques et métaphysiques, ceux de l'âme
et du corps, ceux du ciel et de la terre. On peut dire de
ce système ce que Newton disait du sien : les choses se
passent comme si..... Mais il ne cherchait pas plus à imposer son hypothèse que Michel (du Var) qui dit aussi :
les phénomènes de la vie omniverselle se passent comme
si, dès l'origine des choses, Dieu avait créé un nombre
incommensurable de petits ouvriers invisibles à nos sens
et doués d'un instinct spécial nécessaire à la végétation
du progrès, en tout et partout. Ces petits êtres qui forment la première union de l'atome spirituel à l'atome matériel tous deux impondérables, Pythagore en pressentit
l'existence et les appela monades. Michel les appelle *ho-*
minicules et les croit doués d'une *scintillicule* de l'âme divine analogue à celle dont il a doué l'homme et tous les
grands corps de l'omnivers visible et invisible. Ce n'est
point le panthéisme qui supprime Dieu, bien au contraire,
il montre le divin jardinier plantant l'arbre du progrès

dans la voirie du chaos, dirigeant ses branches, l'émondant avec amour et le débarrassant des chenilles, comme un horticulteur désireux d'obtenir de bons fruits. Voilà pourquoi l'arbre de la science grandit et que la végétation humanitaire se développe en vieillisant.

Quand il eut résolu de défricher le chaos, Dieu fit comme le colonisateur qui veut défricher un terrain sauvage, il s'entoura d'une quantité innombrable d'ouvriers auxquels il distribua à chacun sa besogne, en leur déléguant une particule de son pouvoir, de son génie et de son libre arbitre dont une partie de ses ouvriers abusa singulièrement soit en s'endormant dans l'inaction, soit en travaillant de travers. C'est de ce moment, que commence l'incohérence et la lutte du *bien* et du *mal* personnifiés dans *Oromaze* et *Arimane*, dans Dieu et Lucifer qui se vantait de porter la vraie lumière, mais comme en définitive le Créateur est le souverain maître, ses désirs finiront toujours par s'accomplir, quelque formidable que soit la révolte des anges ou des hominicules malfaisants, apathiques, tombés en léthargie dans les voiries du globe d'où ils ne seront tirés pour travailler en harmonie, que par le travail ou la prière, ce qui est la même chose, de leurs frères et de leur déicule terrestre qui est l'homme. Or, l'homme ne vit, ne grandit et n'est entretenu que par les hominicules du bien ; malheureusement, les hominicules du mal ont des déicules réfractaires et transfuges, des *sataniculs* d'où sont sorties toutes les nuances bonnes ou mauvaises du règne hominal.

La cause première de ces collisions qui affligent le monde est donc le libre arbitre ou la liberté entière laissée

aux ouvriers du grand atelier de Dieu ; aussi, est-il obligé
d'y déléguer de temps en temps des esprits supérieurs
pour les rappeler à l'ordre, en leur portant de nouveaux
règlements qu'ils ne comprennent pas toujours et qu'ils
finissent par oublier quelque simples qu'ils soient. Ainsi,
le règlement de Moïse en dix articles (décalogue) étant au-
dessus de leur intelligence enfantine, il leur envoya le
Messie qui vint, non pas détruire la loi de Moïse, mais
la confirmer et la réduire à un seul article : « *Ne fais pas
« à autrui ce que tu ne voudrais pas qu'il te fût fait.
« Telle est la loi et les prophètes,* » a-t-il dit. Eh bien ! ce
règlement de l'atelier terrestre est de nouveau tombé en
oubli, après 1800 ans seulement.

Il en faut un troisième moins métaphysique, plus matériel, plus positif, plus manufacturier qui n'exige aucune abnégation personnelle, qui flatte l'égoïsme de tous
les ouvriers et contremaîtres de Dieu, tout en ayant les
mêmes conséquences pour leur avancement vers le bien
et la justice absolue, qui n'est rien moins que le règne
de Dieu sur la terre comme aux cieux.

L'Esprit de Vérité qui inspire Michel n'a pu que rati-
fier la formule de ce message des volontés extérieures :
à chacun la propriété et la responsabilité de ses œuvres.
Cette loi manufacturière comme le siècle, sera d'autant
mieux appréciée que chacun y trouvera un intérêt personnel et que sa sanction ne relève que du pouvoir temporel,
le seul que le matérialisme actuel reconnaisse et respecte encore un peu. Puisse l'Esprit de Dieu faire accepter et promulguer ce message avant que le démon de la
guerre ait encore bouleversé notre globe, si près de passer à l'harmonie. Ce qui est juste serait accepté sans diffi-

culté, sans les hominicules au goût dépravé qui ne peuvent se contenter d'une nourriture spirituelle douce, saine et naturelle. Il leur faut comme aux ivrognes blasés, des liqueurs atroces et des mets incohérents et même empoisonnés ; tout ce qui est naturel et simple les écœure et les révolte. Voyez-les de près, étudiez leur vie antérieure et vous reconnaîtrez que tous ceux qui s'opposent à une idée juste et vraie sont des esprits dépravés par la rhétorique du rationalisme et abrutis par le matérialisme.

Il y a bien évidemment deux courants hominaux descendant d'Abel et de Caïn, plus ou moins imprégnés de leur cachet d'origine, de leur marque de fabrique ; il ne peut émaner de ces êtres dépravés que des hominicules malfaisants ; de là l'antipathie inconsciente qu'ils inspirent à ceux qui les approchent ; les lettres même qu'ils écrivent, quelque doucereuses et polies qu'elles soient, sont chargées d'hominicules malfaisants qui vous impressionnent désagréablement ; vous sentez qu'elles ne sont pas sincères ; s'ils vous parlent avec flatterie, les hominicules acides qui sortent de leurs yeux vous font mal et vous repoussent.

Quelle différence de sensation n'éprouvez-vous pas, en approchant d'un être bienveillant et sympathique qui appelle votre confiance ! Ses paroles fussent-elles brusques et bourrues, les bons hominicules qui s'échappent de lui les démentent et, au lieu de vous faire fuir, vous rapprochent ; vous sentez que le service qu'il vous refuse en parole, il vous l'accordera de fait et même plus que vous ne demandez, quand l'occasion s'en présentera.

Quand deux personnes en harmonie se trouvent côte à côte, elles se mettent tellement à l'unisson qu'elles n'ont plus qu'une même pensée et ouvrent souvent la bouche en même temps pour l'exprimer ; cela se rencontre dans les bons ménages : les hominicules de toute nature circulent indifféremment de l'un à l'autre, non-seulement quand ils sont voisins, mais même aux plus grandes distances ; c'est ainsi que deux amis éloignés pensent l'un à l'autre en même temps et s'écrivent au même moment. C'est par ce commerce hominiculaire réciproque que s'entretient l'amour entre les deux sexes et que toute infraction à la fidélité est ressentie par l'autre pôle de cette pile humaine.

La constance, a-t-il été révélé, dépend surtout de celui qui l'inspire ; beaucoup de gens qui se plaignent de l'affroideur et de l'infidélité d'une personne, ne se doutent pas qu'ils font leur propre procès. L'amour, l'estime et l'amitié suivent la même loi ; oubliez, on vous oubliera ; du moment où vous rompez le courant hominiculaire, que vous n'entretenez plus la pile spirituelle, toute relation cesse entre partners.

Les courants haineux, vindicatifs entre hommes antipathiques s'entretiennent également à distance ; celui-là est le plus malheureux qui est en butte à plus de courants de cette espèce, surtout s'il y répond et les entretient, mais s'il cesse, soit par absence, oubli ou tolérance naturelle, les courants malfaisants se rompent, le calme et la santé renaissent ; mais il est de ces haines vigoureuses motivées par des crimes qui ne cessent d'obséder les coupables, de près comme de loin ; ils souffrent alors comme des suppliciés ; les hominicules du remords les rongent et leur rendent la vie insupportable. Ceci explique les obsessions, le mauvais œil, les ensorcellements, les envoûtements et autres maléfices dont tant de gens ont été et sont encore victimes sans s'en douter. Cette puissance occulte additionnée, multipliée et persévérante peut causer la folie et la mort. La délivrance de cette possession est dans la main ou dans le cœur de celui qui la cause ; c'est, sans doute, dans cette persuasion qu'on brûlait les sorciers accusés de ces maléfices, mais la mort n'était d'aucun effet, si leur esprit persistait à torturer ses victimes.

Soyons donc bons, bienveillants, obligeants par intérêt pour notre double santé du cœur et de l'âme, et les portes de l'Enfer, c'est-à-dire les courants fluidiques d'hominicules mauvais ne prévaudront pas contre nous.

Quand la théorie, si vraisemblable du paysan de Figanières n'expliquerait que le fait important des pressentiments de ce genre, la moralité générale y gagnerait considérablement. Vous sauriez que tel personnage que vous détestez ne répondra à vos lettres ou à vos sollicitations les mieux fondées que par le silence ou un déni de justice, car les hominicules haineux qui découlent de votre plume imprègnent votre papier, l'affectent désagréablement en lui montant au cerveau avec le parfum même dont vous aurez cru devoir l'embaumer. Voilà pourquoi les flatteries des mendiants épistolaires obtiennent si peu de succès et pourquoi les gens que vous obligez tardivement et comme à regret, vous en ont si peu de reconnaissance qu'ils vous tueraient volontiers pour les avoir fait attendre ; *bis dat qui cito dat ;* ne l'oubliez pas, quand vous trouverez l'occasion de faire le bien n'hésitez pas, ne tardez pas, ne calculez pas et même ne réfléchissez pas, et cela dans votre intérêt.

L'occasion de rendre service est une potion cordiale

qu'il faut avaler sur l'heure et qui s'aigrit par chaque jour de retard, jusqu'à se changer en poison ; c'est une traite à vue qu'il ne faut pas laisser protester. Celui qui refuse d'obliger son semblable, quand il le peut, a fini de rire et commence à mourir accablé sous le poids de ses richesses inutiles. Nous connaissons des millionnaires qui changeraient volontiers corps et bien avec certains pauvres qu'ils ont faits.

Le vrai bonheur n'est point extérieur et ne consiste ni à fouler des tapis de Smyrne, ni à se mirer dans une glace de dix mètres, ni à boire dans du cristal, ni à manger dans de la vaisselle d'or ; c'est d'avoir la conscience en repos et de pouvoir compter plus de bonnes actions, dans son for intérieur, que de chevaux dans son écurie.

On ne peut qu'admirer la stupidité de l'avare qui entasse d'inutiles écus, pour les laisser dissiper à des collatéraux qu'il déteste et qui abrégent ses jours, en le persécutant mentalement et souvent mortellement.

Nous renvoyons à l'auteur de la *Clé de la Vie* ces quelques vérités intuitives jusqu'ici qui, grâce à M. Michel, prendront bientôt un corps et passeront un jour logiquement dans le domaine des faits.

Signé : JOBARD.

Bruxelles, 8 Juin 1859.

LA CLÉ DE L'AGRICULTURE

Tirée de la CLÉ DE LA VIE, par LOUIS MICHEL

Ce qui distingue une loi naturelle de l'hypothèse la plus vraisemblable, c'est que l'une explique tout sans reste, quand l'autre se trouve toujours en défaut quelque part ; elle tombe alors pour faire place à d'autres. Il est encore un criterium formulé par L. Michel pour distinguer l'erreur de la vérité : c'est le sentiment, la conscience, l'intuitisme ; l'erreur, dit-il, se sent comme la vérité, mais l'une vous fait plaisir, quand l'autre vous fait mal ; l'une est douce au cœur et l'autre amère. On peut également prendre pour pierre de touche le bon effet produit sur les esprits droits, assez savants déjà pour savoir qu'ils ne savent rien. Ceux-là comprennent aisément que, s'il y a plusieurs moyens d'exécuter une chose, d'atteindre un but ce doit être le plus simple, le plus facile, le plus général, *le plus parfait* qui doit être préféré et employé par l'auteur de la création, mais vous n'avez rien à espérer de ceux qui couronnent cette contre-vérité :

> L'esprit de l'homme est grand, il sonde toute chose,
> La nature pour lui n'a plus de page close.

Quoi de plus simple que l'hypothèse des hominicules intelligents de Michel et quoi de plus rationnel à la fois ? Puisqu'avec cela on explique et l'on constate tous les phé-

nomènes de la vie universelle, morale et matérielle, dont
on n'avait pu comprendre jusqu'ici le premier mot ; car
il faut bien l'avouer, nos savants ont toujours, répondu à
la manière du Médecin malgré lui, au *Cur opium facit
dormire*. Il y a, disent-ils, des forces attractives, répul-
sives, électives qui font que tels atomes se repoussent ou
s'attirent, et après ?.. demandez-leur par exemple pourquoi la sève monte, au printemps, dans les végétaux ; ils
vous répondront que la sève possède une vertu ascensionnelle, un certain je ne sais quoi qui fait que votre fille est
muette.

Mais Michel nous apprend qu'il y a pour chaque plante
des hominicules invisibles qui portent la sève au sommet
des végétaux les plus élevés et d'autres qui puisent dans
ce liquide introduit par les radicelles, tous les matériaux
propres à la composition du bois, de l'écorce, des feuilles,
des fleurs et des fruits. Toute cette armée d'ouvriers para-
lysée l'hiver, se réveille au printemps et se remet à
l'œuvre jusqu'à l'hiver suivant, absolument comme les
abeilles, les fourmis et les autres animaux que le froid
engourdit, sans les détruire ; car il font partie de l'âme
universelle et l'on sait que toute âme est immortelle, malgré les évolutions et les métamorphoses diverses qu'elle
subit.

Or, pourquoi la terre ne produit-elle pas des moissons, sans être retournée, ameublie et suffisamment in-
solée ? Ces trois opérations ont donc un effet utile ; mais
quel est cet effet ? On le voit, mais on ne l'explique que par
des hypothèses tellement savantes, tellement différentes
et contradictoires, qu'elles sont insaisissables au vulgaire,

tandis que tout le monde comprendra la théorie de Michel que voici.

Le sol ou la grande voirie terrestre, comme il l'appelle, est presque entièrement composée d'hominicules engourdis, paralysés ou cataleptisés qui ne se réveillent que sous l'influence de la chaleur solaire et d'une certaine dose d'air et d'humidité; si bien qu'en retournant cette terre et en l'émottant pour en exposer plus de surfaces à la lumière à l'air et à l'eau, on réveille un plus grand nombre d'hominicules constructeurs, qui choisissent par instinct les matériaux convenables à l'édification de telle ou telle plante dont vous aurez semé la graine, comme une amorce à leur activité naturelle instinctive. Les engrais qu'on y ajoute ne font qu'augmenter le nombre de ces petits travailleurs invisibles dont on pourrait, au besoin se passer par un retournement et un émottement exécuté avec plus de fréquence et de soin.

Si la jachère seule amende la terre sans fumier, quand l'air, l'eau et le soleil lui fournissent les éléments qui lui manquent, il est certain que le travail humain pourrait jusqu'à un certain point, remplacer le fumier dont on se passe dans les pays chauds, comme l'Espagne et l'Égypte, parce que la chaleur pénètre assez profondément le sol pour réveiller les hominicules producteurs restés en léthargie dans les terres trop sèches, trop humides ou trop froides car il faut une juste proportion d'humidité, de chaleur et d'aération pour les rappeller à la vie active. Si la fermentation qui n'est qu'un réveil des animalcules du ferment exige les mêmes conditions, n'est-on pas en droit de dire que la végétation est le résultat d'une fermentation et d'une digestion *sui generis?*

Celui-là sera bon agriculteur et bon jardinier qui comprendra la théorie des hominicules et les conditions de leur résurrection d'entre les morts; car il saura qu'en retournant la terre en pulvérisant les cailloux, il met en liberté des myriades de ses *frères cadets*, qui lui payeront au centuple leur délivrance, en travaillant pour lui, leur aïeule et leur maître.

Ceci explique la loi du travail et les grâces accordées aux bons contremaîtres du Créateur lequel ne laisse aucun effort vers le bien ou le mal sans récompense ou sans punition.

Le paresseux qui s'assied sur son champ même en priant Dieu de le labourer, n'aura pas de moisson. Cette théorie a cela de consolant qu'elle nous enseigne qu'il n'est pas un pouce de terre qui ne puisse être fertilisé par le travail, ce que les Chinois savent depuis longtemps. Il ne leur faut que de la surface au soleil, ils savent bien ce qu'il faut pour la faire produire soit du riz, soit du thé, soit du mûrier. Il ne faut que de l'eau pour fixer le sable du désert égyptien qui se change aussitôt en verdoyante oasis, quand les hominicules desséchés obtiennent l'humidité nécessaire à leur rédivivisme.

On peut dire que la chimie s'est épuisée dans ces derniers temps à chercher le secret de la végétation et en résumé, M. Boussingault en est revenu, en fait d'engrais, au point de départ, c'est-à-dire aux résidus des exploitations rurales qui se composent généralement de toutes sortes d'immondices de nature organique et inorganique, balayures, boues, plâtras, cendres, feuilles mortes, mauvaises herbes, etc.; il a comparé les effets de ces terreaux nitrogènes avec le fumier ordinaire, et le résultat a été le même, malgré l'opinion qu'il avait émise d'en éloigner les substances animales.

Là grande voirie terrestre de Michel explique tout cela, mieux que la *science morte* qu'il remplace par la *science vivante;* à la réaction aveugle des corps inertes, il oppose l'action intelligente des hominicules travailleurs éclectiques, mais invisibles, qui font leur œuvre avec amour, pourvu que l'homme les mette en liberté et ne les laisse point paralyser par les hominicules de la *mort vivante,* comme il les appelle.

Ces hominicules du mal, M. Victor Chatel vient de les montrer au cercle de la presse scientifique dans la blessure des pommes de terre et sur la truffe qui est pour eux un globe terrestre dont ils mettent autant de temps à faire le tour que nous du nôtre. Eh bien! cette planète et cette population sont immenses en comparaison des mondicules de toute nature qui composent le mobilier de l'omnivers inférieur.

Mais ne quittons pas notre monde à nous et tâchons de le faire produire tout ce qu'il peut produire, en travaillant à délivrer le plus grand nombre de milliards possible de nos frères cadets de l'anestésie et de la paralysie du malheur dont ils ne peuvent sortir sans nous. Exauçons la prière qu'ils adressent sans doute à leur déicule : ils nous le revaudront au centuple; en remplissant nos grains de blé d'une provision de fécule nourrissante et de fruits succulents, en nous faisant le sacrifice de leur existence végétale pour entretenir notre animal.

Tout ceci paraîtra fort étrange aux professeurs de la *science morte,* mais quand ils *auront lu Michel,* plus d'un s'écriera avec Louis Jourdan :

« Où diable ce jeune paysan illettré, simple et bon
« a-t-il pris tout cela ? C'est l'immensité dévoilée, c'est la
« loi évangélique, la loi du mutuel amour confirmée et
« agrandie. Je ne sais rien de plus grandiose, de plus
« splendide que le spectacle déroulé à nos yeux par ce
« pauvre villageois. — Ce ne sont que des hypothèses,
« diront peut-être les savants : c'est possible, mais ces
« hypothèses sont magnifiques et consolantes, ce sont
« de larges échappées de vue dans l'infini ; c'est la révé-
« lation intelligente des destinées humaines ; j'en juge
« avec mon cœur, et mon cœur ne désavoue aucune de
« ces inspirations ; loin de s'y gangrener, il s'y fortifie et
« s'y épure, je ne veux pas d'autre criterium que ce-
« lui-là. »

Quand un homme aussi éclairé et placé aussi haut parmi
les publicistes philosophes s'exprime ainsi dans le *Causeur*
du 17 avril, il faut que la grâce ait opéré sur lui comme sur
Paul le persécuteur des chrétiens, auquel Dieu fit voir la
lumière, en le désarçonnant. Mais Louis Jourdan à che-
val sur le *Siècle*, loin de se laisser désarçonner, nous paraît disposé à désarçonner les cavaliers si mal assis sur la
bête du matérialisme et la brute de l'athéisme. Gare aux
affreux petits rhéteurs ! gare aux savants réactionnaires
et réfractaires à la lumière divine, à la science universelle dévoilée par Michel !

Signé : JOBARD.

18.

APPEL

———

Frères et Sœurs en l'Humanité ! Hommes et Femmes de tous rangs, classes et professions, appartenant à toutes les opinions et à toutes les croyances religieuses, sans aucune exception ni exclusion de peuples et de nationalités ;

Qui sentez s'épanouir en vous ces trois forces morales invincibles :

L'Amour du Vrai, la Bonne Foi et la Bonne Volonté;

Dont l'intelligence, la raison et le libre arbitre, frappés au coin d'une noble indépendance, ne sauraient tolérer le joug humiliant des préjugés et des préventions ;

Et qui, après avoir lu ce LIVRE ainsi que CEUX qui l'ont précédé,

Aurez compris que, dans ces pages inspirées
d'en haut, s'étale et resplendit :

La Vérité, toute la Vérité, et rien que la Vérité,
une, indivisible, universelle, mathématique et
éternelle ; — sans fard, sans apprêt et sans artifice ; — rayonnante, lumineuse et éclatante comme
l'Astre du Jour, sa vivante et vivifiante image ;

Jaloux d'inscrire, *les premiers*, vos noms
sur le piédestal de l'impérissable monument que
nous avons eu mission d'ériger sur les confins
de la véritable Terre promise de l'humanité régénérée ;

Venez à nous ! venez à nous ! Venez à nous ! !
vous tous qui aspirez avec ardeur, après l'incarnation dans les faits, de ces Grands Principes,
aliments immortels de la Conscience humaine :

Vérité, Justice, Liberté, Égalité, Fraternité,
Solidarité ;

Venez à nous, vous tous qui êtes altérés de paix,
de quiétude et de tranquillité physiques et morales;
qui avez soif de toutes les consolations ! ! .....

Venez à nous ! accourez vous ranger sous les plis du glorieux étendard de la Science vivante universelle, ce grand et radieux Soleil moral de toutes les émancipations ;

Pour travailler avec nous, sans trêve ni repos, dans la mesure de vos forces et de vos talents, à la rédemption désormais certaine et définitive de tous nos Frères en l'Humanité ! ! !

C'est en accomplissant, dès cette vie, ce fraternel et saint devoir de salut commun, que vous acquerrez d'imprescriptibles droits à des grades supérieurs sur les mondes en harmonie, où vous serez appelés après votre transformation ! ! !

A NOS LECTEURS CONVAINCUS.

Dès que nous aurons recueilli 1000 souscriptions à 10 francs l'une, à titre d'abonnement pour un an, nous créerons un organe mensuel qui aura pour titre :

LA FOI NOUVELLE

REVUE DE LA SCIENCE VIVANTE UNIVERSELLE ET UNITAIRE

Paraissant chaque mois.

Cet organe sera ouvert aux travaux de tous les hommes de bonne volonté, ralliés à la Doctrine de la Loi de Vie ; il sera exclusivement consacré à l'étude, à la discussion et à l'élucidation de toutes les questions se rattachant, de près ou de loin, aux grands et immuables principes qui servent de fondement à la Science vivante universelle et unitaire.

Les souscriptions seront reçues dans les bureaux de l'Imprimerie PAUL DUPONT, 41, *rue Jean-Jacques-Rousseau,* PARIS.

Nous appelons expressément toute l'attention de nos lecteurs sur les titres et sommaires des chapitres de nos deux premiers ouvrages :

CLÉ DE LA VIE

ET

VIE UNIVERSELLE.

textuellement reproduits ci-après.

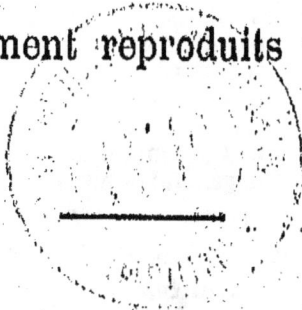

TABLE DES SUJETS ET DES CHAPITRES

TROISIÈME PARTIE

Ordre moral, intelligence, direction divine

ANATOMIE DE LA VIE

PREMIÈRE PARTIE

DEUXIÈME PARTIE
Vie.—Fonctions vitales

TROISIÈME PARTIE
Direction divine. — Intelligence

TABLE DES SOMMAIRES ET DES CHAPITRES.

—

CAHIER (S) OU PAGE (S) INTERVERTI (S) A LA COUTURE
RETABLI (S) A LA PRISE DE VUE.

DE LA PAGE	329
A LA PAGE	338

DEUXIÈME PARTIE. — VIE

TROISIÈME PARTIE. — INTELLIGENCE.

taux et des animaux. — Vie intellectuelle humaine. — Vies embryonnaires diverses. — Vie morale de l'homme aux quatre âges représentant les quatre règles. — Vie des humanités ; leurs quatre phases progressives représentées par les quatre règles. — Rapports de la vie de l'astre avec celle de son humanité. — Greffe sur la vie intellectuelle sauvage des humanités, des vies supérieures ; sur la vie sauvage embryonnaire, de la vie attractive, par le premier Messie d'amour innocent et aveugle ; sur la vie attractive, de la vie intuitive, par le Messie spirituel d'amour raisonné et consolant ; sur la vie intuitive, de la vie instinctive et intellectuelle divine, par le Messie divin, troisième et dernier Messie. — Vie générale des humanités selon l'emploi successif et gradué des quatre règles. — Règle de division, caractère de la direction intellectuelle humaine et de la direction suprême de Dieu.

CHAP. VIII. — **Des grandes générations et du mariage à propos du triple passage du Messie sur une planète.** — Caractère général propre à chacun des trois Messies d'une planète. — Passage du premier Messie. — Messie de l'enfance et de l'addition morale. — Caractère incrustatif de son incarnation. — Du mariage monogame indissoluble. — Explications tirées de la loi de vie et relatives aux civilisations antérieures à Jésus-Christ. — Passage du deuxième Messie, immatériel comme la venue de l'esprit à l'homme lors de la puberté humaine. — Intermédiaire matériel du deuxième Messie. — Le deuxième Messie apporte à l'humanité la soustraction morale. — Application de cette règle au mariage par l'institution du divorce, correctif matrimonial propre à l'âge intermédiaire de l'humanité. — Passage du troisième Messie fluidique et invisible à l'œil matériel. — Intermédiaire matériel du troisième Messie. — Le troisième Messie greffe la vie et le langage intellectuel divin sur les vies primitives et les langages inférieurs de l'humanité. — Il établit le mariage unique, libre par la vérité, et indissoluble par suite du juste classement en tout. — Diverses images naturelles de ces dispositions. — Liberté amoureuse incompatible avec la loi de Dieu aux mondes matériels. — Des grandes générations, des petites et des infiniment petites. — Grande génération des trois Messies. — Annonce de la venue des Messies. — Annonce d'un seul Messie par les prophètes d'Israël. — Annonce par Jésus-Christ du consolateur, deuxième Messie. — Annonce du troisième Messie par le second. — L'âme humaine ouvrière fluidique, rectrice trinaire de l'homme. — Les trois Messies, âme trinaire d'une humanité. — Les trois Messies, un seul et même Messie, membre des grandes générations ainsi que la Vierge, fille des cieux, mère du Messie matériel. — Ce qui arriverait si l'humanité ne recevait pas les lumières propres à son âge, à l'époque de sa vie qu'elle parcourt. — De l'unité des trois Messies. — Dieu veut que tout soit connu et expliqué à son heure. — Humanité corps du Christ. — Les deux autres Messies sont l'esprit et l'âme et les trois, un seul Messie, la trinité. — Triple trinité. — Pourquoi les esprits individuels qui

TABLE DES MATIÈRES

CLICHY. — Imp. PAUL DUPONT, 12, rue du Bac-d'Asnières. — 777.7.78.

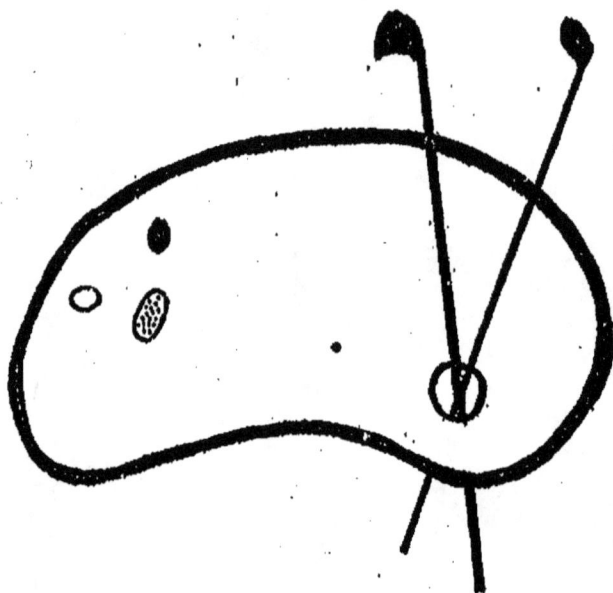

ORIGINAL EN COULEUR
Nᵒ Z 43-120-8

www.ingramcontent.com/pod-product-compliance
Lightning Source LLC
Chambersburg PA
CBHW061115220326
41599CB00024B/4049